高 等 院 校 环 境 设 计 专 业 应 用 型 教 材

U0150433

# 住区

ZHUQU HUANJING SHEJI

# 环境设计

林墨飞 董 雷 唐 建 ◎ 主编

陈 岩 高 峰 杨 怡 刘兵兵 李晓堂 ◎ 副主编

中国林业出版社

·北京·

# 内容简介

本书内容共分五章。第一章为住区环境设计的概念与认知，解析住区环境设计的内涵与外延，讲解影响因素、基本原则以及相关设计规范等内容。第二章为住区环境的组织设计内容，主要包括入口、道路、场所、绿地四部分。第三章为住区环境构成元素设计，分析铺装、台阶与坡道、水景、石景、景观建筑、构筑物、植物、照明、配套设施等九个方面的设计策略和方法。第四章为住区环境设计流程，主要介绍了从基地踏勘及测量到施工配合各个设计环节的工作重点及要点。第五章为案例解析与课题实训，对以欧式风格、新中式风格和现代风格为代表的三类住区环境风格进行解读，并且加入实训环节。

本书适合高等院校的环境设计、景观设计、规划设计等专业的学生使用，其丰富且具代表性的案例讲解也广泛适用于相关行业，特别是对于住区环境设计行业的实际工作者具有较大的参考价值。

**图书在版编目（CIP）数据**

住区环境设计 / 林墨飞，董雷，唐建主编 . -- 北京：中国林业出版社，2020.10

ISBN 978-7-5219-0835-0

Ⅰ . ①住… Ⅱ . ①林… ②董… ③唐… Ⅲ . ①居住区—环境设计 Ⅳ .
① TU984.12

中国版本图书馆 CIP 数据核字 (2020) 第 192762 号

高等院校环境设计专业应用型教材

策　　划：张长江　纪　亮

住区环境设计

主　　编：林墨飞　董　雷　唐　建
副 主 编：陈　岩　高　峰　杨　怡　刘兵兵　李晓堂

中国林业出版社·建筑家居分社　　　责任编辑：陈　惠　马吉萍

出版发行：中国林业出版社（100009 北京西城区刘海胡同 7 号）
网　　站：https://www.forestry.gov.cn/lycb.html
印　　刷：北京中科印刷有限公司
电　　话：（010）83143614
版　　次：2020 年 10 月第 1 版
印　　次：2020 年 10 月第 1 次
开　　本：889mm×1194mm　1/16
印　　张：11.75
字　　数：480 千字　数字资源：11 个（200 千字）
定　　价：78.00 元

# 前 言 ————————————————————

　　鸟自爱巢，人爱家，居住寄托着人们对家园的美好向往……

　　由若干家庭组成的住区，不仅仅指一种现实存在的物质空间，也是人们精神上的归属处所。随着我国经济不断发展，广大人民群众的生活质量得到大幅度提升，"居者有其屋"已不再是大多数人的梦想，人们对居住的需求从基本生理需求逐步向心理和文化需求等更高层次推进。

　　进入 21 世纪，我国改革开放事业不断深入，房地产行业也随之急速升温。在此期间，西方的建筑与景观设计理念大量涌入中国，人们对住区环境的认识也在逐步转变，住区环境设计与建设呈"井喷式"发展态势。但是一段时间以来，由于设计领域对住区环境的物质形态属性的片面关注，以及开发商为了吸引购房者的眼球，而放弃追求更加节约型和可持续发展的环境品质，取而代之的是大量的复制与效仿，丢失了对当地自然资源、人文与历史的重视以及对城市整体环境的协调，加上建筑风格的趋同，造成了各地住区面貌千篇一律的现象。党的十九大报告明确提出，人类只有尊重、顺应和保护自然，遵循自然规律才能建设美好家园。而住区环境作为城市环境的重要组成部分，是人们沟通交流的场所，也是人们在如今快节奏工作之余放松心情，与家人共享天伦的温馨场所。住区环境设计应以尊重自然的前提，坚持以人为本、生态友好、和谐人居等原则，在植物景观、道路景观、水体景观、小品设施景观、铺装和照明景观等诸多方面进行统筹规划，让已经远离人们日常生活的自然景观、文化记忆再现于住区环境中，使人们真正感受到人与自然的和谐相处。

随着人们对艺术感知的提高以及对个性化的追求，住区环境设计的应用性研究也显得尤为重要，它能进一步引领该领域朝着科学化、多元化的趋势发展。因此，本书在解析住区环境设计的内涵与外延的基础上，阐述了设计环节的影响因素及基本原则；然后，阐述了住区入口、道路、场所、绿地等四个方面的组织设计内容；再而，着重分析了铺装、台阶与坡道、水景、石景、景观建筑、构筑物、植物、照明、配套设施等九个方面的设计策略和方法；另外，对住区环境设计流程进行了详细介绍；最后，通过分析实际案例，对以欧式风格、新中式风格和现代风格为代表的三类住区环境风格进行解读，并且加入实训环节，可检验学习成效。本书以图文并茂的形式来进行内容编排，集知识性、实用性、阅读性于一体；内容翔实生动，条理清晰分明，有助于读者了解住区环境设计的行业特点、发展历程及趋势，从而提高其专业素养和鉴赏能力，丰富住区环境设计的创作手法。本书适合高等院校的环境设计、景观设计、规划设计等专业的学生使用，其丰富且具代表性的案例讲解也广泛适用于相关行业，特别是对于住区环境设计行业的实际工作者具有较大的参考价值。

在本书的编写过程中，得到了丛书总主编张长江教授的倾力指导，还要感谢中国林业出版社领导和编辑的大力支持，在此致以衷心的感谢！

书中未标注的图片多为作者拍摄或绘制，少数来源于其他出版物及网络，限于作者的学识水平和研究条件，书中难免有纰漏之处，恳请广大读者批评指正。

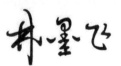

于 大连理工大学建筑与艺术学院

2020 年 6 月 22 日

# 目录 Contents

**1 住区环境设计的概念与认知** …… **001**

1.1 社区与住区 …………………… 001

1.2 住区环境设计的内涵与外延 … 004

1.3 住区环境设计的影响因素 …… 007

1.4 住区环境设计的基本原则 …… 009

1.5 相关设计规范的认知 ………… 014

本章小结 ………………………… 016

思考题 …………………………… 016

**2 住区环境的组织设计内容** …… **018**

2.1 入　口 ………………………… 018

2.2 道　路 ………………………… 026

2.3 场　所 ………………………… 033

2.4 绿　地 ………………………… 043

本章小结 ………………………… 056

思考题 …………………………… 056

**3 住区环境构成元素设计** ……… **058**

3.1 铺　装 ………………………… 058

3.2 台阶与坡道 …………………… 069

3.3 水　景 ………………………… 074

3.4 石　景 ………………………… 083

3.5 景观建筑 ……………………… 089

3.6 构筑物 ………………………… 099

3.7 植　物 ………………………… 113

3.8 照　明 ………………………… 127

3.9 配套设施 ……………………… 137

本章小结 ………………………… 144

思考题 …………………………… 144

**4 住区环境设计流程** …………… **145**

4.1 基地踏勘及测量 ……………… 145

4.2 基地分析与设计任务书 ……… 148

4.3 初步设计 ……………………… 151

4.4 方案设计 ……………………… 158

4.5 扩初设计 ……………………… 163

4.6 施工图设计 …………………… 166

4.7 施工配合 ……………………… 177

本章小结 ………………………… 178

思考题 …………………………… 178

**5 案例解析与课题实训** ………… **180**

（本章为数字资源，可扫码阅读）

5.1 欧式风格住区环境设计 ……… 180

5.2 新中式风格住区环境设计 …… 180

5.3 现代风格住区环境设计 ……… 180

5.4 课题实训 ……………………… 180

本章小结 ………………………… 181

思考题 …………………………… 181

**参考文献** …………………………… **182**

# 1 住区环境设计的概念与认知

## [本章提要]

　　本章首先，对全书涉及的概念进行了辨析和界定，阐述了住区环境设计的内涵与外延。然后，重点讲述了住区环境设计的影响因素，包括地域环境因素、社会文化因素、经济技术因素，进而提出了住区环境设计的人本化原则、安全性原则、多样性原则、艺术性原则、舒适性原则和生态性原则。最后，介绍了在设计过程中应该遵照的相关规范和标准图集。通过本章学习，可以掌握相关的基础知识，完成对住区环境设计的前期认识。

## 1.1 社区与住区

### 1.1.1 社区与居住社区

　　居住，寄托着人们对家园的美好向往。住区不仅仅指一种现实存在的物质空间，也是人们精神上的存在处所。住区环境设计不仅影响着居民的心理、生理健康及精神生活，成为评判住区发展整体水平的一个重要标准，甚至还成为影响人们能否"诗意地安居"的重要因素。

　　"社区"一词源于拉丁语，意思是共同的东西和亲密的伙伴关系。20世纪30年代初，中国著名社会学家费孝通先生在翻译德国社会学家滕尼斯的著作《Community and Society》（1887年）时，从英文单词"community"翻译过来的。当时是指"由具有共同的习俗和价值观念的同质人口组成的、关系密切的社会团体或共同体"，后来被许多学者开始引用，并逐渐流传下来。第一个给"社区"定义的是美国芝加哥大学的社会学家罗伯特·E·帕克（Robert Ezra Park）。他认为，社区是"占据在一块被或多或少明确地限定了的地域上的人群汇集""一个社区不仅仅是人的汇集，也是组织制度的汇集"。从滕尼斯开始，人们对社区的理解发生了很大的变化，关于社区的定义和解释多种多样，社会学家给社区下出的定义有140多种。这些定义可以大致分为两大类：一类强调精神层面（人群的共同体，如成员必须具有共同的传统价值等），一类强调地域的共同体（具有共同的居住地，即"在一个地区内共同生活的人群"）。

　　近些年，我国的很多社会学家开始对"社区"进行深入细致地研究，而且对"社区"的理解和认识诸不相同。本书借鉴社会学研究领域中对社区比较有代表性的阐释，即社区是在一定地域范围内，以一定数量的人口为主体形成的具有认同感与归属感的、制度与组织完善的社会实体（图1-1）。尽管社会学家对社区下的定义各不相同，在构成社区的基本要素上认识还是基本一致的，普遍认为一个社区应该包括一定数量的人口、一定范围的地域、一定规模的设施、一定特征的文化、一定类型的组织（图1-2）。社区就是这样一个"聚居在一定地域范围内的人们所组成的社会生活共同体"。可见，社区是若干社会群体或社会组织聚集在某一个领域里所形成的一个生活上相互关联的大集体，是社会有机体最基本的内容，是宏观社会的缩影。

　　同时，社区也是社会的基层组织，全社会就是由一个个不同大小、不同类型的社区所组成的，而居住社区是其中的主要类型之一。"居住社区"是指在城市的一定地域范围内，在居住生活过程中形成的具有特定空间环境设施、社会文化、组织制度和生活方式特征的生活共同体。生活在其中的居民在认知意象或心理情感上均具有较一致的地域观念、认同感与归属感。

图 1-1　社区鸟瞰图（林墨飞设计 / 中国 /2016）

图 1-2　社区泳池（MESA 设计 / 美国 /2016）

社区与居住社区的区别主要在于它们功能构成上的差异。居住社区特指以居住生活为主要功能和整合纽带的社区，居住社区内的服务设施也主要围绕这社区内居民及其居住生活展开。而社区的功能则可以涵盖一切生活活动。

## 1.1.2 住区、居住区、居住小区和组团

住区是一个广义、复杂的概念，包含了物质层面的居住空间与非物质层面的经济、社会关系等。在我国城市规划研究领域中，通常用居住区来解释住区的概念，指承担城市居民居住、交通、日常活动等功能的区域，即为人们日常生活的基本单位。城市住区指城市某一特定区域范围内，其人口、资源、环境通过各种相生相克的关系建立起来的人类聚居地、是社会、经济和自然的复合体。一般由若干个居住区、居住小区和住宅组团组成，配建有完善且满足居民物质文化生活需求的整套公共服务设施。

本书中所提到的住区，在物质空间方面与居住区相似，即自然接线或城市道路所围合、拥有居住人口规模的居住地，包含了各种类型的居住区、小区及住宅地块等用地；而在非物质空间层面上更偏向于社区，除了空间形态方面，还包含了社会交往、身体活动等方面。GB 50180-93（2016 版）《城市居住区规划设计规范》按照不同的人口规模将其分为了居住区、居住小区、居住组团三个级别（表 1-1、图 1-3）。在本书中，"住区"的范畴涵盖这三个级别，泛指不同规模的生活聚居地。

表 1-1　住区分级控制规模

|  | 居住区 | 居住小区 | 居住组团 |
| --- | --- | --- | --- |
| 户数 / 户 | 10000~16000 | 3000~5000 | 300~1000 |
| 人口 / 人 | 30000~50000 | 7000~15000 | 1000~3000 |

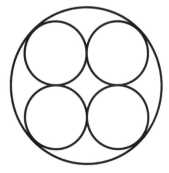

（a）居住区——居住小区

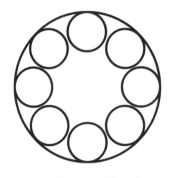

（b）居住区——居住组团

（c）居住区——居住小区——居住组团

图 1-3　住区总体布局结构图

规范中将"城市居住区"定义为："一般称居住区，泛指不同居住人口规模的居住生活聚居地和特指被城市干道或自然分界线所围合，并与居住人口规模（30000~50000人或10000~16000户）相对应，配建有一整套较完善的、能满足该区居民物质与文化生活所需的公共服务设施的居住生活聚居地。住区按性质、位置、住宅层数、组成方式可分为如下几种形式（表1-2）。

表1-2 住区分类

| 分类方式 | 名 称 | 特 点 |
|---|---|---|
| 按性质分 | 新建住区<br>改建住区 | 新建住区较易按合理的要求进行规划；<br>改建住区要在现状基础上进行规划，工作较复杂 |
| 按位置分 | 市内住区<br>近郊住区<br>远郊住区 | 三者在居住标准、市政公用设施水平，<br>特别是公共服务设施的项目和数量等方面都有所差别 |
| 按住宅层数分 | 高层住区<br>多层住区<br>低层住区<br>混合层居住区 | 高层和多层住区占地较小，节约用地；<br>低层住区占地大，一般用地不经济；<br>混合层住区既节约用地，又能取得丰富的外部空间环境 |
| 按组成方式分 | 单一住区<br>综合住区 | 单一住区一般只布置住宅及配套服务设施；<br>综合住区内设有无害工业或者其他行政、科研等机构，以便居民就近工作 |
| 按组成方式分 | 单一住区<br>综合住区 | 单一住区一般只布置住宅及配套服务设施；<br>综合住区内设有无害工业或者其他行政、科研等机构，以便居民就近工作 |

"居住小区"的定义是：一般称为小区，是被居住区级道路或自然界限所围合，并与居住人口规模（7000~15000人或3000~5000户）相对应，配建有一套能满足该区居民基本的物质与文化生活所需的公共服务设施的居住生活聚居地。

"居住组团"，一般称小区组团，指一般被小区道路分隔，并与居住人口规模（1000~3000人或300~1000户）相对应，由若干栋住宅组成，配建有居民所需的基础公共服务设施的居住生活聚居地。居住组团的特点是便于邻里交往和安全管理。居住组团亦可称为居住街坊（图1-4）。

图1-4 住区组团（林墨飞设计/中国/2015）

同上文讲到的居住社区概念及其要素相比较，居住社区具有物质形态空间与社会空间的双重内涵，而居住区、居住小区、组团等概念重点强调了物质、地域空间的内涵，不包括居住区内的组织结构以及建立在主体间交往互动基础上的社会文化及地域归属感内涵（图1-5）。但人是社会的人，城市中的一切活动均有其社会背景，人们的居住空间必然也是一个以社会成员为元素、社会活动为内容、社会关系为纽带的社会空间与物质形态空间的复合体。而长期以来，正式由于人们对居住空间的物质形态属性的片面关注，忽视其社会空间内涵，使得以居住区规划理论方法为指导而建构的居住空间与社会人群的多层次社会需求相脱离，从而产生各种社会问题。

本书目前的主要研究对象为住区，然而以居住社

图1-5 新中式住区（易道规划设计/美国/2010）

区取代住区概念，将是社会发展的必然趋势。

## 1.2 住区环境设计的内涵与外延

"环境"，广义上是指围绕着主体的周边事物，尤其是人或生物的生存环境，包括具有相互影响作用的外部世界。这里所说的环境，指相对于人的外部世界。城市住区环境特指城市住区范围以内居民的居住场所、与居住行为相关的周边事物以及人们产生的相应的心理认知。环境设计则是指对于建筑室内外的空间环境，通过艺术设计的方式进行整合设计的一门实用艺术。环境设计所涉及的学科很广泛，包括建筑学、城市规划学、人类工程学、环境行为学、环境心理学、设计美学、社会学、文学、史学、考古学、宗教学、生态环境学等学科。随着科技进步和社会发展，现代环境概念的内涵和外延不断扩大，它是指土地及土地上的空间和物体所构成的综合体，是复杂的自然过程和人类活动共同在大地上打下的烙印。在我国，环境设计还是一个新兴的设计学科，它所关注的是人类生活设施和空间环境的艺术设计。

住区对每个人来说，是"家"的外延和升华，是躲避风雨的生存要求向舒适、美化的心理要求的延伸，是单体建筑向组合空间的扩展，是单纯的居住功能向生活所需的多种功能的飞跃（图1-6）。随着我国经济快速发展、人们健康和环境意识增强，家庭内部的装修点缀已不满足他们的需求，人们由起先的单纯追求居住空间逐步转向寻求居住区环境的适宜性。住区的环境质量和户外景观需求已经成为当今人们精神与物质文明的重要标志，因而也成为当今城市环境建设的重要组成部分。人们希望通过改善住区环境，以便在排解诸多社会压力时能够有较好的休息和放松空间。居住环境体现人们对生活的向往和追求，不同人群对理想居住环境有着不同的追求，但对自然的亲近，人们乐此不疲。人们对居住区环境的选择代表了一种生活态度，是满足物质条件基础上更高层次的精神需求。因此，住区环境设计是一个具有广泛内涵和外延的概念（图1-7）。

图1-6　住区会所环境设计（林墨飞设计 / 中国 /2016）

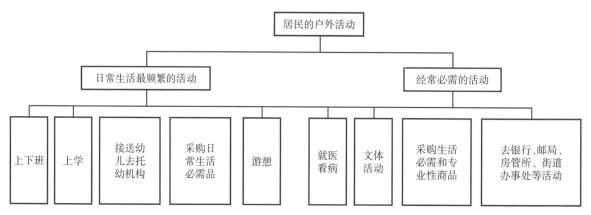

图1-7　住区总体布局结构图

住区环境设计的内涵主要集中于物质形态和意识形态两个方面。物质形态主要是指构成环境景观的物质要素，而这些物质要素按不同的材质又可分为不同的类型，它是一切有形环境的总和，是自然要素、人文要素和空间要素的统一体。住区物质形态通常由三部分组成，一是居住条件指住宅面积、住宅质量、住宅设备等（图1-8）；二是环境质量通过城市的大气、水、噪声质量以及绿化水平等指标来反映；三是基础设施和公共服务设施水平它通过各种文教设施、商业服务设施、道路广场、交通状况来反映（图1-9）。意识形态主要是指从社会科学的理论安排的适合居民心理要求的外界条件，以及影响指导人们行为的精神因素，如：宗教信仰、民俗习惯、审美观念、社会制度、伦理道德等。居民要求的园林化住区设计依据，反映了居民对健康居住和观赏优美环境的需求。风俗习惯是住区地域化的历史依据，充分挖掘当地的人文历史，提炼适合当地居民的生活习惯和文化追求的居住形态，是使住区融于城市的重要途径。这些要素间的关系犹如生物学上生物群落的共生链，维系着自然万物的萌发，并处于动态平衡状态。这种状态恰恰是现代环境设计应追求的目标，其任务在于设计出最优化的"人—环境系统"，这个系统将展现人类与环境的共存，人与环境在新的高层次的平衡和发展。意识形态环境也可称为软环境，即非物质环境，指生活方便舒适程度、社会秩序、安全感和归属感等。意识形态层面的环境提升会使人们的居住更加舒适、温馨与和谐。

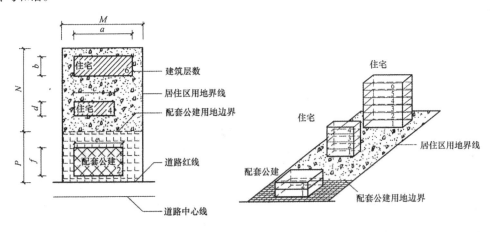

$$建筑密度 = \frac{6(ab) + 4(cd)}{M(P+N)}$$

$$住宅建筑面积净密度 = \frac{ab + cd + ef}{M(P+N)}$$

$$住宅平均层数 = \frac{6(ab) + 4(cd)}{MN}$$

$$住宅建筑净密度 = \frac{(ab) + (cd)}{MN} \times 100\%$$

图1-8　住区建设密度指标示意图

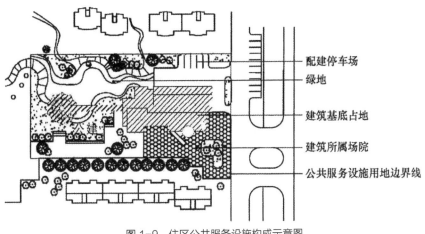

图1-9　住区公共服务设施构成示意图

住区环境外延形式丰富多样，即住区环境中建筑之外的开敞空间及所有自然和人工要素。首先，自然要素包括地形地貌、气候、水文、动植物等。地形地貌是住区的物质和空间载体，具体指高程、坡度、坡向和地表形态等，它在一定程度上决定了住区的形态特征和空间布局形式。气候因素包括风向、降雨、日照和气温等，它限制了住区的空间布局、建筑的形式和朝向以及绿化方式、植物配置等。水文条件，具体讲包括住区所处的流域和人工河渠的状况，这些通常是城市重要的生态廊道，需要在规划设计时加以保护和强化。动植物既包括场地原有的植被和动物，也指设计的植物，两者的共生是住区融入自然的重要体现。其次，人工要素包括绿地及小品设施、道路设施、建筑等。绿地包括居住区公园、小游园、组团绿地、宅旁绿地和其中的户外活动场地。各种绿地是住区园林化的重要表现，也是实现绿色可持续发展的重要途径。户外活动场地是促进居民交往、加强归属感的有利途径，包括老幼设施、铺装地面等。小品设施有亭、廊、雕塑、座椅、灯柱、垃圾筒等，是细化外部空间的重要构成要素，它丰富了住区的空间层次，完善了空间的品质，具有实用价值和景观功能。道路设施包括各级道路和停车设施，是使用频率最高的户外设施，作为线形要素起到联系并组织空间、形成景观序列的作用。建筑是形成住区外部空间的主要元素，其布局、组合方式及立面形式，决定了住区的空间布局（图1-10）。

图1-10 住区建筑设计（林墨飞设计 / 中国 /2016）

图1-11 住区小品设计（迪东设计 / 中国 /2016）

由此可知，住区环境设计包括道路布局、水景组织、路面设计、照明设计、小品设计、公共设施等其他元素，也包括历史特色、视觉和心理感受等精神元素。在进行环境规划设计时，要根据住区规划设计、建筑设计等若干条件现状进行统筹策划（表1-3），并注意精神与物质的协调统一，达到整体性、实用性、艺术性、趣味性的结合。住区环境设计可以通过一定的组织、围合手段、对空间界面（室内外墙柱面、地面、顶棚、门窗等）进行艺术处理（形态、色彩、质地等），运用自然光、人工照明、家具、饰物的布置、造型等设计语言，以及植物花卉、水体、小品、雕塑等配置（图1-11），使建筑物的室内外空间环境营造出特定的氛围和一定的风格，来满足人们的使用功能及视觉审美上的需求。

表1-3 住区类型及特点

| 住区分类 | 建筑类型 | 空间特点 | 景观布局 |
|---|---|---|---|
| 高层住区 | 高层组合单元式 | 用若干完整的单元组合成建筑物，单元平面比较紧凑，户间干扰小，平面形式既可以是整齐的，也可以是较复杂的，形成多种组合形体 | 采用立体景观和集中景观布局形式。高层住区的景观总体布局可以适当图案化，既要满足居民在近处的观赏审美要求，又需注重居民在居室中向下俯瞰时的景观艺术效果 |
| | 高层走廊式 | 走廊式住宅以走廊作为电梯、楼梯与各个住户之间的联系媒介，楼户共用一个走廊，提高了电梯利用效率 | |
| | 高层独立单元式 | 由一个单元独立修建的，也称塔式住宅，它以楼梯、电梯组成的交通中心为核心，将多套住宅组织成一个单元式平面。每套住宅均可形成良好的视野 | |

| 住区分类 | 建筑类型 | 空间特点 | 景观布局 |
|---|---|---|---|
| 多层住区 | 多层独立单元式 | 数户围绕一个楼梯枢纽布置的单元独立建造的形式，它四面临空，可开创的墙面多，有利于采光通风，其平面布置灵活，易于与周围环境协调 | 采用相对集中、多层次的景观布局形式，保证集中景观空间合理的服务半径，尽可能满足不同年龄结构、不同心里取向的居民群体的景观需求 |
| | 多层走廊式 | 沿着公共走廊布置住户，每层住户较多，楼梯利用率高，户间联系方便，但彼此也有干扰 | |
| | 多层梯间式 | 每个单元以楼梯为中心布置住户，这类平面布置紧凑，公共交通面积少。比较安静，也能适应多种气候条件 | |
| 低层住区 | 低层独院式 | 独院式住宅通常具有一个面积较大的独立庭院空间，住宅四面均可通风采光造景，可布置车库，私密性较好，景观硬件的方式也较为丰富。庭院背后可能是河道、道路、山地等地形 | 采用较分散的景观布局，使住区景观尽可能接近每户居民，景观的散点布局可结合庭院塑造尺度宜人的半围合空间 |
| | 低层并联式 | 双拼式别墅，是由两栋住宅并联建造，一般三面可以通风和造景，也可布置车库，面积比独院式住宅较小 | |
| | 低层联排式 | 联排式别墅，它是由一栋栋住宅相互连接建造，占地规模较小，可布置车库，也可不布置 | |
| 综合住区 | 多种建筑类型相结合的形式 | 通常情况下外围为高层、多层建筑，中间为低层建筑 | 依据居住区总体规划建筑形式选用合理的布局形式 |

# 1.3 住区环境设计的影响因素

## 1.3.1 地域环境因素

从人与环境的关系角度看，环境是指影响人类生存和发展的各种天然和经过人工改造的自然因素的总体。所涉及的范围包括大气、水分、土地、生物、城市或乡村、居住地等生命保障系统，也蓄积了对人们产生刺激甚至袭击的物理的、化学的和生物的力量。对于城市住区而言，地域环境因素也可以分为两个层面，即城市住区所处的地域地理、气候等自然环境条件和城市住区地域所处的人工环境条件。

### 1.3.1.1 自然环境因素

自然环境就是指人类生存和发展所依赖的各种自然条件的总和。自然环境不等于自然界，只是自然界的一个特殊部分，是指那些直接和间接影响人类社会的那些自然条件的总和。随着生产力的发展和科学技术的进步，会有越来越多的自然条件对社会发生作用，自然环境的范围会逐渐扩大。

住区周边自然环境包括风雨、阳光等各种气候因素，地质地貌、水体、动植物分布以及声、光、热和空气质量等物理环境。城市空间是人类与自然环境相互作用的结果，城市空间的形成与发展与其所在地域的自然环境条件密切相关。我国古代对此形成了独特观念"天人合一"。《齐民要术》中则指出"顺天时，量地利，则用力少而成功多。"中国地域辽阔，跨越寒冷和温热地带，南北温差大，地形、地势亦不相同，由此，居住空间形态各异，丰富多变。根据不同的气候条件和生态环境条件，形成了不同的居住空间形态。因此，在对住区进行环境设计前，需要调查本基地内年最高最低温度、年最高最低湿度、年降雨量、夏季主导风向、无霜期、冷冻期、冻土厚度等。基地内最高最低温度以及湿度，与基地内的植物配置有关，应该根据基地内温度湿度特点，种植相应的植物种类。调查基地内年度季风风向，以便将垃圾收集点和沙池等设施安排到夏季主导风向的下风向，以免对住区造成空气污染。

### 1.3.1.2 人工环境因素

人工环境因素主要包括城市住区所处地域及其周围的城市格局、建筑风格和城市风貌，城市轮廓即主要建筑和绿化空间，以及城市生活、文化特征等，可理解为城市住区地域所处环境的"文脉"特征。

广义上，人工环境是作为人与自然环境相互作用的结果，其实质是应属于社会文化因素、经济技术因素的外化表象。这里之所以将人工环境单独提出作为影响城市住区环境整体设计的重要环境条件，是基于住区作为城市空间系统的一个子系统，必然受到周围各系统要素及更高一级系统的制约，并与它们产生物质、信息、能量的交换与文化的渗透，所以理想的城市住区应是恰当地"契入"周围环境，并具有"开放性"特征。如果狭义理解人工环境，它包括：交通、邮电、

图 1-12　都市环境下的住区（MESA 设计 / 美国 /2015）

供水供电、商业服务、科研与技术服务、园林绿化、环境保护、文化教育、卫生事业等市政公用工程和公共生活服务设施等。良好的人工环境基础对加速社会经济活动，促进其空间分布形态演变起着巨大的推动作用。住区周边人工环境质量的好坏与住区整体品质的高低有关（图 1-12）。居住区周边设施不健全，就算住区内环境做得再好，也不能创造一个宜居的居住区。因此，居住区周边配套人工环境是影响住区环境设计的重要因素。

## 1.3.2 社会文化因素

首先，某一住区的地域微观社会结构最终必然归结、从属于更大社会系统中的社会结构，并受其限制。这从中国城市居住社区历史演化规律的分析中同样可以得到清晰的反映。例如，在传统社会，中国"伦理本位"的政治权力结构导致了中国"家国同构"及"院套院"的空间形态特征，"里坊制"是其代表。而中华人民共和国成立以后，"单位体制"又造成了"单位大院"和居住空间均质化的社区形态。同时，"单位体制"的社会结构还导致了居住社区内部微观社会结构的独有特征社区组织不发达、社区主体阶层分异不明显等问题。

图 1-13　万科"第五园"（易道规划设计 / 美国 /2010）

其次，在每一特定地区，种族群体的文化传统及其演进对城市居住空间的组织与发展产生影响，形成了城市居住空间的文化特色。空间的文化特色主要表现为：一方面其空间物质形态积淀和延续了历史的文化；另一方面它又随居民整体观念和社会文化的变迁而发展。空间结构形成后又反过来影响生活在其中的居民行为方式和文化价值观念（图 1-13）。中华民族历史悠久，文化传统博大精深。关于中国古代文化传统与居住生活方式之间关系的研究也相当丰富。

另外，还要考虑来自社会政治制度的影响。社会政治制度对空间格局的影响又主要体现在两个方面：一是政权统治的功能需要；二是思想意识的空间体现。纵观古今中外世界各地的城市，其空间行为无不受统治阶级的政治抱负和理想模式的影响，不同的政治制度留下了不同的空间行为痕迹。如奴隶制时期的希腊雅典卫城，罗马帝国时期的罗马城，意大利文艺复兴时期的佛罗伦萨、威尼斯，君权时期的法国巴黎、俄罗斯圣彼得堡，资本主义时期的美国华盛顿，以及中国古代的"井田制""匠人营国"制度等，无不反映了当时政治制度的功能需要与思想特征。

可见，设计师在进行住区环境设计时，在尊重基地现状条件的基础上，除了要考虑基地周边各类设施对住区

的影响外，还应该考虑诸多的社会文化因素，例如一些传统户外活动方式、当地历史文化等。将传统历史文脉中的思想进行抽象和提炼，并运用到环境设计中，将住区户外环境设计成满足功能需求、形式美观、简单纯净且具有一定文化内涵的综合环境。

### 1.3.3 经济技术因素

#### 1.3.3.1 经济因素

经济发展水平和经济发展制度与规律是城市居住空间形态构成的重要影响因素，是构成物质空间形态的决定性因素之一，但并不是主导因素。正如美国学者道顿（Downton）所言"经济可能解决住房的大小和拥挤的程度，但它不能解释建筑学对所受的经济限制做出解答的来由。"经济因素必须经由社会文化因素及人的选择方能得以发挥影响。当然，中国目前正处于市场经济体制逐步完善时期，而且，城市居民生活"市场化"趋势明显。在这种背景下，经济发展及其规律往往显现出尤为明显的、有时在某一问题领域内甚至是主导性的作用。对此，设计者们必须进行全面、系统的分析和考量。

#### 1.3.3.2 科学技术因素

在人类文明史上，每一次巨大的进步均伴随着科学技术的革命。在城市居住空间发展演化进程中，工业革命及新科学技术的发展带来了革命性变化，新材料如混凝土、钢、玻璃等使空间的构成与形象发生了巨大变化，汽车的出现及相应道路交通手段的发展改变了人类的出行方式，也改变了人们对空间距离的认知。当今时代，计算机、网络技术及生态科学技术的发展正在导致人类居住生活空间的又一次革命。科学技术的发展对城市居住空间形态的影响随其发展变化速度的加快而表现得越来越明显。技术从本质上反映了人对自然以及人对社会的能动关系，它不仅可以改变设计作品赖以产生的物质条件，更重要的是它改变

图1-14 埃斯特庄园的"百泉台"

着人们的思想观念。纵观世界环境设计发展史，技术的发展和变化引领了许多重要思想的出现和兴盛。从巴比伦的空中花园，到苏州园林的叠石堆山，从埃斯特庄园的水景设计（图1-14），到中国古代城池中的排水系统，无一不体现了古代匠人的高超造园技艺。随着与其他门类艺术和学科的交叉融合，现代环境开始呈现出多元化发展趋向。这就需要多方面的技术支持，技术可以使很多设计要求更易于实现，让设计获得更大的发挥空间。

## 1.4 住区环境设计的基本原则

### 1.4.1 人本化原则

"以人为本"的思想自古有之。我国春秋时期著名的政治家、哲学家管仲曰："夫霸王之所以始也，以人为本"。人乃万物之灵，人是世界的主体。在中国历史上，"人"和"民"有时通用，人本也即民本。这种理论对当时文人士大夫们的务实思想起到了重要的作用。而欧洲文艺复兴运动的先进性，更是不仅表现在新思想、新文化，以及反封建、反神学的蒙昧上，更体现在"以人为本"的先进文化上，并推动了人类社会的进步。

住区设计的主体是人，是建立在以人为本的原则基础上，最终为人的生活而服务。从本质上讲，居住行为是人类最基本的行为方式。人是居住行为的执行者，以人为核心是住区环境设计的必然要求。住区环境不仅仅是满足一部分人、一个阶层的需要，而是满足所有人、各个阶层的需要。在形式上不再是各阶层构成的小邻里，而是同一阶层构成小邻里，更强调小邻里的均质性和大邻里的非均质性，在尊重各阶层利益和价值取向的前提下，使社会生活得到有序的组织。

"以人为本"是现代生活中人性化的设计与生活方式相统一的体现。只有这样，设计才能融入生活，体现其

图 1-15 韩国某住区儿童活动场地

图 1-16 住区生活设施

价值。住区环境设计是为人服务的一项活动，尊重人性，对于人们的不同需求，依其活动规律，建构功能合理、创造舒适的需求环境（图 1-15、图 1-16）。住区环境设计不仅仅是环境的物质条件改观，改变界面的手段，它更要满足人们物质需求和精神需求，提高环境的精神品格，丰富文化内涵。此外，住区环境的设计，离不开当地的人文特色。将人文要素运用到住区的环境设计中，能让居民昔日所接触的文化、风俗习惯等人文因素找到归属感。住区环境设计应该重视人文性要素，从精神上对居民进行关怀，利用人文文化解析一个景观的含义。住区环境将社会、宗教、民俗文化、历史传统、生活方式、自然元素、建筑形式以及其他元素提纯和解释，结合特定的表达方式，运用到设计中，缓解人在商品社会的高节奏下形成的压力，创造出一个让人精神上享受，居民认可的有归属感的"家园"。

## 1.4.2 安全性原则

美国著名社会心理学家亚伯拉罕·马斯洛（Maslow）在其著作《动机与个性》中，提出"基本需求层次理论"，是行为科学的理论之一，即把人的需求从低级到高级分为五个层级，即生理需求、安全需求、社交需求、尊重需求、自我实现需求（图 1-17）。人类最原始、最基本的需求是生理需求，安全需求仅次于其，适应和满足人类的基本需求是住区环境设计的首要任务，直接影响住户在室外活动时与环境的参与性。住区环境的安全性设计是个全面的问题。安全性是指免遭不可接受危险的伤害，其实质就是防止事故，消除导致死亡、伤害、急性职业病危害及各种财产损失发生的条件。安全性设计就是通过对环境中的危险、有害因素进行识别与分析，判断发生事故和危害的可能性及其严重程度，提出安全对策和建议。将安全性的理论与住区环境设计相结合，可以在设计和施工过程中避免或消除各种危险隐患，使环境在使用过程中有安全和健康的保障。因此，在对住区环境进行设计时，要把安全性放在重要的位置。老年人和儿童作为住区的特殊群体，自我保护能力和抵抗能力都欠佳，而且在住区中对居住环境接触最为频繁，因此在做环境设计时要多考虑这两类群体的特殊性，确保设计出来的成果对老人和儿童没有威胁。例如，在老人和儿童活动区运用植物或者其他的环境要素营造过渡地带，将他们与交通流量大的道路隔离开；在植物选择上，避免选择有毒、有刺激性分泌物或有可能成为过敏原的植物以及带刺的植物等，以避免他们被植物所伤；在儿童活动区的铺装上，运用质地较软的防摔、防滑的材料，以确保孩子们在游玩时的安全（图 1-18）。

对于居民来说，住区环境的安全性设计大致可分为三类：一是通常意识中能够保护居民的人身安全、财产安全的设计，包括防止外来入侵伤害；二是居民与环境发生交互活动时，设施和环境所能提供的、预防意外伤害的设计；三是能够防止居住区公共环境内的景观设施遭人恶意损坏的设计。安全性设计作为环境设计的首要准则，是一项住区环境设计工程成功与否最重要的考察标准，其余设计要素都必须建立在安全性设计的基础上。

## 1.4.3 多样性原则

住区环境的多样性包括物种多样性、生境多样性、空间多样性和景观多样性。针对住区环境中自然生态系统的不完整性，应适当补充自然成分，协调城市生态结构。在补充自然成分时，注重物种多样性，特别是避免

图 1-17 马斯洛需求层次

图 1-18 塑胶儿童活动场地

图 1-19 住区烧烤区

植物物种单一、结构简单的状况，为生物提供多条廊道、多种生存或迁移的选择，创造多样化的生境，以提高城市生态系统的平衡能力和稳定性。同时，住区内的植物绿化景观，除了随着四季变换带给人们不一样的四季景观之外，植物自身具有良好的生态效益，对住区的小气候变化有着不可代替的作用，植物可以降尘、除噪音、隔离、吸收有害气体、释放氧气等，为居民营造出健康的生活环境。

　　另外，住区的环境除了要有美化、绿化环境的作用外，更要多加考虑其自身的功能性。任何事物只有具备了一定的功能，才能被人使用，有价值和存在的意义。环境除了能给人带来赏心悦目的视觉感受，同样也应具备属于它的特定的功能性，在给人们带来视觉享受的同时，还给人们提供其自身的价值。从规划设计的角度讲，环境的外在形式是否美好，是否让人赏心悦目不能作为评价环境设计的优劣的标准，最为重要的是看其是否解决了其所担负的功能问题，是否为居住者的平日生活带来方便，是否有助于营造舒适的场所。因此，要求住区环境设计要发挥环境的多重效益，形成形式与功能共存的可持续发展的状态；为居民提供多样的交往空间，以满足人们各种类型交往的需要。为不同的人群设计不同用途的、互不干扰的户外活动空间，如儿童的游憩场地、青少年的运动场地、老年人的健身和休闲空间等。为不同阶层提供不同情趣、风味的活动或休憩场所（图 1-19）。此外，作为住区环境设计重要组成部分的各种小品，虽然其主要作用是用来点景、成景，但是在设计时更应该考虑它的启示作用和教育意义，以住区的特性作为环境设计的指导要素，营造出居住区识别性强的景观。例如，水景不仅可以增加空气湿度、增加空气中的负氧离子成分，而且夏季还可以降温解暑，给人带来丝丝凉意，让居民身心舒适。

## 1.4.4 艺术性原则

　　随着经济基础和全民文化素养的不断提高，人们的审美水平越来越高，对环境设计要求越来越高，个性化要求也越来越强。而通过住区环境艺术性的表现，可以强调其个性品位，因此环境设计的艺术性逐渐得到了人们的重视。

　　环境设计是基础建设及空间构成与布局最基本的载体，结合使用者的意愿与审美，结合基础建设内容整体营造出协调统一的风格空间。同时，它能够明确地表达出不同艺术设计风格与环境文化，设计从整个空间着手到每一处细节，都能呈现出空间的个性品位，所以说，环境设计是体现环境品味与确定环境设计风格的关键，从而给原本单调的空间环境丰富了灵魂。

　　艺术性是环境设计的一个重要的原则，它体现了社会和时代的审美情趣，彰显着所设计之物的本身特色。无论是从功能、形式还是色彩上，让居民能够在触觉、视觉、听觉、嗅觉等方面得到美的感受，享受美观带给人们精神上的享受和心理上的舒适感。同时还要结合时间的变化，创造出随时间变化的季相景观，使居民不因为环境的单一而产生视觉疲劳。住区的植物设计、水景设计、景观小品、服务设施、道路景观、广场景观等都应该遵循着艺术性的原则进行设计，为住区环境营造出美丽的景观。利用科学的方法规划居住区整体布局，运用艺术手法安排不同环境要素，营造出兼具有连续、完整、和谐、丰富等特点的住区环境。艺术化原则是指进行环境设计时应遵循的原理和法则。将众多的艺术元素拆解分析，可以抽象地概括为点、线、

图1-20 艺术化原则的体现（林墨飞设计 / 中国 /2014）

面的组合和搭配，它们是环境的最基本语言和单位，具有符号和图形的指代性特征（图1-20）。此外，环境中设计要素的搭配要有节奏感与韵律美，节奏与韵律是美感的统一体，是通过对物体高矮、长短、粗细等变化的合理排列形成的生动语言和艺术。住区美好亮丽的景观可以间接地提高人的思想、提升人的品位和修养、陶冶人的情操，设计师应该把创造美观的住区环境作为自身的理想追求。

## 1.4.5 舒适性原则

人居舒适度广义上是指人们居住的舒适程度，包括人们在工作中的工作环境、在家中的居住环境；狭义上的人居舒适度是指人们生活在居住区时的舒适度，这种舒适度既包括来源于室内的居住环境又包括来源于室外的居住环境。"舒适"一词用汉语解释就是身心感到舒服安逸，也就是一个人在生理和心理上达到的欢乐的感觉。人居舒适度的主要内容包括生理舒适度和心理舒适度，表现在居住区的景观环境中，即健康、安全、生态、便捷的环境以及让人赏心悦目、触景生情的景观。人居舒适度的评价方法，主要从生理和心理两方面入手，生理方面，通过判断居民身体健康状况、机体感受的方法；心理方面，通过观察判断居民的满足感、归属感、自豪感、愉悦感等心理感受的方法。居民身体健康、机体感受舒适，对居住区满足、自豪、有安全感、有归属感以及心情愉悦等生理和心理特征作为人居舒适度的评定标准。具体地讲，舒适性住区环境包含物理环境均好、领域空间均好（图1-21）和景观环境均好。物理环境的均好指每个家庭都能获得良好的日照、采光、通风、隔声和朝向。在规划时就要保证有效的日照间距，引导夏季主导风向的流通，屏障冬季主导风向，隔绝外来噪声的干扰，以创造卫生、舒适的居住环境；领域空间均好，保证每家都能有较贴近的领域空间可以方便地去享受和使用，创造温馨和谐的生活氛围，为居民交往提供场所，从而达到归属均好的效果；环境均好，并不是简单意义上的绝对等同，而是每户居民的户外视野都有景观（图1-22），都能够看到并能真正使用到经过精心设计、符合人需求尺度的环境资源。

住区景观的人居舒适度评价方法是通过分析居住区景观环境的功能效益、生态效益、景观效益和社会效益来

图1-21 利用廊架营造领域感（林墨飞设计 / 中国 /2016）　　图1-22 开放的户外视野（MESA 设计 / 美国 /2015）

评定居住区的景观环境是否能满足人居舒适度的要求，健康、安全、生态、便捷、让人赏心悦目、触景生情的景观环境是其评价标准。将卫生保护和环境适宜融入居住区景观规划与设计的理念中，是为了给人营造一种舒适、健康的生活氛围。作为舒适的住区环境，首先必须利于人的身心健康，譬如具备良好的通风和充足的日照来获得高质量的新鲜空气并能有效的消灭细菌。在心理上，住区既要确保住户个人生活的私密性、安全性，又需满足人与自然交流、邻里交往等需求。从另一层面来讲，健康的概念除了人的身心健康外，还应囊括居住区本身与大自然的和谐。这就要求居住区需抑制对自然生态环境的不利影响因素，控制各类有害气体及生活垃圾的排放，减小对生物系统的破坏程度。

## 1.4.6 生态性原则

人与自然的关系不应当是索取与给予、依赖与被依赖的寄生关系，而应当成为彼此融为一体、循环发展的共生关系。在经历了现代文明积累时期对自然无限量的掘取后，人们已经认识到保护现有的自然系统就是保护自己未来的生存条件。面对资源约束趋紧、环境污染严重、生态系统退化的严峻形势，我国提出必须树立尊重自然、顺应自然、保护自然的生态文明理念，走"坚持节约优先、保护优先、自然恢复为主"方针引领下的可持续发展道路。在此背景下，注重对环境保护的同时，住区环境设计也应该将同样的理念融入其中，以达到创造人们健康生活环境的目的，体现生态性原则的目的即全面贯彻落实生态低碳的发展理念。

城市住区作为快速交通流和高效信息流的汇集点，人、景观、技术协调和生态环境是其不可或缺的要素。强化生态住区的环境设计具有一定的迫切性，同时为营造更为舒适的宜居环境，人均公共绿地指标、生物多样性、绿化覆盖率、植被的生态效应等多项指标需得到合理配置。"绿色、生态、环保"已成为当今世界发展的普遍趋势，对生态住区提出的基本要求是：健康舒适、高效清洁、和谐优美（图1-23）。落实到住区的具体环境设计，保护场地的自然环境，延续场地的文脉，减小环境维持条件和对城市生态系统的干扰；通过合理的布局，利用原生环境的地形、水文和植被资源，实现对自然资源的再利用；通过合理组织各生态要素，促进住区与城市的良性循环。

（1）住区环境设计与建设管理需建立在生态学的基础之上

首先在设计方面，要尊重场地的生态现状。对基地的实际情况要进行全面的生态适宜性评估和分析。在此基础上，充分考虑地形、风向等因子，通过顺应与利用这些自然因子，从规划布局上控制场地主轴线走向、建筑朝向等，实现与基地的自然本底相和谐。利用自然做功，如利用自然风向减少居住区热场效应等；其次是在建设方面，对建筑形式、建筑材料、建筑方法等环保化，并在住区设计中注重环保技术的运用；再者是在管理方面，加强社区生态意识的培养，提倡低碳的管理方法和生活方式，使绿色低碳的生态理论真正渗入居民的日常生活。

（2）住区环境设计建立在对人体健康的普遍关注的基础之上

如前所述，住区的主体是人，所以住区的人居环境建设，必须紧握着人这一主体，通过各种手法和途径，充分发挥住区绿地的生态价值（图1-24）。从降尘减滞、增湿降温等方面改善居住区的小气候环境的同时注重住区绿地的康养价值，在环境硬质材料的选择和使用中减少化学污染和反射性污染等对人体健康的损害；在软质材

图1-23 生态型住区（MESA设计/美国/2016）

图1-24 新加坡某住区

料，特别是植物的选择方面，应该减少具有植源性污染的树种的选择，对具有有益人体健康的挥发物的松柏类植物可以在住区环境建设中加以重视。

当前，生态住区主要分布于欧美等发达国家，容纳的人口规模较小，且建设主体多为社会志愿组织。生态住区的生态性主要体现在环境、社会、文化这三个方面（表1-4），总结国外的建设经验用于指导我国生态住区建设的顺利进行有重要意义。

表1-4 生态住区特征

| 类 型 | 特 征 |
| --- | --- |
| 环境生态 | 种植粮食作物，支持有机农业；推行再生的能源系统；鼓励经营生态型商业；通过合理的废弃物、能源利用来保护土壤、水和空气 |
| 社会生态 | 居民相互认识和联系；共享公共资源；卫生手段预防疾病；提供给居民以维持其生活的物质平台；促进终身教育以及边缘群体融合；实现不同背景、文化和职业的人们共享生活状态 |
| 文化生态 | 尊重不同地域、文化；举行仪式、庆典促进社区居民归属感的形成；强调艺术的创造性 |

# 1.5 相关设计规范的认知

国家及地方有关部门为规范环境、景观、规划设计制定了相应的法规，在进行住区环境设计时需遵照执行。另外，相关部门还制定了一些有关环境设计的标准图集。在进行住区环境设计时可以加以参考与借鉴。

## 1.5.1 相关法规

相关法规包括法律、规章、标准、制度及各类规范性文件等，是环境设计的依据，环境设计师必须了解、掌握并遵照执行，如《城市绿化条例》、《风景园林图例图示标准》（CJJ 67–1995）等。其中，与住区环境设计直接相关的国家性规范有《城市居住区规划设计标准》（GB 50180–2018）、《居住区环境景观设计导则》、《城市绿地设计规范》（GB 50420–2007）等。另外，各地方在国家性设计规范与标准的基础上制定了相应的地方设计规范和标准，在居住区景观规划设计中同样需要遵守，以北京为例，主要有《居住区绿地设计规范》（DBB11/T 214–2003）、《园林设计文件内容及深度》（DB11/T 335–2006）等设计规范文件。

图1-25 休闲活动功能

### 1.5.1.1 《绿色生态住宅小区建设要点与技术导则》

2001年，为加强我国的生态环境建设，根据国家可持续发展战略和"十五"计划纲要的要求：在住宅建设中应贯彻执行"节能、节水、节地、治污"的"八字方针"，并在认真总结国内外科研成果和实践经验的基础上，参考有关国际标准，结合我国国情，建设部住宅产业化促进中心编写了《绿色生态住宅小区建设要点与技术导则》。

《绿色生态住宅小区建设要点与技术导则》分为九个系统，对绿色生态小区建设在能源、材料、环保、绿化等方面提供指导。其中第八章对绿化系统提出了一般要求、技术要求和工程建设要点。

《绿色生态住宅小区建设要点与技术导则》要求生态小区的绿化系统应具备以下功能：

①生态环境功能：小区绿地应具备提供光合作用的绿色再生机制。

②休闲活动功能：应提供户外活动交往场所，要求卫生整洁、适用安全、景色优美、设施齐全（图1-25）。

③景观文化功能：通过园林空间、植物配置、小区雕塑等提供视觉景观享受和文化品位欣赏（图1-26）。

此外，《绿色生态住宅小区建设要点与技术导则》对驳岸、道路、铺装、建筑、小品、设施等也都作出了相应的规定。该导则的编写制定对于向消费者宣传绿色生态小区的内涵起到非常重要的作用。

### 1.5.1.2《城市居住区规划设计标准》

《城市居住区规划设计标准》（GB 50180-2018）自2018年12月1日起实施，是对1993年施行规范的局部修订。该规范适用于城市居住区的规划设计，对相关内容、术语、要求等进行了明确的规定，是进行居住区规划设计时必须遵守的准则。《城市居住区规

图1-26 景观文化功能（迪东设计/中国/2015）

划设计标准》（GB 50180-2018）分总则、术语、基本规定、用地与建筑、配套设施、道路、居住环境7个章节及技术指标与用地面积计算方法、居住区配套设施设置规定、居住区配套设施规划建设控制要求3个附录。其中第1章总则说明了本规范制定的目的、适用范围、居住区分级、制定原则等基础性内容；第2章对居住区规划设计的用地性质、道路规范、配套设施、建筑高度、建筑密度等若干相关术语、代号进行了明确的定义；其他章节分别针对用地与建筑、规划布局与空间环境、住宅、公共服务设施、绿地、道路、竖向设计以及管线综合等方面的要求进行了详细明确的规范。其中，第3.0.2、4.0.2、4.0.3、4.0.4、4.0.7、4.0.9条为强制性条文，必须严格执行。

### 1.5.1.3《居住区环境景观设计导则》

《居住区环境景观设计导则》（以下简称《导则》）旨在指导设计单位和开发单位的技术人员正确掌握居住区环境景观设计的理念、原则和方法。《导则》对住区环境设计的原则、住区环境营造内容、景观设计分类等进行了明确的界定，并详细规定了各景观设计元素的设计要求、方法。

《导则》共分13部分，分别是：总则、住区环境的综合营造、景观设计分类、绿化种植景观、道路景观、场所景观、硬质景观、水景景观、庇护性景观、模拟化景观，高视点景观、照明景观、景观绿化种植植物分类选用表。在总则部分，《导则》提出了住区环境景观设计的五项基本原则，即社会性原则、经济性原则、生态原则、地域性原则和历史性原则，并从规划的角度对居住区相关概念进行了解释，使人们对居住区有一个全局的认识；第二章对居住区环境进行了分类，并逐一介绍了营造方法和要求；第三章针对居住区景观设计进行了归纳分类，分为绿化种植景观、道路景观、场所景观、硬质景观、水景景观（图1-27）、庇护性景观，模拟化景观、高视点景观（图1-28），照明景观九大类，并在接下来的章节中对这九大类景观的设计规范及要求进行了详细的规定；在最后一章总结了常用的居住区绿化植物。

《导则》没有拘泥于狭义的"园林绿化"概念，而是以景观来塑造人的交往空间形态，突出了"场所

图1-27 水景景观（林墨飞设计/中国/2014）

图1-28 高视点景观（林墨飞设计/中国/2014）

+景观"的设计原则，具有概念明确、简练实用的特点，有助于工程技术人员对居住区环境设计的总体把握和判断。

### 1.5.1.4 《城市绿地设计规范》

《城市绿地设计规范》（GB 50420-2007）主要针对城市公园绿地、生产绿地、防护绿地、附属绿地以及其他绿地等类型，对其竖向设计、种植设计、道路、桥梁、园林建筑、园林小品、给水、排水及电气等环境要素进行了详细的规定，居住区绿地作为其中的附属绿地的组成部分，该规范对居住区景观规划同样具有指导意义。

《城市绿地设计规范》分为总则、术语、基本规定、竖向设计、种植设计、道路桥梁设计、园林建筑小品设计以及给排水、电气设计等章节。前三章对城市绿地设计相关概念术语、基本规定进行了明确的定义，随后几章分别从各自领域规定了城市绿地设计所涉及的要求标准。设计师在进行城市绿地设计时需严格遵守该规范。

## 1.5.2 相关标准图集

住区环境设计相关的标准图集提供了代表性、示范性的工程做法及图示方法，是从事具体设计工作的必备参阅工具书，其包括全国性标准图集及地区性标准图集两类。比较常用的标准图集有《建筑场地园林景观设计深度及图样》（06SJ805）、《环境景观——室外工程》（02J003）、《环境景观——室外工程细部构造》（03J012-1）、《环境景观——绿化种植设计》（03J012-2）、《环境景观——亭廊架之一》（04J012-3）、《环境景观——滨水工程》（10J012-4）、《围墙大门》（03JO01）、《庭院与绿化（一）》（93SJ012）、《挡土墙（重力式 衡重式 悬臂式）》（04J008）、中南地区图集《园林绿化工程附属设施》（05ZJ902）、浙江省图集《园林桌凳标准图集》（99浙J27）、江苏省图集《室外工程》（苏J08-2006）、《施工说明》（苏J01-2005）等。

# 本章小结

住区环境设计的本质是通过物质空间的规划设计来来建构居住意向和场所精神，建立、发展与完善人类自身认识与发展，实现"以人为本"的人居环境目标。因此，在设计前期过程中要系统了解住区环境设计的影响因素，并掌握基本的设计原则，熟悉相关设计规范和图集，为后续的设计环节夯实基础。

# 思考题

（1）阐述"住区"的概念及具体分级？

（2）住区环境设计的内涵包括哪些方面？其外延表现形式有哪些？

（3）简述住区环境设计的影响因素及其特征？

（4）简述住区环境设计的基本原则及其作用？

（5）简要列举国家及地方有关部门制定的住区环境设计法规和标准图集？

**推荐阅读**

（1）《居住区规划与环境设计》.白德懋.中国建筑工业出版社，1993.

（2）《城市规划资料集 第5分册·城市设计》.中国建筑工业出版社，2005.

（3）《城市居住区规划资料集 第7分册·城市居住区规划》.中国建筑工业出版社，2005.

（4）《人居环境科学导论》.吴良镛.中国建筑工业出版社，2001

（5）《居住区规划设计（第二版）》.朱家瑾.中国建筑工业出版社，2007.

（6）《城市居住区规划设计规范》（GB 50180-1993）.国家技术监督局.中国建筑工业出版社出版，2016.

（7）《城市居住区规划设计规范图解》.陈有川.机械工业出版社，2010.

（8）城市居住区规划设计规范 https://baike.so.com/doc/14331-14829.html

（9）园林景观设计详细图集 http://yuanlin.civilcn.com/ylsji/1330560776225604.html

（10）住房城乡建设部《城市居住区规划设计标准（征求意见稿）http://www.mohurd.gov.cn/wjfb/201708/t20170802_232816.html

# 2 住区环境的组织设计内容

**[ 本章提要 ]**

    不同类型的环境设计是组成住区有机整体的重要内容。本章列出的组织设计内容仅是诸多类型中的常见部分，包括入口、道路、场所、绿地，其中一些重要的量化指标可作为设计参考依据。各项内容是根据它们在住区环境中的区位、功能和特征等因素而划分的，不同于狭义的"园林景观"，是以环境来塑造人的交往空间形态，突出了住区环境的社会价值，具有概念明确、简练实用的特点。通过本章学习，有助于宏观地对住区环境的组织内容进行把握和判断。

    住区环境设计是一项以住区环境结构为组织核心的系统建构工作，是围绕确定目标而精心组织、协调的设计过程，其中包括了住区入口、道路、场所、绿地等一整套的组织内容。各项组织内容虽具有不同的设计特征和设计原则，但都从属于住区环境这一大系统，因此又彼此联系、相互影响，共同构成和谐统一的整体。

## 2.1 入 口

    入口是住区与周围环境，包括城市建筑、街道等之间的过渡和联系空间。它是展示住区对外形象的重要窗口，同时也是城市景观的组成部分，是住区环境中的首要组织内容，因此本书将其单列出来介绍。

### 2.1.1 概念与功能

    入口作为住区与城市街道的融合点与交界面，既是住区景观序列开始的标志和引导区段的起点，又是城市中具有特色和吸引力的景观节点之一，可以起到增强识别性、领域性、归属感的重要作用，是分隔住区内外空间的重要手段（图 2-1）。入口通常包括大门、广场、门禁系统、管理室、围墙、绿化等内容，这些内容往往会作为住区的标志，起着环境组织的作用（图 2-2）。

图 2-1　住区入口广场（张唐设计 / 中国 /2017）

图 2-2　入口大门设计方案（林墨飞设计 / 中国 /2016）

住区入口是一个综合、完整的景观，它所形成的整个环境空间，为居民的生活、交往提供了相应的场所与保障。入口的设计在轮廓、尺度、形式、色彩等方面需与住区环境的氛围统一，在空间上融为一体，形成互相穿插、渗透的空间效果，让住区居民感到轻松、亲切和愉悦（图2-3）。住区入口的环境设计应该在一定的经济文化背景下完成，所以它往往又能体现相应地区的经济发展状况与社会文化。

住区入口的构成要素是丰富多样的，各种要素的组合处理也不尽相同，导致出现了不同类型的入口形式。模式的多样化为住区入口环境增添了许多趣味性，但是归根到底还要从入口的功能出发。随着住区环境建设的不断完善，设计师既要考虑美学上的效果又要从功能需求入手来设计入口环境，包括最基本的交通功能、防卫标识功能到一些美学、象征、交往休息等综合性功能。总体来说，这些功能可以分为基本功能和衍生功能两大类。

### 2.1.1.1 基本功能

基本功能是一个住区入口所必备的，是经过不断地发展而总结的，住区入口最早也是应这些基本需求而出现的。

（1）交通功能

最初出现住区的入口就是为了人们的出行方便而考虑的，出行是人们基本生活的一部分，而出行就会带来交通需求。对住区来说，入口的交通功能不仅涉及住区内部居民的出行生活，作为市政交通的一部分也影响着整个城市居民的出行活动，所住区入口交通组织的合理与否与居民的生活息息相关（图2-4），而且合理、舒服的交通环境给居民带来愉悦的居住体验。对于住区入口空间的交通来说，通行的主体无非就是以人、非机动车、机动车为主。不同通行主体的特性、需求各不相同，所占比例也不同，要区别对待。不同通行主体对于入口交通的尺度需求是不同的，要根据不同通行主体的需求设计道路通行系统及合适数量的出入口。根据不同要求设计交通方式，尽可能避免人车混行，采取人车分流等措施，防止安全隐患的发生（图2-5）。总之要明确住区入口是为哪些通行主体服务的，通行主体以何种方式、何种速度、何种目的通过入口。确保各通行主体的出行方便及安全，同时不影响整个市政交通的运行。

对于住区入口交通来说，它的易达性和可达性也十分重要。在一些地形的处理上要尽量减少阻碍保证设计的合理性，在入口的特定位置设计一些标识物增强识别性，从而实现易达性（图2-6）。除了白天，夜

图2-3 为居民交往提供了相应的场所

图2-4 人行入口设计（魏玛景观设计 / 中国 /2011）

图2-5 采取人车分流的住区入口

图2-6 住区入口标识物

图2-7　入口减速带设置

图2-8　住区入口的防卫功能

图2-9　车行门禁

图2-10　入口标志景墙

间的照明也对入口的易达性和可达性有着很重要的影响。其次是安全性问题，现在住区车辆较多，速度也较快，严重威胁生命安全，在入口的合适位置设减速带来限制车速（图2-7），在拐角处安置凸面镜等方式，都是对人们出行安全的负责。还有一些无障碍设施的设计，尤其是对于一些有地形变化的入口，更要考虑不同人群的出行需求，比如设置残疾人坡道、自行车坡道来方便人们的出行，充分体现环境设计的人性化。

（2）防卫功能

随着时代的进步和人们生活方式的不断改变，住区逐渐由封闭式向开放式发展，对于居民来说，也需要更多地考虑到他们的安全问题，而住区入口便是保卫住户安全的第一道防线（图2-8）。防卫功能就是防止外部干扰，保卫内部私密性及安全的需求。随着科技的进步以及人们的需求，现代的住区入口除了基本的门卫室外还设置有各类自动门、电子门禁、自动报警装置、摄像头等智能化的监控装置来保卫住户的人身财产安全，增强居民安全感和归属感。这一类型入口的设计大大减少了人力资源的投入，也为出行带来了诸多方便。这些门禁系统在设计上又有不同的作用，人行和车行也区别对待，车行一般要求空间比较大，很多都采用水平移动式的自动门和以栏杆为主的竖向移动式防卫系统。而人行入口，往往对入口的体量要求不是很大，很多都是设立于车行入口旁的独立体，通过刷卡、指纹识别等技术方式验证出入（图2-9）。

（3）标识功能

住区的入口大门承担着满足居住者认知居住领域的标志功能，它在体现住区的特质与品位中起着首要作用，住户的居住情感往往建立在对入口环境的认可与识别上。富有个性及特色的设计，会带给人们强烈的居住认同感，进而产生发自内心的归属感和亲切感。

随着入口环境设计的不断发展，入口中各种环境元素的综合运用，某种元素或者几种元素的组合都可成为一个住区的重要标志，比如植物、雕塑、建筑、水体等（图2-10、图2-11）。优秀的入口设计既是与众不同地拥有自己的特点容易被识别区分，更是要能够融入整个住区环境当中，做到不突兀、不独树一帜，与整个住区的风格、尺度相协调。入口环境的标志不光是具有引导人们的作用，它也体现住区的整体形象、风格及文化内涵，而且作为面向城市的界面，它更是属于整个城市形象的标识之一（图2-12）。

### 2.1.1.2 衍生功能

衍生功能是在满足了基本功能的前提下，随着其他各类需求的出现而又衍生了一系列功能，这些功能也逐渐成为人们日常生活当中必不可少的部分。

（1）空间过渡和心理调节功能

住区配以围墙会把住区与城市相分隔，但是住区的入口空间又是连接城市与住区内部的过渡空间。住户的生活通过这个过渡空间发生转变，从城市进入住区就由开放空间到半私密的住区外部空间，进而过渡到各住户内部的私密空间。随着现代住区入口的环境设计由平面向三维的转化，过渡空间的产生既是居民生活需要的产物，也是设计越来越新颖多样化的产物。入口空间不仅控制着物质空间从外向内的转换（图2-13），同时也控制着人们心理空间从"外"向"内"的转换。随着社会节奏越来越快，人们的压力越来越大，每天都处在忙碌的过程中。下班后是人们一天最为轻松的时刻，当他们经过住区入口进入居室后，城市的噪音没有了，节奏放慢了，忙碌的身心也得到了放松，心情变得平和，一切烦躁的情绪都被阻隔在住区之外。这样的住区入口不光起到了过渡空间的作用，还使人的身心得到放松，起到调节心理的作用（图2-14）。所以在入口的设计上要尽可能地创造良好的空间，要综合各要素的特点，满足人们的身心需求。因此，对于住区入口来说，它的过渡空间功能和心理调节的功能也在潜移默化地影响着空间的使用者。

（2）交往休息功能

作为居民生活的地方，住区会为人们提供许多交往休息的场所，作为住户最常使用的入口空间，其交往休息功能就更显突出了。因为入口使用最为频繁，人们经常在入口空间相遇，相互打招呼、进行交谈，入口理所当然地成为了人们交往休息的场所。这里往往会聚集大量的人流，许多住区的入口都设置有广场景观，会吸引很多人的停留驻足，在参与的过程中发生相互的交往。好的交往空间不仅能促进人的相互交流，还能满足人心理上的需求，娱乐人的身心。当然入口景观在满足人们的基本交往休息的基础上要考虑不同人群的交往休息需求。因此，入口环境不仅要满足不同人群的需求，而且要营造出轻松、自然、和谐的交往休息空间，从而增加人们的相互交流，改善邻里间冷漠的关系，促进社会的安定、和谐发展。

图2-11　入口水景

图2-12　入口Logo景墙设计（林墨飞设计/中国/2016）

图2-13　由城市道路过渡到住区内

图2-14　住区入口的礼仪感（IDU设计/中国/2011）

（3）象征功能

住区的入口既是内外空间的界限，又是两个空间的交界点。作为住区入口的环境设计，无论是它的环境元素还是符号，或者是各类有关的事物，都是存在于整个入口空间，都是代表着整个住区的形象。而且，住区入口设计还能体现住区的设计风格，是文化内涵的体现、象征，并且体现地域文化以及民族特色（图2-15）。不同的住区会传递不同的居住理念与住区文化，入口和大门往往结合功能及环境元素直接或间接地反映出不同的地域及民族文化特色，包括居住主题等，通过入口传达一种特殊的文化

图2-15　新中式住区入口（三磊设计／中国／2016）

元素，体现住区的文化性。一个优秀的入口设计，可以通过它的形态、色彩、材质或者细部的设计来营造一种文化的气息。

## 2.1.2 住区入口类型

入口作为整个住区构成上重要的一环，入口设计肩负着满足整个住区居民的出行使用。每个住区入口的环境设计都各不相同，大体可按照下几种方式来区分入口的类型：按交通组织方式、按入口等级和使用需求、按布局方式、按空间构成、按立面造型。

### 2.1.2.1 按交通组织方式分类

（1）人车混行型

人车混行的方式是现在见得比较多的一种形式，它的特点是：管理比较集中，可以减少一定的人力物力，方便集中管理。但是人和车被组织在一起，这种形式的入口首先要考虑的就是交通安全的问题。比如许多小区入口处都设置了减速带、减速铺装等来限定车速。入口人车的大量集中，使得交通也比较复杂，对入口的交通组织及门卫管理的要求较高。人车混行型（图2-16）主要有"出入口分离式"和"出入口一体式"两种形式，出入口分离的形式比较适合车流量较大的小区；出入口一体式则比较适合人车流量相对较小的小区。

（2）人车分流型

人车分流，就是把人和车相区分，人从人行道通过，车从车行道通过，两者各行其道，互不干扰。首先，人

图2-16　人车混行型入口

图2-17　人车分流型住区的地下车库入口

车分流能够更好地满足人行与车行安全上的需求，做到安全第一；其次，人车分流，各行其道，这样对入口人车所带来的交通压力来说，会是很好的缓解，而且非常有利于交通的管理。随着人们生活水平的提高，小区入口的环境设计也应该更加亲切、舒适、人性化。人车分流的形式有的是地上分流，也有的是竖向上的分流。

①地上分流：是通过一些人工设施把人行和车行分开，车辆在通过入口进入住区后是沿车辆行驶的指定道路到停车位置，不与人行产生有大量的交叉机会。

②竖向分流：是指在入口处设置地下停车库，车辆从入口进入后，通过路线及指示标识的引导直接驶入地下车库。这种方式很好地节约了地上空间，但造价相对较高（图2-17）。

（3）仅供人行

这种形式的入口仅供人通过，车辆不能直接进入住区内部，往往有专属的地下车库入口，这种形式其实也属于人车分流。这类入口由于仅供人行，不需要考虑车行交通，在设计上往往会充分利用地形的高低变化来形成丰富有趣的入口空间，营造宜人舒适的入口景观（图2-18）。

图2-18　仅供人行入口

### 2.1.2.2 按入口等级和使用需求分类

（1）主入口

主入口作为住区的重要组成部分，它负担着小区大部分的人车通行功能，是住户活动最为频繁的地点之一，所以主入口的公共服务设施往往比较齐全和集中，这样能够更方便人们的日常生活。主入口往往处于住区与城市相连的重要位置，与市政交通密切相关。它的环境设计也至关重要，主入口景观往往是人们对整个住区的第一认识，并且能够体现住区的设计风格和内涵（图2-19）。

（2）次入口

次入口是为了缓解主入口交通压力、方便居民生活而设计的住区入口。目前，许多住区为了居民生活方便、分散车流等原因都设置了不止一个入口。次入口除了在等级上低于主入口外，形式规模也往往处于次要的地位，它的环境设施相较于主入口来说比较简单，主要起着交通防卫作用，标识感、形象性等方面的要求较低。

（3）专用入口

专用入口的设置是为了满足住区的某些特殊需要而设计的，比如消防需求、垃圾处理、货品运送等（图2-20）。专用入口一般就是为了满足某项特定需求而设置的，不全天开放，设计往往比较简单，但是交通必需方便通达。

图2-19　住区主入口

图2-20　专用入口

图2-21 对称式入口

图2-22 非对称式入口

图2-23 广场在住区入口的门体外面（张唐景观设计/中国/2016）

图2-24 框景式大门

### 2.1.2.3 按布局方式分类

（1）对称式

对称式入口的各个环境元素对称布置并依中轴线展开景观序列。这种平面布局通常会给人以秩序感比较强，往往容易给人整洁、沉稳、庄重的感觉。对称式入口的引导性比较强（图2-21）。

（2）非对称式

非对称式入口的各个环境元素在平面上自由灵活布置摆设位置，没有强烈的秩序感。与对称式入口相反，这种平面布局较为活泼生动、自然而富于变化。这种类型的入口给人的感觉也更加亲切，更加让人感到放松（图2-22）。

### 2.1.2.4 按空间构成分类

按照空间构成分类的话可以将住区入口分为：广场型和非广场型（直入型）。

（1）广场型入口

广场型入口是指带有广场的住区入口景观，入口广场一般起到交通组织与人流集散的作用，有时也可作为行人的休息空间，按广场和门体位置的关系大概有三类。

① 广场在门体外面：人流和车流的交通组织与集散主要在门体之外。这是较为常见的入口景观平面布局形式，可以避免人流与车流对住区内部环境产生干扰（图2-23）。

② 广场在门体里面：人流和车流的交通组织与集散主要在门体之内。在住区入口外部用地狭小，没有足够的场地布置集散广场时，通常采用这种平面布局形式。

③ 门体在广场中间：人流和车流的交通组织与集散在门体内外同时兼顾，是上述两者的混合形式。

（2）非广场型入口

有些住区入口景观并没有广场，人流与车流在此无法停留，必须快速通过。这种平面布局形式一般用于住区的次入口或专用入口，有时也用于主入口。

### 2.1.2.5 按立面造型分类

按立面来分主要是针对住区入口构筑物的整体造型来说的，分为框景式和敞景式。

（1）框景式

框景式指入口大门的顶部有盖顶式的门框式设计，这种入口设计的围合感较强，有时还能起到一定的遮风挡雨的作用。现在许多小区的盖顶式设计除了一些基本功能外，则更注重装饰性，有的甚至会采用有一定雕塑感的手法，如一些艺术感、流线型的设计可影响入口环境的塑造，且可以提升住区的整体形象（图2-24）。

（2）敞景式

敞景式就是没有盖顶造型，为半敞开或全敞开的，空间上会有更加开阔通透的感觉。这种形式在造型元素的组合设计上更加自由，给人的感觉也相对轻松，不会有压抑的感觉。

## 2.1.3 住区入口设计要点

### 2.1.3.1 功能性

对于住区入口来说，因为它是居民使用最为频繁的空间，所以首先必须要有完善合理的功能。功能性是其他设计环节展开的前提。现代都市住区入口的设计越来越完善，功能也越来越多，但对于入口来说，最基本的就是其防卫功能和交通功能。对于居民来说，住区入口就是生活安全的重要防护。对于入口来说，每天都有大量的人和车穿行而过，所以入口的交通必须是方便快捷的，并要满足不同人群的需求。而且一个小区入口往往要具备一定的艺术性和美感，当然标识性也是不可忽视的。所以入口环境的设计要点中功能性是首先要考虑的（图2-25）。

### 2.1.3.2 经济性

经济性就是在满足入口基本功能且在景观上能够达到舒适美观的前提下，以尽可能少的经济投入创建一个功能齐全、舒适美观的入口环境。盲目地运用各种装饰材料及大尺度的设计，生搬硬套地运用造景元素，不虑经济性原则，而且后期的维护也需要大量的投入，这样都是非常不合理的。所以入口的环境设计既要考虑各种造价的经济性和后期维护的投入，也应该适当考虑其经济效益。

### 2.1.3.3 整体性

入口环境中的各元素不是独立的，它们相互结合构成了整个入口空间。对于整个住区，乃至于整个城市来说，住区入口都不是独立的。所以对于入口的整体性而言，一方面是对于入口环境这个整体来说的，整个入口依靠多种元素间的相互搭配、相互依存而组成整体（图2-26），只有合理地对入口的构成要素进行组合才能设计出符合时代要求的入口空间；另一方面是入口环境既是整个住区的一部分，又是整个城市外在形象的构成环节。所以住区入口无论是设计风格、尺度、还是文化内涵的体现都要与整个住区、整个城市相协调，这样才能够创造一个舒适和谐的入口空间环境。

### 2.1.3.4 人性化

住区入口环境设计的最终目的就是能够更好地为住区居民服务。因为人的需求是多方面的、多层次的，有生理上的需求也有心理上的需求，如安全需求、交往需求、社会需求、舒适性需求等。所以说入口环境是为"人"服务的，因此，入口环境设计最终都是以服务"人"为出发点的。小区入口设计要人性化，要以人为本，就必须

图2-25 万科住区入口

图2-26 多种元素相结合的入口景观

全面考量，要考虑不同人群的需求，从而更好地服务于住区居民。

# 2.2 道　路

道路作为住区的骨架，起到了疏导交通，组织居住区空间的作用，同时它也是构成居住区景观的元素之一。

## 2.2.1 概念与功能

道路是连接住区内建筑、绿地以及人们出行的主要交通网，除了满足功能外，道路设计要与周围环境和谐统一，充分反映住区的环境文化特色，以满足人们精神生活对"美"的提升（图 2-27）。道路的环境设计要根据住区的居住人口规模情况、规划布局形式、地形地貌、用地周边的环境以及道路的形式美感、材质、色彩、绿化形式等综合因素，并且依据国家相关规范（表 2-1）与形式美法则创造出人性化、景观化的住区空间。

图 2-27　住区道路景观设计（奥雅景观设计 / 中国 /2010）

表 2-1　道路坡度规范

| 道路类型 | 最大坡度 |
| --- | --- |
| 普通道路 | 17%（1/6） |
| 自行车专用道 | 5% |
| 轮椅专用道 | 8.5%（1/12） |
| 轮椅园路 | 4% |
| 路面排水 | 1%~2% |

在进行住区道路设计时，还有必要对道路周边场地、绿化带等进行综合考虑，以赋予道路的形式美。住区道路具体体现以下三种功能。

### 2.2.1.1 导向功能

住区道路的一项重要功能就是交通组织，作为车辆和人员的汇流途径，应具有明确的导向性，因此其设计特征首先应符合导向要求，形成视线走廊，达到步移景异的效果。道路沿线的景观是住区环境的重要层面，在设计中首先应符合导向要求，可通过路灯、行道树、隔离带、水系、铺装、色彩等进行引导（图 2-28）；如果是人行道，同时应注意步行过程中的游玩性与趣味性，可串联起游乐场、棚架、亭廊、水榭等场所小品景观（图 2-29），有序展开，并注意增强环境的景观层次，达到步移景异的视觉效果。

图 2-28　由行道树、隔离带划分车行道与人行道

图 2-29　住区道路与运动场的结合（UNStudio 设计 / 中国 /2015）

### 2.2.1.2 强调功能

道路是住区环境中的线性空间，可形成重要的视线走廊，在设计中应处理好对景与远景关系。对于较长的直线景观大道，可在中间段设置一处或多处点景，点景之间相互形成对景效果，从而打破单调的直线景观（图 2-30）。在道路的转折、交叉以及尽端位置，也应根据视觉效果进行对景与远景的处理，做到在视线焦点之处有景可赏。在具体的设计中应控制好景深与景物的尺度，通常对景是以观赏景物的结构形态为主，端景是以观赏景物的轮廓和色彩为主。注重道路的对景和端景设计，可以强化视线的集中观景效果。

图 2-30　景观大道上的点景设计（林墨飞设计 / 中国 /2016）

### 2.2.1.3 景观功能

道路具有搭建景观系统骨架的功用，并为住区居民提供日常生活所需的空间环境，具有生活街道的意义，其景观配置、绿化种植与路面铺装也应具有实用性与观赏性。休闲性人行道、园路两侧可通过绿化种植，形成绿荫带，并串联花池、亭廊、水景、游乐场等，形成有序展开的休闲空间，增强环境景观的层次。

## 2.2.2　住区道路分级

根据现行《城市居住区规划设计规范》的规定，可将住区道路分为五个级别，即居住区道路、小区路、组团路、宅间小路和园路。在进行道路规划时应参照该规定进行设计（表 2-2）。

表 2-2　住区道路的分级比较

| 道路名称 | 衔接方式 | 红线规划及路面宽度（m） |
| --- | --- | --- |
| 居住区道路 | 城市干道 | 红线宽度不宜小于 20m |
| 小区路 | 居住区道路 | 路面宽 5~8m<br>建筑控制线之间的宽度，采暖区不宜小于 14m<br>非采暖区不宜小于 10m |
| 组团路 | 小区路 | 路宽 3~5m<br>建筑控制线之内的宽度，采暖不宜小于 10m<br>非采暖区不宜小于 8m |
| 宅间小路 | 组团路 | 路面宽不宜小于 2.5m |
| 园路（甬路） | 宅间小路 | 不宜小于 1.2m |

图 2-31　居住区级道路

图 2-32　小区级道路

图 2-33　组团路（林墨飞设计 / 中国 /2016）

图 2-34　宅间小路

### 2.2.2.1 居住区道路

居住区级道路是整个居住区内的主干道，一般用以划分居住区，在大城市中通常与城市支路同级，主要考虑城市公共交通的引入，满足公共电、汽车的通行，便于居住区内部人群出行。其道路红线宽度为 20~30m，其中车行道宽度不小于 9m。通常，道路两侧会分别设置非机动车道及人行道、行道树和花卉等景观绿地（图 2-31）。

### 2.2.2.2 小区路

小区级道路是小区内的主干道，一般用以划分组团，其宽度主要考虑非机动车与人行交通，兼顾住区内住户车辆必要通行及消防等需求，不引入公共交通。一般也采用人车混行方式。在不考虑住区内供热管线等敷设情况下，一般道路总宽度设不小于 10m，即车行道的最小宽度为 7m，两侧各安排一条宽度为 1.5m 的人行路。从规划设计的角度看，小区路设置要考虑与组团之间的关系，通常有并联式和串联式两种小区路（图 2-32）。

### 2.2.2.3 组团路

组团路上接小区路、下连宅间小路，是进出组团的主要通道，一般考虑自行车和人行，兼顾机动车出入，路面为人车混行方式（图 2-33）。路面一般按一条自行车道和一条人行道双向计算，宽度为 4m，特殊情况下最低限度为 3m。在利用路面排水、两侧要砌筑道牙时，路面宽度需加宽至 5m，这种情况下，即使有机动车出入也不会影响到自行车或行人的正常通行。组团道路在功能上应起到方便居民日常出行和服务车辆正常通行的作用，住户希望下车地点与住所之间建立方便的通达关系。

### 2.2.2.4 宅间小路

宅间小路是连接各住宅入口以及通向各单元门前的小路，是进出住宅的最末一级道路（图 2-34）。这一级道路主要供居民出入、自行车道使用，并应满足清运垃圾、救护和搬运家具等需要，其路面宽度一般为 2.5~3m，最低极限宽度为 2m。特殊情况下如需大货车、消防车通行，路面两边至少还需各留出宽度不小于 1m 的范围不布置任何障碍物。

### 2.2.2.5 园路（甬路）

园路，指住区景观小路，是住区道路的组成部分，起着组织空间、引导游览、交通联系并提供散步休息场所的作用。它像脉络一样，把住区景观中各个景区联成整体（图2-35）。因为园路的景观性质，故其宽度、形式、材料等没有硬性要求，需要根据场地的地形、地貌、景点的分布等进行整体考虑，把握好因地制宜、主次分明、有明确方向性的基本原则。

## 2.2.3 住区道路类型

### 2.2.3.1 车行道

车行道是住区内车辆行驶的主要通道，也是路网的主要组成构架（图2-36）。住区内通行的机动车组成主要是：住户的私家车、搬家公司车辆、访客私家车、消防医疗等救援车，其中私家车较多。非机动车主要是电动自行车、小型电动三轮车、自行车。车行道上的辅助设施主要有植物种植、高杆路灯、庭院灯、限速及转向指示牌、导向指示牌、监控设备、减速带、车挡等。

车行道因为是住区路网的主要构架，因此在功能上会与其他道路产生复合，例如人行道、消防车道、停车位等。但是这些大部分都以车行道为主，其他道路依附于车行道上，车行道本身对其他元素的依赖性较小。

### 2.2.3.2 人行道

人行道是供住区居民步行所使用的道路，使用频率相对较高，其舒适及安全程度很大限度上影响了居民对住区的归属感。人行道分为通行路、宅间小路及园路等，前者是为人快速通行所使用的，后者是为居民在住区内散步休闲游览所使用的（图2-37）。人行道的主要使用对象是住区的居民，因此铺装材料多样，构图形式比车行道要活泼。道路走向，尤其是园路也会相对曲折有趣一些。人行道的辅助设施有绿化种植、庭院灯、草坪灯、指示牌、监控设备、垃圾桶、休息座椅等。人行道是住区路网形成的二级骨架，也经常与其他功能进行复合，例如人车混行时与车行道复合，盲道与人行道复合，慢跑道与人行道复合，商业街与人行道复合等。

### 2.2.3.3 消防车道

消防车道是专门为进入住区的消防车辆通行使用。

图2-35　甬路（林墨飞设计/中国/2014）

图2-36　住区车行道

图2-37　住区人行道

图2-38　住区消防车道

平时使用效率较低，但是消防车道对周边环境及路宽等有严格要求（图2-38）。消防车道的宽度不应小于4m，道路上空如遇有障碍物时，路面与障碍物之间的净空不应小于4m。两条消防车道中心线间距不宜超过160m。单、多层住区建筑沿街部分长度超过150m时，均应设置穿过建筑物的消防车道。高层住宅建筑周围应设环形消防车道（可利用交通道路），环形消防车道至少应有两处与其他车道连通。若设置环形车道有困难时，可沿建筑物的两个长边设置消防车道。当建筑物的沿街长度超过150m或总长超过220m时，应在适中位置设置穿过建筑物的消防车道。消防车道穿过建筑物的门洞时，或道路上方遇有管架及栈桥等障碍物时，其净高或净宽均不得小于4m，门垛之间的净宽也不应小于4m。住区建筑物的封闭内院或天井，如其短边长度超过24m时，宜设进入内院或天井的消防车道。车道转弯处应考虑消防车的最小转弯半径，以便于消防车顺利通行。消防车的最小转弯半径是指消防车回转时消防车的前轮外侧循圆曲线行走轨迹的半径。消防车转弯最外侧控制半径，详见表2-3。

表2-3　消防车转弯最外侧控制半径

| 消防车类型 | 轻系列 | 中系列 | 重系列 |
| --- | --- | --- | --- |
| 车辆最小转弯半径 | ≤7m | ≤8.5m | ≤12m |
| 外侧最小转弯半径 | 8.5m | 11.5m | 14.5m |

消防车道因为有载重需求，所以铺装多选用沥青、混凝土或高承载植草砖等。周边需有取水口等辅助设施。若住区内的消防车道占人行道、院落车行道合并使用时，可设计成隐形消防车道，即在4m幅宽的消防车道内，道路基层宽度和承载能力满足消防的要求，种植不妨碍消防车通行、消防扑救、登高的草坪花卉，或铺设人行步道，平日作为绿地使用，应急时供消防车使用，有效地弱化了单纯消防车道的生硬感，提高了环境和景观效果（图2-39）。隐形消防车道的设计，使硬性规定下的传统消防车道与现代住区环境设计相结合，从而提高用地的绿化率，实现景观人性化、道路畅通以及安全实用性。

### 2.2.3.4 回车场和消防登高场地

在高层住区内，住宅的周围应设有环形车道，其转弯半径应不小于12m，环形消防车道至少应有两处与其他车道连通。当设置有困难时，应至少沿住宅的一个长边设置消防车道。当尽端式道路的长度大于120m时，应在尽端设置回车场地，回车场的主要使用对象包括私家车、消防车和搬家车辆（图2-40）。回车场的面积应不小于12m×12m；对于高层建筑，回车场宜不小于15m×15m；供大型消防车使用时，宜不小于18m×18m。常见的回车场形式宜设计成为Y形、T形和L形。

消防登高面又叫高层建筑消防登高面、消防平台，是登高消防车靠近高层主体建筑，开展消防车登高作业、及消防队员进入高层建筑内部，抢救被困人员、扑救火灾的建筑立面（图2-41）。按国家建筑防火设计规范，高层建筑都必须设消防登高面，且不能做其他用途。消防车登高操作场地可结合消防车道布置且应与消防车道连通，场地靠建筑外墙一侧的边缘至建筑外墙的距离宜不小于5m，且应不大于10m，每块消防登高场地面积应不小于15m×8m。

图2-39　隐形消防车道施工现场（道路两侧采用植草格）

图2-40　尽端回车场地

### 2.2.3.5 停车场

住区停车场是指住区内居民停车的场所。在当今的城市住区中，私家车保有量逐年增加，停车场的形式也发生了很大的变化。从早期的路边占道停车到室外的集中停车场，再到地下车库停车和立体的机械停车库停车。由于住区定位、建设年限、用地条件、环境条件等诸多因素的差异，停车形式多种多样。

（1）机动车停车设施规划布局形式

住区内的机动车停车库、停车场、停车位一般采用集中与分散相结合的规划布局方式，同时要设置步行系统与住宅出入口相联系，创造良好的居住环境（图2-42）。住区中的停车方式种类较多，其中普遍使用的有以下几种类型。

①地面停车：在组团入口附近或组团之间的场地停放。该停车方式可以阻止车辆驶入组团，保证组团内行人安全、环境安静，又方便机动车存放。地面停车需局部加宽主路与支路的路面，或者在道路尽端适当扩大路面面积，不但方便居民停车，同时也适合外来车辆的临时停放，和院落附近停放结合可作为解决临时和访客停车的方法。

②地下停车：院落高架车库是地下停车的其中一种类型。该停车方式将院落空间做成高架平台，居民由平台进入楼栋，汽车在平台下存放。平台上设有采光通风口，并设置绿地、座椅、景观小品，供居民室外活动交往使用。这种停车方式避免了人车交叉，既方便车辆存取又不破坏院落的整体环境。

另外，住宅建筑下的地下车库也是一种常见类型。这种车库可与地上建筑，特别是高层住宅的地下结构结合设计，协调好车库与上部结构的柱网尺寸，使地下车库获得最佳、最多的车位安排。

（2）小型机动车停车位布置方式

小型机动车停车位布置方式有三种基本类型，即平行式、垂直式和斜列式。

①平行式：停车方向与场地边线或者道路中心平行。采用这种停车方式每一辆车，所占地的宽度最小，是最适宜路边停车场的一种方法。但是，为了车辆队列后面的车能够驶离，前后两辆车间的净距离要求较大，因此，这种方式所能停放的车辆数比其他方式少1/2~1/3（图2-43）。

②垂直式：车辆垂直于场地边线或者道路中心线停放，每一辆汽车所占地面较宽，可达9~12m；并且车辆驶出停车位均需倒车一次。在这种停车方式下，车辆排列密集，用地紧凑，所停放的车辆数也最多。

图 2-41 消防登高面

图 2-42 住区地面停车场

图 2-43 平行式停车位（林墨飞设计 / 中国 /2017）

图 2-44 垂直式停车位

图 2-45　斜列式停车位

图 2-46　住区慢跑道设计（林墨飞设计 / 中国 /2016）

一般的停车场和宽阔停车道都采用这种方式停车（图 2-44）。

③斜列式：停车方向与场地边线或道路边线形成一定的角度，有前进停车和后退停车两种方式，前进停车比较普遍，适用于车道较窄的地方。斜列式的停车和驶离都最为方便，但是占地面积较多，用地不经济，车辆停放数量不多（图 2-45）。

（3）非机动车停放

非机动车停放场所主要是停放摩托车、自行车的场所。住区非机动车停车设施有集中和分散停放两大类。大中型集中式独立停车库和停车棚通常设于居住小区或若干住宅组团内部或主要出入口处，并具有合适的服务半径，为整个居住小区或组团的居民服务；中小型集中式停车棚或露天停车场常设于公共建筑前后或住宅组团内，为组团内部和使用公共建筑的居民服务；小型分散式停车棚、住宅底层停车房和露天停车位常为一栋或几栋住宅内的居民服务。

### 2.2.3.6 慢跑步道

慢跑步道是住区中专门供人们进行健身、体育锻炼的道路，也是提供休闲及交往功能的社区环境场所。从功能性来看，慢跑步道一方面是住区开放空间中可以满足步行交通功能的可停留空间，另一方面更是满足居民心理及行为需求的高质量健身场所。住区慢跑步道的发展具有引导健步行为、营造社区健康氛围的功能（图 2-46）。

步道环境的不同尺度会相应地营造出不同的健步感受，慢跑步道使用者主要形式是以 1 人通过、2 人并行为主，3 人并行少有出现，4 人及以上并行进行健步行为的情况较少出现。在空间环境允许的条件下，步道宽度参考值范围在 1~3m（图 2-57）。慢跑步道的长度设计主要由住区可利用空间以及居民健步适宜距离两个方面进行权衡考虑。而对于慢跑步道的设计，满足使用者慢跑或散步行为的需求，总长度参考值应不宜低于 400~500m，以此为基础长度设置，居民可以在步道中进行环形或往返运动。

慢跑步道的铺装主要采取耐用、环保、耐磨防滑的软性地面材料，如塑胶、彩色沥青等。此外，可以通过铺装色彩改变与周边环境区分，如暗红色步道铺装，也可因地制宜，带给使用者不同的情绪表达及感受。步道周围需要休息座椅、植物种植、庭院灯，指示路牌等辅助设施。慢跑道是一种投资比较少，但是使用率比较高的道路。随着现代人们健身意识越来越强，在住区环境设计发展趋势中，慢跑步道将逐渐占有一地之席。

### 2.2.3.7 盲　道

盲道是住区里的一种无障碍设施，旨在为视觉障碍者提供通行方便和安全，讲求的是实用、安全和人性化。盲道分为行进盲道和提示盲道。行进盲道是指引残疾人向前行走的条形盲道，直条突起指向盲道方向，也就是走的时候沿着直条突起走，每条高出地面 5mm，宽度宜为 0.3~0.6m，可使盲杖和脚底产生感觉，便于指引视力残疾者安全地向前直线行走（图 2-47）。提示盲道是在行进盲道的起点、终点及拐弯处设置的圆点形的盲道，呈圆点形，每个圆点高出地面 5mm，宽度宜为 0.3~0.6m，以告知视力残疾者前方路线的空间环境将出现变化。盲道材料有预制混凝土盲道砖、橡胶塑料类盲道板，以及其他材料盲道型材（不锈钢、聚氯乙烯等）。盲道应当连续，中途不应有树木、电线杆、拉线、树穴、井盖等障碍物，其他设施也不得占用盲道。

### 2.2.3.8 入户通道

楼前入户通道类似于宅间小路，是连接住宅单元入口与其他道路的道路，使用人群是组团内的住户。因此，入户通道的使用频率很高，宽度在 2.5~3.5m 左右，周围会辅有庭院灯、绿化、垃圾桶、信报箱等环境设施。这种道路应该具有一定的入口提示性，并且保证从建筑出来有一定的视野范围。楼前入户通道上不得放置障碍物，以保证在从楼内紧急疏散的情况下，入户通道是畅通的。

### 2.2.3.9 住区商业街

随着生活水平的提高和节假日的增多，住区居民有更多的时间

图 2-47　住区盲道

图 2-48　外向型商业街（迪东设计 /2015）

图 2-49　内向型商业街（迪东设计 / 中国 /2015）

去休闲与消费，为了方便居民使用，同时也为了提高土地的经济价值，住区内会规划建设一部分商业建筑和商业街。它们是住区人们进行交流的重要场所，并发挥引导人流的作用，调动住区中心整体活力。使用人群部分是住区内的住户，还有部分来自住区外部的人员。

根据商业建筑在住区的位置，商业街区主要分为内向型和外向型。外向型商业街是最常见的住区商业形式，分布在住区的外边沿，朝向外侧，以对外服务为主，大多与住区入口结合，方便居民出入住区时购物。外向型住区商业街往往将入口放大，形成广场的形式与商业街结合，辅以景观及休闲设施（图 2-48）。有些外向型商业街允许车辆进入，还设计了停车位。内向型商业街位于住区内部，为了营造良好的购物环境通常采用完全步行模式，实行人与车分流，为居民购物提供十足的舒适性和便利性（图 2-49）。此外，商业街范围、功能及形式需要与住区整体设计相协调，体现出"内"与"外"结合，注重与自然环境的融合、与城市空间的融合、对人文感受的关怀等，为住区打造具有标志性的公共空间。

## 2.3 场 所

### 2.3.1 概念与功能

场所的意义是人的活动赋予的，离开了人也就无从谈起场所。作为场所，一般应具有以下三个条件：第一，

图 2-50　住区班车候车亭（迪东设计 / 中国 /2015）

图 2-51　住区阳光浴场

有较强的吸引力，能将人聚集起来；第二，能提供人活动的空间，让人在其中进行各自的活动；第三，时间上能保证持续某种活动的使用周期。对于场所和领域，日本著名建筑大师芦原义信认为，考虑空间领域时，无论如何必须有边界线。人们对场所的使用不仅意味着寄身于场所之中，而且更为重要的在精神和心理上层面形成了场所精神。

　　随着人们生活质量的提高、精神文化需求的不断增加，在住区环境设计中的各类设施配备设计也有了进一步的要求。户外活动包括儿童游戏、青少年及成人体育运动、老年人保健锻炼、居民散步、休息、邻里交往、冬季晒太阳、夏季乘凉等，住区在建设时会按照不同年龄层次居民活动的需要来进行设计，并布置活动场所（图 2-62）。因此，住区场所包含了各类硬质地面的场地空间，如广场、游戏场地与运动场地等，该类场所景观应当注重空间边界的设计，通过提供各类辅助性设施和多种合适的小空间，以达到拥有良好场所感和认同感的目的。因此，住区场所环境设计主要是场所特征的塑造（图 2-50）。提倡从住区的大环境出发，通过对基地、自然条件、地方特色、居民活动特征等因素的分析，形成一系列的具有特色的场所空间，从而营造出富有活力的景观环境。场所的使用功能是其重要特点之一，在进行环境设计时要考虑到场所的组合是否与人们的户外活动相适应，居民能否方便地找到适合自己的活动场所。可以说，适宜的场所设计使人明白自己与环境的关系并与之形成一个整体的和谐气氛，人们因而获得安全感和归属感，生活则成为"诗意的栖居"。

　　由于生理和心理的原因，人对场所空间尺度的感受存在着某些恒定的共性。环境心理学的研究表明，在1~3m 的距离内就能进行一般的交流，体验到有意义的人际交流所必需的细节；相距约为 12m 能看清对方的面部表情；相距 25m 能看清对方是谁；相距 130m 能辨认对方身体的姿态（图 2-51）。空间距离愈短亲切感愈强，距离愈长愈疏远，比如小空间让人觉得温馨而宜人，小的尺度使人们可以看见和感觉到他人的行为。在小空间中，细部和整体都能欣赏到。相反，大空间令人感到冷漠和缺乏人情味，人与人之间都保持一定距离。当然，场所的尺度是相对而言的，场所如果缺少合理的活动分区和相应设施，就会使人产生"广而无场"的感觉，空间离散迷失，人们不愿意停留。为了满足不同活动、不同使用者的需要，应尽可能使一系列不同的场所空间有明确的层次。根据围合限定空间的方式划分，有封闭空间、开敞空间、半封闭空间；根据空间的领域层次划分，有私密性空间、半私密性空间、半公共性空间；根据空间的使用特征划分，有静态空间、动态空间；根据空间的界定状态划分，有硬质空间、软质空间。各种划分形式可以用道路作主线贯连起来，形成一个功能完备的活动空间。

## 2.3.2　住区场所类型

### 2.3.2.1　休闲广场

　　休闲广场多设置于居住区的人流集散地（如住区主入口、中心景观区），面积应根据住区的规模和规划设计要求确定，形式宜结合地方特色和建筑整体风格考虑。广场上应保证有良好的日照和通风条件，其功能应满足人车集散、社会交往、不同类型人群活动等需求（图 2-52）。休闲广场周边宜种植适量的花卉树木，设置一些休息座椅，方便居民休息、活动及交往；同时，在不干扰邻近居民休息的前提下，夜晚的广场要保证适度的灯光照度。

　　休闲广场铺装应以硬质材料为主（图 2-53），形式及色彩搭配应具有一定的图案感，不宜采用无防滑措施的光面石材、地砖、玻璃等。此外，广场出入口应符合无障碍设计要求。

图 2-52 满足多重需求的休闲广场设计（Sasaki 设计 / 美国）

图 2-53 硬质铺装广场（Lab D+H 设计 / 中国 /2016）

### 2.3.2.2 健身运动场所

根据活动的需要和用地条件，住区健身运动场地可依据住区等级进行布局（表 2-4）。

表 2-4 住区健身场地的面积与设施

| 类 型 | 场地面积（m²） | 位 置 | 场地面积指标<br>（m² / 千人） | 设 施 |
|---|---|---|---|---|
| 居住区级 | 8000~15000 | 位置适中，居民步行距离不大于800m | 200~300 | 可设 400m 跑道及足球场的田径运动场一个，网球场 4~6 个，小足球场、篮球场各一个 |
| 小区级 | 4000~10000 | 结合小区中心布置，步行距离不大于400m | 200~300 | 可设足球场、篮球场和排球场各一个，网球场 2~4 个，羽毛球场与操场等 |
| 组团级 | 2000~3000 | 服务半径以100m 左右为宜 | — | 可设成年人和老年人的练拳操场、羽毛球场、露天乒乓球场、户外健身设施等 |

根据功能配置的标准化程度，住区健身运动场所主要分为两大类：专类运动场地和一般的休闲运动场地。

（1）专类运动场

专类运动场主要包括羽毛球场、网球场、排球场、篮球场、小型足球场、门球场及户外乒乓球场等（表 2-5）。

表 2-5 专类运动场地尺寸

| 项目场地 | 长（m） | 宽（m） |
|---|---|---|
| 篮球场 | 28 | 15 |
| 网球场 | 23.77 | 10.97 |
| 排球场 | 18 | 9 |
| 羽毛球场 | 13.4 | 6.1 |
| 门球场 | 27.4 | 22.4 |
| 乒乓球场 | 14 | 7 |
| 足球场 | 105 | 68 |

图 2-54 运动场安排在住宅建筑的山墙面（林墨飞设计 / 中国 /2016）

专类运动场根据住区总体规划有时布置于室内，一般来说大多布置于室外。设计时应考虑如下几方面要求：

① 位置选择：运动场对住户会产生一定的噪声干扰，可分散安排在住宅建筑的山墙面，或在住区中选择一定区域集中性布置，注意应尽量将场地设在避风的位置，以减少对运动效果的干扰（图 2-54）。

② 符合标准：在有条件时应按照国内或国际规格设置标准尺寸的运动场地，地面铺设及相关设施也应按标准

处理。

③ 满足环境要求：在运动场周围应布置交通、休息空间，并规划好运动场的出入口位置。场地四周宜种植乔、灌木进行多层次绿化处理，可降低风对球类运动的影响，同时也可提供宜人的运动环境（图 2-55）。

④ 满足朝向要求：网球场、羽毛球场、篮球场等专类运动场呈长方形，其长边应尽量按南北方向布置，以减少太阳光对人眼的刺激影响。

（2）休闲运动场

除了专类运动场外，住区中还应布置适量的非专类化的休闲运动场。这些运动场应分散设在方便居民就近使用又不扰民的区域，场地内应保证安全，不允许有机动车和非机动车穿越。其设施以健身器械为主，健身器材要考虑老年人的使用特点，采取跌倒防护措施。地面宜选用平整防滑适于运动的铺装材料，同时满足易清洗、耐磨、耐腐蚀的要求（图 2-56）。休息区布置在运动区周围，供参加健身运动的居民休息和存放物品使用。休息区宜种植遮阳乔木，并设置适量的座椅，有条件的住区还可以设置饮水装置。

图 2-55 运动场周围的绿化处理（迪东设计 / 中国 /2016）

图 2-56 非专类化的休闲运动场

### 2.3.2.3 儿童游戏场地

游戏是儿童早期学习和发育的主要载体。通过游戏可以让儿童逐渐了解自己的身体，并意识到自身的能力和局限性，通过学习特定技能还会让儿童产生优越感或自豪感。所以，在住区环境中设计一些适合儿童游戏的场地，有着十分重要的意义（图 2-57）。

儿童游戏场地一般针对 12 岁以下的儿童设置，是集强身、益智和趣味为一体的活动场地。据调查，住区的儿童占居住区人口的 30% 左右，且户外的活动频率较高。不同年龄的儿童爱好不尽相同（表 2-6）。

表 2-6 不同年龄儿童的心理行为特征

| 年龄段 | 心理行为特征 | 布 点 | 器械和设施 |
| --- | --- | --- | --- |
| 0~3 岁 | 1 岁时会站立；2 岁时能掌握行走技巧，玩沙、水等；3 岁时走路勇敢、稳当，喜欢爬、攀、推等活动 | 一般在住宅庭院内的房前屋后，在住户能看到的位置，结合庭院绿化统一考虑，无穿越交通 | 沙坑、水池、铺砌地、玩具、座椅等 |
| 3~6 岁 | 3~4 岁时能够操作物体；5~6 岁时的儿童能有把握地进行跳、跑、攀登等活动，喜欢学习和实践复杂的技能 | 住区组团内部的中心区域，多布置在组团绿地内 | 设有多种游戏器械和设施，如土丘、秋千、滑梯、植物迷宫、攀登架等 |
| 7~12 岁 | 能进行较长时间的行走和较大的体力活动，运动技巧的自控能力和平衡能力增强，不满足在小空间内游戏，喜欢到宽阔的地方活动，喜欢有创造性或竞技性的游戏 | 住区组团之间，多数布置在集中绿地内，以不跨越城市主干道为原则 | 设有小型体育场地和富有挑战性的游戏设施，如足球场、篮球场、攀岩场地、障碍性游戏等 |
| 13 岁以上 | 儿童期向青春期过渡的时期，具有抽象的逻辑思维能力。除积极参与各项体育活动外，开始转向文化、科技类活动，喜欢冒险型的游戏 | 一般布置在居住区级的集中绿地内，以不跨越城市主干道为原则 | 可设置文娱、科技类活动场地和冒险型游戏场地，如滑板场地、自行车运动场地等 |

图 2-57　卡通造型的儿童游戏场设计
（林墨飞设计 / 中国 /2014）

图 2-58　运动场沙坑

图 2-59　组团级儿童游戏场（FCHA 设计 / 中国 /2016）

图 2-60　小区级儿童游戏场

（1）儿童游戏场地的分类

根据在住区内的不同位置，游戏场可以分为以下几类：

① 宅旁幼儿游戏场：规模较小，一般面积 15m×15m 左右为宜，服务半径 50m 左右。可设沙坑或小型水池（图 2-58），铺设部分软质地面，安放适当的座椅。供家长看管孩子时使用，此场地适合 6 岁前的儿童使用。

② 组团级儿童游戏场：布置在住区组团的庭院或组团之间的空地上，面积相对较大，为 1000~1500m$^2$，服务半径为 150m。可安置简单的游戏设施，如滑梯、秋千、跷跷板、攀登架等，也可设置游戏墙、绘画用的地面或墙面等。此类游戏场地以距住宅 200m 左右为宜，可满足 6~9 岁的儿童使用（图 2-59）。

图 2-61　居住区级儿童游戏场

③ 小区级儿童游戏场：常与小区绿地结合布置，面积一般为 5000m$^2$ 左右，可分设一至两处。可设置小型体育场，安装单双杠、吊环等体育器械，修建较大的游戏场地、儿童活动中心、富有挑战性和冒险性的游乐设施。一般满足 9 岁以上的儿童使用（图 2-60）。

④ 居住区级儿童游戏场：居住区级的儿童游戏场常集中布置成规模较大的场所，可供住区内的所有儿童使用，一般结合中心绿地一起建设，也可与学校、少年宫等儿童教育场所一起建设。根据不同年龄的儿童，按照各自特点进行分区规划设计，一般分为婴幼儿活动区（1~3 岁）、学龄前儿童活动区（4~6 岁）、学龄儿童活动区（7~12 岁）三个活动区。在各区域之间一般设置过渡地带，以方便年幼的儿童观察和模仿年长儿童的活动与行为（图 2-61）。

（2）儿童娱乐设施的设置

儿童游戏场地内的娱乐设施应该依据科学的儿童各阶段人体机能尺度来作为走、跑、跳、踢、攀、爬、转、滑等运动肢体强度参照，再配合具体动作的难度系数和系统整体运动节奏的安排进行设计。具体数据参照儿童游乐设施设计规范（表2-7）。

表2-7　儿童娱乐设施的设置内容及要求

| 序号 | 设施名称 | 设计要求 | 适用年龄 |
|---|---|---|---|
| 1 | 沙坑 | ① 游戏沙坑一般规模为10~20m²，如沙坑中安置游乐器具，则面积要适当加大，以确保基本活动空间，利于儿童之间的互相接触。<br>② 沙坑深40~45cm，沙子必须以中细沙为主，并经过冲洗。沙坑四周应竖10~15cm的围沿，防止沙土流失或雨水灌入。<br>③ 沙坑内应敷设暗沟排水，防止小动物在沟内排泄。 | 3~6岁 |
| 2 | 滑梯 | ① 滑梯由攀登段、平台段和下滑段组成，一般采用木料、不锈钢、玻璃纤维、增强塑料制作，保证滑板表面平滑。<br>② 滑梯攀登梯架倾角为70°左右，宽40cm，踢板高6cm，双侧设扶手栏杆。休息平台周围设80cm高防护栏杆。滑板倾3~6岁角为30°~35°，宽40cm，两侧直缘为18cm，便于儿童双脚制动。<br>③ 成品滑板和自制滑板梯都应在梯下部铺厚度不小于3cm的胶垫，或40cm的沙土，防止儿童坠落受伤。 | 3~6岁 |
| 3 | 秋千 | ① 秋千分板式、座椅式、轮胎式等，其场地尺寸根据秋千摆动幅度及与周围游乐设施间距确定。<br>.m~6.7m（分单座双座、多座），周边安全防护栏高60cm，踏板距地35~45cm。幼儿用距地为25cm。<br>③ 地面需设排水系统和铺设柔性材料。 | 6~15岁 |
| 4 | 攀登架 | ①攀登架标准尺寸为2.5m×2.5m（高×宽），架格宽为50cm，架杆选用钢骨和木制。多组格架可组成攀登架式迷宫。<br>② 架下必须铺装柔性材料。 | 8~12岁 |
| 5 | 跷跷板 | ① 普通双连式跷跷板宽度为1.8cm，长为3.6m，中心轴高45cm。<br>② 跷跷板端部应以旧轮胎等设备作缓冲垫。 | 8~12岁 |
| 6 | 游戏墙 | ① 墙体高控制在1.3m以下，供儿童跨越或骑乘，厚度为15~35cm。<br>② 墙上可适当开孔洞，供儿童穿越和窥视以产生游乐兴趣。<br>③ 墙体顶部边沿应做成圆角，墙下铺软垫。 | 6~10岁 |
| 7 | 滑板场 | ① 滑板场为专用场地，要用绿化种植、栏杆等与其他休闲区分隔开。<br>② 场地用硬质材料铺装，表面平整，并且具有良好的摩擦力。<br>③ 设置固定的滑板练习器具，铁管滑架、曲面滑道和台阶总高度不宜超过60cm，并留出足够的滑跑安全距离。 | 10~15岁 |
| 8 | 迷宫 | ① 迷宫有灌木丛墙或实墙组成，墙高一般为0.9~1.5m，以能遮挡儿童视线为准，通道宽为1.2m。<br>② 灌木丛墙须进行修剪，以免划伤儿童。<br>③ 地面可铺设碎石、卵石、树皮等材料。 | 6~12岁 |

（3）儿童游戏场地的设计要求

① 场地应是开敞式的，拥有充足的日照，并能避开强风的侵袭；部分儿童游憩空间可局部覆盖、围合，以保证不良天气状况下仍可正常活动。

② 保证与主要交通道路有一定距离，场地内不允许机动车辆穿行，以免对儿童造成危险，同时可减少噪声、尾气对孩子健康的影响。场地应与居民楼保持10m及以上的距离，以免儿童游乐时的噪声影响住户（图2-62）。

③ 出入口的设计应简单明了，并具趣味性和吸引力。可以设置儿童喜爱的元素，如兼做平衡木的矮墙或者儿

童喜爱的卡通雕塑等。地形要求平坦、不积水。地形过于平坦时，局部可挖土造坡，形成柔和起伏的微地形，以丰富景观空间（图2-63）。

④ 场地内道路的设计应自然流畅，线形可活泼自由、富于变化。不同活动区之间的衔接不能太生硬，可以利用低矮植物作为声音及部分视线的屏蔽，也可用带有座位的矮墙或是埋在沙中的轮胎来分隔空间。

⑤ 地面铺装的色彩和材质宜多样化，塑胶或马赛克鲜明的色彩和各式图案能吸引儿童的注意，渲染儿童活动区域活泼、明快的气氛。沙、木屑等自然软性地面则能增加孩子的娱乐性，同时避免危险。

⑥ 不应种植遮挡视线的树木，保持良好的视觉通达性，以便成人的监护。游戏场中要充分考虑大人与儿童共同活动的场地和设施，营造亲子空间（图2-64）。在植物的选择上可选叶、花、果形状奇特且色彩鲜艳的树木，以满足儿童的好奇心，便于儿童记忆和辨认，但应忌用有刺激性、有异味或易引起过敏性反应的植物，如漆树；有毒植物，如黄蝉和夹竹桃；有刺的植物，如枸骨、刺槐、蔷薇等。

⑦ 活动场地及周围环境如道路、铺地、水体、山石小品等应是安全而舒适的。游戏项目应适合儿童的年龄特征，危险性的活动应提醒大人陪同和保护。可在场地周围设置休息区供成人休息等候，同时考虑儿童的生理需要可设置一些卫生设施如洗手处、饮水器、果皮箱等。

⑧ 游戏器械的选择要兼顾实用和美观，色彩可以鲜艳但要注意与周围环境景观的协调。游戏器械的尺寸应适宜，应避免儿童的跌落或被器械划伤，根据情况可设警示牌或保护栏等。

### 2.3.2.4 老年人活动场地

中国是世界上老龄人口最多的国家，也是老龄化速度最快的国家之一。近年来，社会对老年人的关注越来越多，在住区建设的过程中越来越重视老年人相关活动设施的建设。而老年人是住区外部空间活动的主体，所以应把"凡有益于老年人者，必全民受益"作为住区环境设计的原则之一，相应的场所空间需依据他们的行为心理特点而设计，为老年人创造出舒适健康的居住环境（图2-65）。

（1）老年人的心理及生理需要

随着年龄的增长，老年人在生理、心理、社会交往等方面都会发生一定的变化，老年人的这些变化和特殊需求主要反映在老年人的生理和心理两个方面。

① 生理需要：首先，要满足生理上的安全需求。老年人由于生理机能的衰退，会发生一些行动、视觉

图2-62　游乐场与主要交通道路保持一定距离（迪东设计/中国/2016）

图2-63　游乐场内微地形的设置

图2-64　游戏场周围设置成人休息设施

图2-65　住区老年人活动场地

或听觉上的障碍，记忆和认知方面的能力也会随着年龄的增长而逐渐减退，为避免老年人发生危险，需要特别关注环境设计中的安全问题。其次，要满足生理需要的便捷性。老年人的生活内容较为简单，日常生活所需的大多只是一些基本的服务设施，因此，公共服务设施的便捷性对老年人来说非常重要。此外，是生理上的健康需要。老年人需要经常到户外呼吸新鲜空气、晒太阳、活动身体等，在住区环境设计时应考虑老年人的专用活动场地。

② 心理需要：首先，是对归属感、稳定感的需求。老年人希望能长期居住在一个他们熟悉的地理和社会环境中，他们所祈求的是一种归属感和稳定感。另外，是对交往的需要。老年人希望能与人交谈或是结交朋友，适当的社会接触与交流对保持老年人心理的健康是非常重要的（图2-66）。此外，是自我实现的需要。老年人希望能够在有生之年继续实现自身价值，获得社会的认同。他们会继续获取社会信息，了解周围环境变化等，有些老年人会进一步接受教育，充实头脑，丰富晚年人生。

（2）老年人活动场地的类型

根据老年人的心理和生理特点，住区中的老年人活动场地一般分为下面几种类型。

① 中心公共活动区：和公共绿地一起建设，可满足老年人慢跑、散步、遛鸟、健身拳操等活动（图2-67）。

② 小群体活动区：宜安排在地势平坦的地方，可容纳武术、太极拳、舞剑、健身操、羽毛球等动态健身活动。

③ 私密性活动区：位于安静的有视线遮挡的地方，适合老年人读书看报或是朋友之间的交谈。

④ 庇护型休息区：是可遮风避雨的空间，可满足老年人下棋、打牌、喝茶等静态活动（图2-68）。

（3）老年人活动场地的设计要求

① 老年人的生理机能有不同程度的减弱，导致感知功能如视觉、听觉的退化等。因此，老年人活动场地应有充足的采光和照明，增强物体的明暗对比和色彩的亮度，创造较为近距离的人际交流谈话空间，如较小的、有相对围合的交流广场。

② 老年人肌肉及骨骼系统的协调性和灵活性下降，因此，老年人活动场地应注意采取针对地面的防滑措施，地面尽量保持平整，减少地面高差的变化，有高差变化处以及台阶坡道端头的地面上，应有明显的警告提示，如色彩的变化或材料纹理的改变等，特别是无障碍设计是老年人活动场地设计的基本条件。

③ 专用的老年人活动场地宜与组团级及以上的公

图2-66　住区老年人的交流场所（HOSPER 设计 / 荷兰 /2016）

图2-67　中心公共活动区（HOSPER 设计 / 荷兰 /2016）

图2-68　庇护型休息区（HOSPER 设计 / 荷兰 /2016）

图2-69　防滑材料的使用（BO 景观设计 / 以色列 /2016）

共绿地结合设置，需要与住区主要交通道路保持一定
距离（可减少汽车噪声、灰尘对老年人活动的影响）；
其占地面积一般为 200~500m²，不宜小于 200m²，服务
半径不宜大于 300m，应保证至少有 1/3 的活动场地面
积在标准建筑日照阴影线范围之外，以方便设置健身
器材，有利于老年人进行户外锻炼及休憩活动。

④ 老年人活动场地的地面铺装要平坦、防滑（图
2-69），避免使用凹凸不平的铺装材料，以方便老年
人进行健身活动，如散步、跳舞、慢跑、拳操等。

⑤ 老年人活动场地的休息区除进行硬质铺装外，

图 2-70　休息区周围的绿化设计（HOSPER 设计 / 荷兰 /2016）

还需要增加以绿化为主的软质景观元素，而且需要对
这个区域进行有效的领域限定，如设置低矮灌木、矮墙、
围栏、花坛等（图 2-70）。此外还可以种植一些冠幅较大的乔木，以便夏季时提供树荫。

### 2.3.3 住区场所设计要点

#### 2.3.3.1 本土性

国家有着国家的历史，城市有着城市的历史，住区及其居住于此的人同样会产生各种不能遗忘的记忆。正是
这种历史和记忆，让国家有了深刻的内涵，城市有了那些古老的、发人深省的片段。而对于住区居民，那些生活
记忆同样是一生中的宝贵财富。本土性是一种特定文
化的积淀，世界各地各民族受社会、地理环境的影响，
在其漫长的历史演变中逐渐形成了自身的文化体系，
这种文化体系有着相当旺盛的生命力，外界事物很难
影响其发展。

住区空间的本土性旨在证明城市的更新和居住条
件的改善，不应该割裂城市和住区的历史和记忆。如
果一件建筑仅仅谈及当代的潮流和复杂的视像而没有
触发与场所的共鸣，那么该建筑就没有锚固在其场所
上，因为它缺少建筑赖以立足的特殊引力，缺少它所
立足于该地点的特殊引力。对于传统住区空间的更新，
可以保留那些记录历史的片段，如街区的青石路、古
树等，使得居民的原有生活模式在更新的同时仍然得
以保留和延续（图 2-71）。强调本土性并不意味着墨
守成规，亦可运用新的建造技术在现代住区空间中体
现历史文脉和人文意趣。

图 2-71　原有场地古树的保留（新西林景观设计 / 中国 /2016）

在新的住区内体现当地的居住理念，在保存旧住区痕迹的同时加入现代的环境元素，使
得居住环境得到了改善的同时，不仅将原有的生活记忆也被保留了下来，而且增加了一些新的行为空间。

创造或保持特性和场所感是全球化时代普遍关心的问题，但关键是如何识别、评价一个地方的特性。简单地
说，地方特色就是地方的场所感。识别一个独特的场所常常带有较大的主观性，但是成功的城市场所具有相似之
处：具有归属感和社区感，其意味着具有地方特征。不同的住区应该具有区别于其他住区的环境特点，这些特点
正好形成自己独特的风格，从更大的城市范围来看，这种特征的不同之处在于它能吸引外来访客，不仅使这里的
居民产生认同感，而且创造出的形象可以使它在城市众多住区中脱颖而出。

#### 2.3.3.2 多样性

每一个环境物体与人建立起使用与被使用的关系时，它就传达了使用者的兴趣、修养、价值观、人生观等精
神信息，而人需要生活体验的多样性意味着住区场所应具有多样的形式、用途和意义。如墨子所说："食必常饱，

然后求美；衣必常暖，然后求丽；居必常安，然后求乐。"就是说，当人的物质需要得到满足，所追求的重心会转向精神性的需求，具体表现在住区设计的功能和外观方面的丰富内容，即认知和审美需要。

住区的多样性能在不同时间吸引了为了各种目的而来的多样化人群。由于各种活动、多样的形式和不同的人群形成了一个具有丰富感官刺激的混合体，不同的使用者会以不同的方式看待这个空间场所，场所因此具有了多样化的意义。同时，同一个人对住区的要求也是多样的，随着住户主观状态的变化会需要不同的空间感受，从而产生多样性。丰富性是实现多样性的前提条件。丰富性的要求在于充分调动人的视觉及其以外的其他感觉，例如嗅觉、听觉、触觉等感觉。在环境多样性理论的指导下，科学地配置空间分布，让所有相关因素和组成部分协调发展，有利于保障能量、信息的有效共享和传递，创造最大的生态、经济、人文效益，进而美化环境、提升品质、吸引住户。此外，运用多样性原理建设住区环境有利于住区生物多样性的保护（图2-72），有助于将住区景观融入大范围的生态体系，增强住区的生态恢复力和抵抗力，营造强烈的宜居氛围。多样性的存在对保护小区的生物多样性、确保景观生态系统的稳定、缓冲住区人们的室外活动对环境的干扰等有极其重要的作用。设计者可以注重对自然因素的应用，把风能、光线、季节、雨水、冰雪等元素融入到人造环境当中，通过居民不断注入的关注和活动，把自然纳入设计，使传统静态的景观充满动感，富有变化和奇趣，加强居民对周围环境的感知和认同，营建一个多变且充满活力的居住空间。多种多样的生态系统并存，才能使住区环境的生态效益最大限度发挥。

因此，对于住区环境的规划和设计，要从全局出发，把各种因素综合起来，集交通、基础建设、娱乐场所、绿化建设、建筑形式、历史文化、景观形象等于一体，实现住区环境多样性和复合功能作用的交融。

### 2.3.3.3 互动性

传统的邻里关系多是以血缘和地缘为纽带，邻里之间都会相互帮助、相互往来，加之建筑尺度和车流量较小，街道气氛融洽，交往空间富有活力和趣味，人们间的关系亲切而友好。这种良好的互动关系在现代住区环境设计同样值得借鉴。住区互动性景观营建的重点既不只在环境设计领域，也不只是在对自然本身的关注方面，而是要把两者结合起来，实现人的合作和生物之间和谐共生的关系。住区的环境设计关系到居民的户外活动、交往方式以及对邻里关系的感知。

交往是一个连续性的行为过程，随着角色、媒介、事件的演变，交往是逐渐展开，逐渐深入的过程。人在社会活动中，根据主客观的条件变化在不断地调整自身的定位，以维系自身与群体和社会的平衡。住区的人口构成由同质性向异质性的转变，户外物质环境的变化等等都对居民的情感和人际关系等方面产生一定的影响。在进行景观设计时要注重强调交往发生的可能性和加强交往频率等，积极引导居民从室内走向户外空间进行交流，使居民通过低层次的社会交往开始不断深化，建立良好的社会关系。强调公众参与理念的普及，鼓励人们自发参与到环境的完善，使居民在互相接触交流中达到心理边界围合进而引发积极互动的连续行为。通过合理的户外公共空间规划可以增加居民交往空间和交流机会，在物质方面加强环境塑造和精神层面的宣传来促进居民间的互相熟识和互动，在良好的邻里氛围营建中使居民达到心理边界围合。

在住区内互动性环境营建过程里，开发者和设计者在营建初始就应考虑当地居民和潜在使用群体对环境的要求，把居民纳入设计来审视和定义场地空间的性质，通过对居民行为模式的分析、活动频率的强弱、景观环境的喜好等，或引导居民适当参与到施工中去，结合场地现状，设定符合居民生产生活的空间规划。设计者可以将居民的行为活动、参与互动纳入设计中，通过人在环境中的作用使得其更具意义，让居民从平常的观赏转变为主动地实践参与，在互动中更好地体会住区的思想内涵。住区互动性是增加居民与景观沟通的渠道，在人和住区之间形成交互作用，使其主动参与到环境营造当中，让环境为人们相互交往提供机会和场所，建立起睦友好的邻里关系。这符合现代住区设计的发展趋势，能够使其具备更为丰富的人文内涵。

### 2.3.3.4 时代性

随着时代的更迭，新的思想和技术不断冲击着人们的生活，人们对于居住场所的生理和心理需求也随着时代的改变而不断变化。作为一个时代的写照，住区环境艺术具有鲜明的时代特性（图2-73），特别是新材料、新技术、新工艺的不断更新，使环境的空间跨度有了很大的突破性，使设计创作进入了一个新的时代。当今信息技术已经渗透到社会的每一个角落，随着思维模式的更新，极大地影响着人们的审美观和价值观，多元的综合观念和思维方式，使"以人为本，回归自然"已经成为现代人沟通交流的普遍要求。

图 2-72　住区生物多样性设计（MVRDV 设计 / 荷兰 /2015）

图 2-73　具有时代特性的住区环境艺术（张唐景观设计 / 中国 /2016）

在住区环境设计中坚持场所营造的理念并不代表着将设计沉溺于过去的岁月，致力于发掘场址的历史而置时代需求不顾。场所是此时此地的场所，如果一个住区作品仅仅复制传统，而且仅仅重复场址的历史经验和文脉，那么它将会缺乏对今日世界和当代生活的关注，从而会与人此时此地的感知和认同割裂，丢失其场所性。环境是为人服务的，住区环境的营造，应以创造者所处时代的精神特征做标准来衡量，也就是说，环境要体现出时代性，不能人为地跳跃历史，特别是住区环境设计。

首先，居住区室外环境不仅要求有维护功能或者至少是不破坏生态平衡，在形式上也应和原有的自然环境及人文环境的秩序性相一致。其次，现代住区室外环境要为人的感情相互交流、人的价值实现提供空间和场所。这要求室外环境要有人情味和地方特色，空间尺度应宜人，要为大多数人所喜闻乐见并易于理解。另外，住区室外环境设计必须要有时代精神和风格，同时还要运用最新设计思想和理论，利用新技术、新工艺、新材料、新艺术手法，反映时代水平，使住区环境设计具有时代感。最后，时代精神决定了环境的主流风格，把握时代脉搏，融合优秀地方文化的精华，环境才会创新和向前发展。当然，强调时代精神，但并非排斥传统和地区特色，创作有中国特色的现代住区环境，关键要处理好时代精神和弘扬传统文化的关系。弘扬的目的是为了创新，创新也必须原有的文化根基上发展，才能够创作出有文化品位的现代住区环境。

# 2.4 绿　地

绿地景观对住区环境空间的塑造和意境氛围的烘托以及维护生态平衡有着重要的作用。应当充分发挥各类植物的功能和观赏特点，通过合理配置构成多层次的复合生态结构，达到住区植物群落的自然和谐。

## 2.4.1 概　念

绿地系统是人工构建的城市生态系统，是促进住区环境可持续发展不可替代的承担者，它能快速提升住区品位，其生态、经济、社会效益非常明显，是经济合理地利用有限的空间资源、人力物力资源，最大化地提升环境质量的有效途径。住区绿地系统作为一个社会产品，其系统的生产使用过程始终与环保及人类健康保持着友好关系。同时，住区环境也是城市生态系统中的主体、维护城市生态平衡的核心，加速住区绿地建设、提高绿化水平是城市绿色经济发展的基础（图 2-74）。在国家颁布的《城市居住区规划设计规范》（GB 50180—1993）中明确指出：新区建设绿地率不应低于 30%，旧区改造不宜低于 25%。居住区

图 2-74　住区绿地设计（林墨飞设计 / 中国 /2016）

内公共绿地的总指标应根据居住区人口规模分别达到：组团不小于 0.5m²/ 人，小区（含组团）不少于 1m²/ 人，居住区（含小区）不少于 1.5m²/ 人。居住区公共绿地设置标准可参照以下具体内容（表 2-8）。

表 2-8  住区公共绿地设置标准

| 中心绿地名称 | 设置内容 | 要　求 | 最小规模（hm²） | 最大服务半径（m） |
|---|---|---|---|---|
| 居住区级绿地 | 花木草坪、花坛、水面、凉亭、雕塑、茶座、老幼设施、停车场地和铺装地面等 | 园内布局应有明确的功能划分 | 1.0 | 800~1000 |
| 小区级绿地 | 花木草坪、花坛水面、雕塑、儿童设施和铺装地面等 | 园内布局应有明确的功能划分 | 0.4 | 400~500 |
| 组团级绿地 | 花木草坪、桌椅、简易儿童设施等 | 可灵活布局 | 0.04 | |

## 2.4.2 功　能

住区绿地主要有生态保护功能和景观美化功能，前者体现在绿地本身的遮阳、防尘、防风、防噪、降温及防灾等方面，后者则是利用园林美学原则，将植物的种类、形态、色彩等加以组合，起到美化环境的作用。通过两种功能的结合，营造良好健康的住区氛围。

（1）生态功能

① 遮阳：住区绿地设计中，在路旁、庭院以及道路、房屋两侧种植树木植物（图 2-75），使其在炎热的季节里起到遮阳蔽日的作用，同时也可大大降低太阳的辐射热，达到节能减耗的目的。

② 防尘：住区地面由于被多种绿化植物所遮盖，可以避免在有风时种植土壤的卷起和飞尘。另外，可通过绿化植物的遮挡和过滤功能，减少空气中的灰尘含量，提高住区空气质量。

③ 防风：住区绿地设计中在冬季迎风面，可以针对性地种植密集的乔、灌木防风林，防止冬季寒风的侵袭，改善住区的生态小气候。适宜的防风树种以适应性强、根系发达、抗倒伏能力强、木质坚硬、寿命长、叶片小、树冠成尖塔形或柱状形为宜，常绿树比落叶树好，如：黑松、圆柏、木麻黄、垂柳等。

④ 防噪：住区在沿城市干道、工厂、道路和闹市区一侧种植单排或多排行道树，可以有效地降低噪声，保持住区的安静。较好的隔声树种有雪松、龙柏、水杉、悬铃木、樟树等。

⑤ 降温：夏季住区绿地中的植物所进行的呼吸作用和蒸腾作用可以一定程度上降低空气温度，营造较为良好的生态小气候（图 2-76）。

⑥ 防灾：住区绿地所形成的空间可以作为地震等灾难来临时的救灾备用地，绿地是居民疏散的最佳场所。同时，有些植物不易燃烧，可起到有效预防火灾的作用，这些树种多具有树脂含量少、体内水分多、叶细小且表皮厚、萌发再生力强、不易着火等特性。

图 2-75  绿地的遮阳功能（盒子景观设计 / 中国 /2017）

图 2-76  屋顶绿地（都市实践设计 / 中国 /2016）

（2）景观美化功能

住区绿地景观是一种多维立体空间艺术，是以自然美为特征的空间环境。设计时充分利用园林的美学原则和设计手法，可使绿地景观丰富多彩，满足人的视觉感观需求，并通过高质量的绿化环境影响人的欣赏品位。人们进入住区绿地景观是为了游憩、运动和交流，从宅旁绿化、组团绿化到集中绿地，美观丰富的景观效果可以使人们享受到绿地所营造的阳光雨露、鸟语花香、新鲜空气、身心的愉悦和健康，更是促进和谐邻里氛围和人际关系的催化剂（图2-77）。

绿地景观除了对建筑、设施和场地能够起到衬托、显露或庇荫的作用，还可以构成空间，利用草坪和矮灌木作为界面，暗示出空间的边界，成组布置的灌木可以构成侧面界面，使空间围合程度随种植形式和疏密程度的不同产生围合感。

图 2-77 绿地里的休闲功能

### 2.4.3 住区绿地类型

#### 2.4.3.1 组团绿地

（1）概念与内容

组团绿地是具有一定活动内容和设施的集中绿地，主要供一个组团内居民集体使用，为其户外活动、邻里交往、儿童游戏、老人聚集提供良好的条件。组团绿地集中反映了住区绿地的质量水平，一般要求有较高的规划设计水平和一定的艺术效果。随着组团的布置方式和布局手法的变化，其大小、位置和形状也相应变化。

组团绿地一般为用地相对集中的块状或带状用地，面积较大，服务半径为整个组团，居民步行3~4min即可到达，其规划形式多样。内容丰富多彩，一般为绿化、铺装、水景相结合的小游园形式，也有的是以铺装为主的活动广场形式。在布局上，绿地宜做一定的功能划分，根据游人不同的年龄特征，划分活动场地、确定活动内容，场地之间要有分隔，布局既要紧凑，又要避免相互干扰。

组团绿地的规划设计，应与住区总体规划密切配合，综合考虑，全面安排。应注意将原有的绿化基础与小区公共活动中心充分结合起来布置，形成一个完整的居民生活中心。在位置选择上，组团绿地由于其公共服务性较强，一般布置于小区中心、副中心或重要节点区域，使其成为"内向"绿化空间。其优点是在服务功能上能缩短小游园至小区各个方向的服务距离，便于居民使用。在景观形态上，绿地处于住宅建筑群环抱之中，形成的空间环境比较安静，较少受到外界人流、交通的影响，能增强居民的领域感和安全感。另外，有的组团绿地与小区主要入口结合，或与入口连成一体，在景观上，形成小区入口景观视线的对景；在服务功能上，由于靠近小区入口，亦能较好地满足居民集体使用的要求。

（2）布置类型

组团绿地通常是结合住宅建筑组合布置，应满足"有不少于1/3的绿地面积在标准的建筑日照阴影线范围之外"的要求，以保证良好的日照环境，其布置类型可以分为以下几种：

① 庭院式：利用建筑形成的院子布置，不受道路行人、车辆的影响，环境安静，比较封闭，有较强的庭院感。

② 行列式：扩大住宅建筑的间距布置，一般将住宅建筑间距扩大到原间距的2倍左右，这样的布置方式可以改变行列式住宅的单调狭长的空间感。此外，可以扩大住宅建筑的山墙间距为组团绿地，打破了行

图 2-78 独立式组团绿地（都市实践设计/中国/2016）

列式山墙间形成的狭长胡同的感觉，组团绿地又与庭院绿地互相渗透，扩大绿化空间感。

③ 独立式：布置于住宅组团的转角，利用不便于布置住宅建筑的角隅空地，能充分利用土地，由于布置在转角，加长了服务半径（图2-78）。

④ 结合式：绿地结合公共建筑布置，使组团绿地同专用绿地连成一片，相互渗透，扩大绿化空间感。组团绿地还可以与庭院绿地结合，扩大绿色空间，构图亦显得自由活泼。

⑤ 临街式：在住宅建筑临街一面布置，使绿化和建筑互相衬映，丰富了街道景观，也成为行人休息之地。

### 2.4.3.2 宅间绿地

（1）概念与内容

宅间绿地是住区最基本的绿地类型，多指在行列式建筑前后两排住宅之间的绿地，其大小和宽度取决于楼间距，一般包括宅前、宅后以及建筑物本身的绿化，它只供本幢楼的居民使用，是住区绿地内总面积最大、居民最常使用的一种绿地形式，尤其适于儿童和老人。宅间绿地是住宅内部空间的延续和补充，它虽不像组团绿地那样具有较强的娱乐、游赏功能，但却与居民的日常生活起居息息相关。结合宅间绿地可开展各种活动，如林间嬉戏、绿荫品茗弈棋、邻里联谊交往以及衣物晾晒等，无不是从室内向户外铺展，具有浓厚的生活气息，使现代住宅单元楼的封闭隔离感得到较大程度的缓解，以家庭为单位的私密性和以宅间绿地为纽带的社会交往活动都得到满足和统一协调。

根据不同领域属性及其使用情况，宅间绿地可分为以下三部分。

① 近宅空间：分为两部分，一部分为底层住宅小院和楼层住户阳台、屋顶花园等；另一部分为单元门前用地，包括单元入口、入户小路、散水等。前者为用户领域，后者属单元领域。

② 庭院空间：包括庭院绿化、各活动场地及宅旁小路等，属宅群或楼栋领域。

③ 余留空间：上述两项用地领域外的边角余地，大多是住宅群体组合中领域模糊的消极空间。

（2）宅间绿地的特点

① 与居民的日常生活联系最密切：宅间绿地面积最大、分布最广、使用率最高，对居住环境质量和城市景观的影响也最明显，在规划设计中需要考虑的因素要周到齐全。

② 不同的领有：领有是宅间绿地的占有与被使用的特性。领有性的强弱取决于使用者的占有程度和使用时间的长短。宅间绿地大体可分为以下3种形态。一是私人领有，即一般在底层，将宅前宅后用绿篱、花墙、栏杆等围隔成私有绿地，领域界限清楚，使用时间较长，可改善底层居民的生活条件。由一户专用，防卫功能较强（图2-79）。二是集体领有，即宅间小路外侧的绿地，多为住宅楼各住户集体所有，无专用性，使用时间不连续，也允许其他住宅楼的居民使用，但不允许私人长期占用或设置固定物。一般多层单元

图2-79 私人领有的宅间绿地

式住宅将建筑前后的绿地完整地布置，组成公共活动的绿化空间。三是公共领有，即指各级居住活动的中心地带，居民可自由进出，都有使用权，但是使用者经常变更，具有短暂性。不同的领有形态，导致居民的领有意识不同，离家门愈近的绿地，其领有意识愈强，反之，其领有意识愈弱，公共领有性则增强。要使绿地管理得好，在设计上则要加强领有意识，使居民明确行为规范，建立居住的正常生活秩序。

③ 宅间绿地的制约性：住宅庭院的绿地面积、形体、空间性质受地形、住宅间距、住宅组群形式等因素的制约。当住宅以行列式布局时，绿地为线形空间，当住宅为周边式布置时，绿地为围合空间；当住宅为散点式布置时，绿地为松散空间；当住宅为自由式布置时，庭院绿地为舒展空间；当住宅为混合式布置时，绿地为多样化空间。

（3）布置类型

① 低层行列式：低层行列式的住宅形式在中等城市较为普遍，采用一种简单、粗放的形式，以利于夏季和冬季采光，而且居民在树下活动的面积大，容易形成花园型、庭院型绿化。但是由于地下管道较多，又背阴，只能选耐阴的花灌木及草坪，以绿篱围出一空间范围，这样层次、色彩就会比较丰富。在相邻两幢楼之间，绿地不仅可以起到隔声、遮挡和美化的作用，又能为居民提供就近游憩的场地。在住宅的东西两侧，种植一些落叶大乔木，或者设置绿色荫棚，种植豆类等攀缘植物，把朝东（西）的窗户全部遮挡，可以有效地减少夏季东西日晒。在靠近房基处应种植一些低矮的花灌木，以免遮挡窗户，影响室内采光。高大的乔木要离建筑5~7m以外种植，以免影响室内通风。如果宅间距大于30m宽时，可在其中设置小型游园（图2-80）。在落叶大树下可设置秋千架、沙坑、爬梯、坐凳等，以便老人和儿童就近休息。另外要扩大绿化面积，向空间绿化发展。在城市用地十分紧张的今天，争取在墙面和屋顶进行绿化，这是扩大城市绿化面积的有效途径之一，尤其是墙面绿化具有潜力大、见效快的优点，它不但对建筑物有装饰美化的作用，对调节气温也有明显的效果。比如在庭院入口处与围墙结合较为常见，

图2-80 在绿地中设置小型游园（迪东设计/中国）

图2-81 绿地的俯视艺术效果（Shma设计/泰国/2016）

利用常绿和开花的爬蔓植物形成绿门、绿墙等，或与台阶，花台花架结合，作为室外进入室内的过渡，有利于消除眼睛疲劳（光差感），或兼作"门厅"之用。又如屋角绿化，打破建筑线条的生硬感，形成墙角的绿柱。

② 高层塔楼单元式：高层单元式住宅由于建筑层数高、住户密度大、宅间距离小，其四周的绿化以草坪绿化为主，在草坪的边缘等处，种植一些乔木或灌木、草花之类，或以常绿或开花的植物组成绿篱，围成院落或构成各种图案，有利于打造楼层的俯视艺术效果（图2-81）。在树种的选择上，除注意耐阴和喜光树种之外，在挡风面及风口必须选择深根性的树种，合理布置，借以改善宅间气流力度及方向。绿化布置还要注意相邻建筑之间的空间尺度，树种的大小、高矮要以建筑层次及绿化设计的"立意"为前提。

③ 周边式：周边式布置住宅群中部形成一个围合空间，其中布置充足的绿地和必要的休息设施，无论是自然式或规则式，还是开放型或封闭型，都能起到隔声、防尘、美化的作用，形式多样、层次丰富，让人们置身其中既有围合感，又能看到一部分天空，没有闭塞压抑的感觉。

### 2.4.3.3 私家庭院绿地

（1）概念与内容

近年来，各地已大量出现了独门独院的别墅庭院以及2、3、4户的合体户形式（联体别墅）。每户房前留有较大面积的庭院，这里需要创造一个更加优美的绿化环境。一个有良好环境的独居私宅，庭院绿地面积至少应为占地面积的1/2~2/3，有利于形成真正温馨、舒适的居住环境。居住于此的居民通常有一个专用的花墙或其他界定设施分隔形成的独立庭院，由于建筑排列组合具有完整的艺术性，所以庭院内外的绿化应有一个统一的规划布局。一般来说，住宅前庭院有以下几种处理形式：由隔墙围成私人小院，具有很强的私密性；用高出平台的小矮墙或栅栏分隔成独立小院；用绿篱围合的绿化空间提供共享的观赏性绿化环境（图2-82）。

院内根据住户的喜好进行美化绿化，但由于空间较小，可搭设花架攀绕藤萝，进行空间绿化（图2-83）。私家庭院绿地的设计要求主要有：满足室外活动的需要，将室内室外统一起来安排；简洁、朴素、轻巧、亲切、

自由、灵活；为一家一户独享，要在小范围内达到一定程度的私密性；避免雷同，每个院落各异其趣，方便各户自找识别。庭院绿地不仅是住所的延续，也是户外活动的起居室，不但美化了环境，同时也具有相当的实用价值，其作用体如下：

① 可作为社交活动的场所。由于庭院的绿化布置，它可作为交流招待的场所，即户外客厅的作用，实质功用因之扩大。

② 可作为家庭生活的室外环境。在以家庭生活为核心时，庭院绿地甚为重要，观赏、休息、防风、防尘、防噪声，以及庇荫等，均为生活的需求。运动、散步、游戏、作息，均为日常所需。所以它是家庭生活的重要空间内容，成为户外活动的起居室（图2-84）。

③ 可作为个人嗜好所需的环境。私家庭院本来即为满足个人生活所需而造，因此亦可随个人爱好的不同，建造适合自己生活所需的环境，如游泳池、迷你球场、健身区甚至池塘等。

（2）布置类型

① 前庭绿地：从大门到房门之间的区域是前庭，它给外来访客以整个庭院的第一印象，因此绿地景观要保持整洁，并给来客一种清爽、好客的感觉。前庭绿地如与停车场紧邻时，更要注重实用美观。前庭包括大门区域绿化、屋基植栽、花池绿化、进口道路及回车道周边绿化等。设计前庭绿地时，不仅宜与建筑协调，同时应注意住区周边环境相协调，不宜有太多变化。

② 主庭绿地：主庭是指紧接起居室、会客厅、书房、餐厅等室内主要部分的庭院区域，绿地面积也最大，是住宅庭院中最重要的一个区域。主庭绿地最足以发挥家庭的特征为家人休憩、读书、聊天、游戏等从事户外活动的重要场所（图2-106）。故其位置，宜设置于庭院的最优部分，最好是南向或东南向。日照应充足，通风需良好，如有冬暖夏凉的条件最佳。为使主庭功能充分表现，除了绿化种植，还可以辅助配置水池、假山、花池、平台、凉亭、廊架、喷泉、座椅及家具等。

③ 后庭绿地：所谓后庭，即家人工作的区域，绿地同厨房与卫生间相对，是日常生活中接触时间最多的地方，主要设备有杂物堆积场、垃圾箱、洗晒场、狗屋等，与庭院其他区域隔离，为不公开区域。后庭绿地的位置很少向南，为防夏日西晒，可于北、西侧栽植高大常绿屏障树，并需与其他区域隔离开来。

④ 中庭绿地：指三面被房屋包围的庭院区域，通常绿地占地最少。一般中庭绿地日照、通风都较差，

图2-82　私家庭院绿地（林墨飞设计 / 中国 /2015）

图2-83　庭院花架设计（林墨飞设计 / 中国 /2015）

图2-84　作为家庭生活的室外环境

图2-85　主庭绿地（林墨飞设计 / 中国 /2015）

如选用配植的庭木时，要选耐阴的种类，最好是形状比较工整、生长缓慢的植物，栽植的数量也不可过多，以保持中庭空间的幽静整洁。此外，可以适当辅助配置摆设雕塑品、景石等小品，增添庭院情趣。

⑤通道绿地：庭院中联结各部分的功能性区域就是通道。可以采用踏石或其他铺地增加庭院的趣味性，沿着通道种些花草，更能衬托出庭院的高雅气氛。其空间范围虽少，却可兼具道路与观赏用途。

### 2.4.3.4 道路绿地

（1）概念与内容

住区道路绿地是住区内道路红线以内的绿地，其连接城市干道，具有遮阴、防护、丰富道景观等功能，一般根据道路的分级、地形、交通情况等进行布置。道路绿地是住区环境系统一部分，也是住区"点、线、面"中"线"的部分，它起到联结、导向、分割、围合等作用，沟通和连接住区公共绿地、宅间绿地等各类绿地（图2-86）。根据住区的规模和功能要求，道路绿地的设计应与各级道路的功能相结合。

图2-86 住区入口道路绿地

①居住区级道路绿地：居住区级道路是联系居住区内外的主要通道。除人行外，车行也比较频繁，一般为双向2车道或双向4车道，行道树的栽植要考虑遮阴与交通安全，在交叉路口及转弯处要依据安全三角视距要求，保证行车安全。此三角形内不能选用体型高大的树木，只能用不超过0.7m高的灌木、花卉与草坪等。主干道路面宽阔，可选用体态雄伟、树冠宽阔的乔木，定植株距，应以其树种壮年期冠幅为准，最小种植株距应为4m。行道树树干中心至路缘石外侧最小距离宜为0.75m。种植行道树其苗木的胸径：快生树应不小于5cm，慢生树宜不小于8cm。行道树的主干高度取决于主干道路的性质、车行道的距离和树种的分枝角度，距车行道近的可定为3m以上，距车行道远、分枝角度小的则不要低于2m。在人行道和居住建筑之间，可多行列植或丛植乔灌木，以草坪、灌木、乔木形成多层次复合结构的带状绿地，起到防尘、隔音的作用。

图2-87 宅间道路两侧的绿化（林墨飞设计/中国/2019）

种植乔木的分车绿带宽度应不小于1.5m；主干路上的分车绿带宽度宜不小于2.5m；行道树绿带宽度不得小于1.5m。中间分车绿带应阻挡相向行驶车辆的眩光，在距相邻机动车道路面高度0.6~1.5m的范围内，配置植物的树冠应常年枝叶茂密，其株距不得大于冠幅的5倍。

②小区级道路绿地：小区级道路以人行为主，有时兼做车行道。树木配置要活泼多样，根据居住建筑的布置、道路走向以及所处位置、周围环境等加以考虑。在树种的选择上，可以多选小乔木及开花灌木，特别是一些开花繁密、叶色变化的树种，如合欢、樱花、五角枫、红叶李、乌桕、栾树等。每条路可选择不同的树种、不同断面的种植形式，使每条路的种植各有特色。在一条路上以某一、两种花木为主体，例如可形成合欢路、紫薇路、丁香路等。在台阶、转角等处，应尽量选用统一的植物、材料，以起到明示作用。

③其他道路绿地：其他道路绿地包括宅间路绿地、园路绿地等。宅间道路是通向各住宅户或各单元入口的道路，一般以通行自行车和人行为主，绿地形式与建筑的关系较为密切，一般路宽2.5~4m左右，绿化多采用开花灌木（图2-87）。园路是住区内部道路，只供人通行散步休憩之用，一般宽1~2m，绿化布置时要适当退后路缘0.5~1m。有的节点或交叉口可适当放宽，并与休憩活动场地结合，形成小景点。道路两旁如种植两旁行道树不应与组团外

道路的树种相同，要体现住区的植物特色，在路旁种植设计要灵活自然，与两侧的建筑物、各种设施相结合，疏密相间，高低错落，富有变化，以不同的行道树、花灌木、绿篱、地被、草坪组合不同的绿色景观，加强识别性。在树种的选择上，由于道路较窄，可选种中小型乔木。

（2）布置形式

道路绿地的布置形式是丰富住区景观、体现住区生态特色的一种重要手段。

① 落叶乔木与常绿绿篱相结合：用侧柏等常绿树作为绿篱，配以高大的落叶乔木的种植方式是住区道路绿地中最为常见的一种形式（图2-88）。绿篱可以将人行道和车行道隔离开，不仅减少灰尘及汽车尾气对行人侵害，又防止了行人随意横穿街道。既保证了绿化效果，又起到了很好的隔离效果。

② 以常绿树为主的绿地：种植常绿乔木及常绿绿篱，并适当点缀开花灌木，形成较好的艺术效果。由于常绿树生长缓慢，在初期遮阴效果会比较差，故在常绿树间种植窄冠的落叶乔木不仅可增加遮阴，也可提高住区景观效果（图2-89）。

③ 以落叶乔木及花灌木为主的绿地：在北方住区的道路常采用以落叶树为主的种植形式，较为经济，但冬季景观较差，可用常绿树点缀在视线较集中的重要地段，或与开花灌木搭配种植亦可极大地丰富道路景观。

④ 草地和花卉：种植草皮和花卉的艺术效果好（图2-90），特别适宜于绿化带下方管线多、土层薄、有地下构筑物、不宜栽植乔灌木的情况。从长远来看，宿根花卉作为地被植物进行栽植，其栽植及养护费用低于人工草坪，且种类繁多，观赏性强。

⑤ 带状自然式绿地：树木三五成丛，高低错落地布置在车行道或人行道两侧，易形成比较活泼、富有变化的植物景观，这种种植形式需要有较好的施工和养护条件，并选用具有适当规格的绿化苗木。

⑥ 块状自然式绿地：由大小不同形状各异的几何绿地块组成人行道绿化，在各绿地块间布置休息广场、廊架、花坛等。绿化地块可按自然式种植，用草地的底色来衬托观赏树，形成自然的休闲空间（图2-91）。

### 2.4.3.5 专用绿地

（1）概念与内容

专用绿地是住区各类公共建筑和公共设施四周的绿地。专用绿地往往与大量的公共服务设施、活动中心等相结合，形成居民日常生活的绿化休闲场所，是居

图2-88　落叶乔木与常绿绿篱相结合

图2-89　以常绿树为主的绿地

图2-90　草地和花卉的结合

图2-91　由几何绿地块组成人行道绿化

民的公共和半公共空间。其绿化布置要满足公共建筑和公共设施的功能要求，并考虑与周围环境的关系（图2-92）。各种公共建筑的专用绿地要符合不同的功能需求，且应与整个居住区绿地综合考虑，使之成为一个有机的整体。专用绿地包括住区医院、学校、图书馆、会所、老人活动中心、青少年活动中心、幼托设施等专门使用的绿地。

（2）布置类型

① 住区配套学校及幼儿园绿地：住区配套学校及幼儿园是培养教育儿童，使他们在德、智、体、美各方面全面发展、健康成长的场所。绿化设计应考虑创造一个清新优美的室外环境，它应保证为学习提供一个明亮的学习环境，同时避免阳光暴晒。

a. 庭院之中应以大乔木为骨干，形成比较开阔的空间。在房前屋后、边角地带点缀开花灌木。这样既可保证儿童有充足的室外活动空间，做到冬天可晒太阳，夏季可遮阴玩耍，又伴随着丰富多彩的四季景色。幼儿园可以考虑设计较集中的大草坪供幼儿嬉戏玩耍。

b. 教室前应以低矮的花灌木为主，不影响室内通风采光。操场周围应以高大乔木为主，树下可设置进行体育锻炼用的各种器械；园内的开阔草坪中可开辟一块100m²左右的场地，设置幼儿游戏器械，地面用塑胶材料铺面，以保护幼儿免于跌伤（图2-93）。

c. 小学和幼儿园都可以开辟一处动物园或植物园，面积可根据校园大小，以100~500m²大小设计安排，以培养儿童认识自然、热爱自然的意识（图2-94）。

d. 在植物的选择上，校园内应选用生长健壮、不易发生病虫害、不飞絮、无毒、不影响儿童生理健康的树种。在儿童可以到达、容易触摸到的地方，严禁种植有刺、有毒的植物。

② 商业、服务中心绿地：住区的商业、服务中心是与居民生活息息相关的场所，居民日常生活需要就近购物，如日用小商店、超市等，又需要健身、娱乐、理发、洗衣、储蓄等。这里是居民每时每刻都要进出的地方。因此，绿化设计需要留出足够的活动场地，便于居民来往、停留、等候等；绿地上可以摆放一些简洁耐用的坐凳、果皮箱等设施，节日期间可摆放盆花，以增加节日气氛。

③ 样板示范区绿地：样板示范区的主要功能是配合楼盘销售，其设计与营建的时间先于楼盘销售之前，归纳起来其绿地景观大致有如下特点与设计要点。一是展示性。售楼处绿地是未来整个住区的形象代言，人们在看到未来住区实景之前，只有通过样板示范区来体验与感受楼盘景观的品质；绿地的展示性决定了其环境设计必须精细并具有高品质，特色性要强。二是尺度及规模较小。样板示范区绿地往往空间有限、面积较小，场地空间受制约因素较多，因此，要重视细节设计，在空间处理上采用"小中见大"的空间处理手法。三是提供室外洽谈的场所。有些样板示范区作为一个公共展示空间，承担了接待与楼盘销售洽谈的功能，因此，出于使用功能的考虑，需要在绿地中创造休憩、停留空间，为客户与销售人员营造一个安逸、宁静、舒适、优美的户外洽谈环境。四是协调性。样板示范区绿地作为未来整个住区环境的展示窗口，其风格应与未来整个住区环境设计风格相统一、相协调、

图2-92　住区会所绿地景观设计（林墨飞设计 / 中国 /2015）

图2-93　住区幼儿园绿地

图2-94　住区幼儿园的小动物园（林墨飞设计 / 中国 /2013）

相呼应。五是时效性。有些样板示范区绿地是临时的，在配合完成售楼任务后需要加以拆除；有些在完成售楼任务后需长久保留，或者转换功能使用，或者成为未来整个住区环境中的一部分。因此，在环境设计中需要根据实际情况做出相应处理。

### 2.4.3.6 建筑物附属绿地

#### （1）架空层绿地

架空层指仅有结构支撑而无围护结构的开敞空间层。住宅区架空层指住宅楼及合有住宅综合楼的部分或全部某层空间至少有两面不设护围，使之成为通透、延续的空间，一般对住区内所有居民开放，作为休闲、活动的非经营性公共空间。底层架空住宅广泛适用于南方亚热带气候区，利于居住院落的通风和小气候的调节，方便居住者遮阳避雨，并起到绿化景观的作用。这种结构除了在南方沿海城市使用较多，在内陆城市也有采用，特别是房屋密集、容积率高的小区，为增加绿地面积和公共面积而做出一种变相的形态，具有过渡性、开放性和地域性等特点。通过合理设计架空层的绿化，可以增加住区的绿地面积，改善小气候，增加私密性，增进邻里关系，同时还可以形成相对独立的特殊空间而丰富建筑设计的手法。架空层宜种植耐阴性强的花草灌木，局部不通风的地段可布置枯山水景观。而作为居住者在户外活动的半公共空间，可配置适量的活动和休闲设施（图2-95）。

图2-95　住宅区架空层景观（Shma 设计 / 泰国 /2016）

#### （2）平台绿地

平台绿化要结合实际情况及使用要求进行设计，平台下部空间可以作为停车、辅助设备用房、商场或者休闲活动场地等，平台上部空间则作为行人活动场所，应尽量做到安全美观（图2-96）。

图2-96　平台绿地设计（林墨飞设计 / 中国 /2015）

设计时根据需求应满足以下几点：

①应遵循"人流居中，绿地靠边"的原则，即将人流限制在平台中部，以防止对平台首层居民的干扰，绿地靠窗或墙边设置，种植时应有一定数量的乔木和灌木，以减少活动人流对住户的视线干扰，以保证私密性。

②平台绿化应根据平台结构的承载力及小气候等条件进行植物种植设计，解决好排水及草木浇灌的问题，同时要考虑平台下部的采光问题，可在平台上设置采光井或采光口。平台上绿化种植土厚度必须满足植物生长的需求，对于较为高大的树木，可在平台上增设抬起的树池和花池进行栽植（表2-9）。

#### 表2-9　平台上绿化种植土厚度

| 种植植物 | 种植土最小厚度（cm） | | |
| --- | --- | --- | --- |
| | 南方地区 | 中部地区 | 北方地区 |
| 花卉、草坪 | 30 | 40 | 50 |
| 灌木 | 50 | 60 | 80 |
| 乔木、藤本植物 | 60 | 80 | 100 |
| 中高乔木 | 800 | 100 | 150 |

（3）建筑屋顶绿地

建筑屋顶自然环境与地面有所不同，随着建筑物高度的变化，日照、温度、风力和空气成分等都有所不同。屋顶绿地的特点包括：屋顶接受太阳辐射强，光照时间长，对植物生长有利；屋顶温差变化大，夏季白天温度比地面高 3~5℃，夜间又比地面低 2~3℃，要求植物适应性强，但冬季屋面温度比地面高，有利于植物生长。屋顶绿化具有降低热岛效应、提高建筑的节能效果、为居民提供舒适的生活环境等功能。屋顶绿地建成后，由于植物的遮阳效果，屋面的辐射热会大大降低，同时因为植物的蒸腾作用也将大大降低周围空气的温度。屋顶植物在夏天由于减少辐射起到隔热的作用，而冬天植物及土壤的空气层则可减缓热传导以利节能，避免建筑的冬冷夏热。优美的屋顶绿地能够提供品质良好的休息环境，改善景观环境，提升居民的生活品质。

①屋顶绿地的设计要点

a. 屋顶绿地植被可分为规则式、自然式和混合式。规则式屋面植物及步道均构图对称而严谨。自然式布局可设微地形，植物种植顺应自然，讲求疏密有致，空间开合自然。混合式则兼具人工与自然美。

b. 根据植被特点的不同，可将屋顶绿地的种植植物分为禾草类、景天类、宿根花卉类、低矮小灌木类等，也可以是各种类型的结合。

c. 屋顶绿地可分为坡屋顶形式和平屋顶形式，应根据具体气候及生态条件种植耐旱、耐移植、生命力强、抗风力强且外形较低矮的植物，如矮生紫薇、常夏石竹、南天竹、八角金盘等。坡屋面则可多选择贴伏状藤本和攀缘植物，如常春藤、爬墙虎、凹叶景天等。平屋顶常以种植观赏性较强的花木为主，如玫瑰、月季、百里香、大花金鸡菊等，可配合小型水景、花架、景墙或亭廊等小品，以成片种植式、周边式或庭院式绿化的方式美化建筑屋顶，丰富第五立面。

d. 屋顶绿地可以采用人工浇灌，也可以采用小型喷灌系统和低压滴灌系统。屋顶多采用屋面找坡，用排水沟或排水管的方式解决排水问题，避免积水造成植物根系腐烂，导致植物死亡。

②屋顶绿地的构造和要求

屋顶绿地一般种植层的构造、剖面分层是：植物层、种植土层、过滤层、排水层、防根层、防水层、找平层、保温隔热层和结构承重层等，以下是通常的具体做法。

第一层是植物层：草坪、花卉、灌木、乔木等（含人造草皮）人工种植层。

第二层是种植土层：为减轻屋顶的附加荷重，种植土常选用经过人工配置的，既含有植物生长必需的各类元素，又要比陆地耕土容重小的种植土。

第三层是过滤层：防止种植土内细小材料的流失，导致堵塞排水系统，多用玻璃纤维布或粗砂（厚50mm）。

第四层是排水层：多用厚 100~200mm 的陶粒、碎石、轻质骨料、厚 200mm 的砾石或厚 50mm 的焦渣层等。

第五层是防根层：一般和防水层结合起来，使用聚乙烯塑料布（垫）防止根的穿透，以保护屋面。

第六层是防水层：多用油毡卷材、三元乙丙橡胶防水布等。

第七层是找平层：多用粗砂细石混凝土。

第八层是保温隔热层：多用干铺焦渣、加气混凝土块、水泥蛭石、膨胀珍珠岩、岩棉、聚苯板等。

第九层是结构承重层：与屋面建筑层结合，现浇混凝土楼板或预制空心楼板。

随着建造技术的快速进步，屋顶绿地建造方法也在不断地发展，新材料、新工艺、新做法也会不断涌现。

## 2.4.4 住区绿地设计要点

### 2.4.4.1 经济性

绿地景观虽然以创造生态效益和社会效益为主要目的，但这并不意味着可以无限制地增加投入。任何人力、物力、财力和土地都是有限的，展开绿地景观设计工作，必须遵循经济性原则，在节约成本、方便管理的基础上，合理掌控建设规模、投资，以最少的投入获得最大的生态效益和社会效益，并改善城市环境、提高居民生活环境质量（图2-97）。

遵循经济性原则就是需要在绿地设计和施工环节上能够从开源和节流两个方面，通过适当结合生产以及合理

图 2-97　经济、简约的绿地设计（Shma 设计 / 泰国 /2014）

图 2-98　合理的绿地种植密度（Shma 设计 / 泰国 /2014）

配置的方式，来降低工程造价和后期的养护管理费用。节流主要是指合理配植、适当用苗来设法降低成本，例如，多选用寿命长，生长速度中等，耐粗放管理，耐修剪的植物，以减少资金投入和管理费用。开源就是在园林植物配植中妥善合理地结合生产，通过植物的副产品来产生一定的经济收入，还有一点就是合理选择改善环境质量的植物，提高环境质量，增强环境的经济产出功能。但同时在开源节流的考虑中，要以充分发挥绿地配置主要功能为前提，合理的绿地种植密度是园林建设过程重要的经济性指标（图 2-98）。比如，以乔木为主的绿地和以草坪为主的绿地对于水资源的消耗相差很大，而且草坪为主绿地的综合效益也远不如以乔木为主的绿地。特别是乔木种植密度，科学的种植间距为树木提供适宜的光、热、水等环境因子，树木才能生长表现出最佳观赏效果。此外，对绿地景观开展科学的引种驯化，能增加造景素材，丰富植物景观。但是，过犹不及，大量的引种会破坏地方景观特色，造成运输成本高、苗木初次栽植成活率低等不经济的后果。绿地树种的选择还应该适地适树，多运用乡土树种。在绿地景观设计时，必须考虑这些因素，用最少的资金投入和资源消耗，最大限度地实现城市绿化在吸收二氧化碳和有毒气体、产生氧气、遮阴、防风、滞尘、降温、增湿、减噪、防灾避险、美化景观环境、提供游憩场所等方面的综合效益。

### 2.4.4.2 艺术性

　　植物美是构成住区环境艺术的主体，因此绿地设计要具有环境艺术的审美观，把科学性、技术性和艺术原则进行有机的结合，设计者要把它作为一种艺术创造过程，在配置植物时不仅应考虑到植物与环境的和谐统一，同时应考虑到艺术构成所体现的植物形态美。

　　植物的艺术性体现在色彩、香味、体形、线条等方面，其中艺术心理学家认为视觉艺术中最敏感的是色彩，其次是形体、线条与质感。因而赏心悦目的植物，首先是其色彩动人，可以利用它们之间的色彩关系进行合理调配，使植物景观更具艺术性，引人注目。在植物景观色彩搭配时，除了要把握好一般的色彩情感语言外，还必须掌握色彩的基本概念和一些相关的艺术设计原则。色彩分为明度、饱和度、色相三种属性，在植物配置时主要是利用叶子的颜色差异和色彩的变化、枝干颜色（如红色、绿色、金黄色等）的与众不同（图 2-99）。植物美最主要表现在植物的叶色，绝大多数植物的叶片是绿色的，但植物叶片的绿色在色度上有深浅不同，在色调上也有明暗、偏色之异。这种色度和色调的不同随着一年四季的变化而不同。但如果绿地景观中只有绿色难免单调，因此要根据色彩本身的属性（色相、明度、饱和度）将彩叶植物巧妙点缀其中，色彩搭配柔和亲切，给人以美感，达到了住区环境设计的艺术要求。

　　此外，丰富的植物形态是大自然赋予的美，植物形态的多样性引起视觉美来呈现，无论怎样的形态都有自己的表现特征，它影响着观赏者的精神和情绪。植物种类多样，加上不同的植物形态各异，不同形状的植物都有自己独特的性质，所以在一个植物群落中，多样与统一即变化与统一，是进行植物造景艺术的基本原则。为植物造景提供了可富于变化的客观条件，所以在进行绿地景观配置时，要利用不同的植物的形态变化以及轮廓线、林冠线的变化，创造形态和谐而又富有变化的植物景观。

　　另外，植物枝、叶、花、果的质感，也是人们可直接感知植物艺术的途径，如枝干的光滑与粗糙、叶片的蜡质与绒毛、单叶及复叶等，给人的视觉效果均有差异，在利用植物造景时都应有所考虑。植物色泽也是审美最灵敏的感知客体，不同植物的枝叶花果色泽变化很大，即使同一植物，物诱气随，随候异色，也存在差异，在住区植物造景中，同样也应注意季相变化以及与环境的整体统一。

### 2.4.4.3 生态性

植物是有生命的个体，每一种植物对其生态环境都有特定的要求。如果植物种类不能与种植环境和生态条件相适应，就不能存活或生长不良，更不能达到预期的景观效果。植物在种植的过程中已对当地环境有了高度的适应性，这样种植才能发挥其所具有的生态效益，同时它们也是体现当地特色的主要景观材料。近年来由于气候变化、环境污染等原因，住区建设对生态环境的重视度不断提高。在这种背景下，园林界提出了园林生态学理论，研究园林景观和城市绿化影响范围内的人类生活、资源利用和环境质量三者之间的关系及调节的途径，并提出了园林生态设计的原则。

绿地景观是住区环境设计的重要组成部分，是以植物材料来营造具有视觉美感的景观，而且有美感的绿地配置必须要符合植物的生态要求。在对生态效益和环境影响的考虑日益增加的情况下，尤其需要把生态学相关原则和发挥生态效益的思想融入住区绿地设计中。由于近年来，城市生态环境恶化，热岛效应严重，而为了减缓这些严重问题，就必须注重普遍绿化和生态效益，除了合理规划外，最重要的手段就是要加强大面积和大范围内的绿化效应，从而提高整体环境质量，使其成为住区成为"城市绿肺"。

图 2-99　植物色彩对环境的调节

图 2-100　多样性的植物群落

遵循生态原则的绿地设计，首先要建设多层次、多结构、多功能、科学的植物群落，建立人、动物与植物相联系的良好秩序。绿地设计所构建的植物景观除了要有观赏性、艺术性，能美化环境，还要通过植物的光合作用及蒸腾作用，来达到吸收和吸附漂浮物及有害物质、调节小气候的功效，同时利用植物的枝叶减弱噪声，防风降尘。最重要的是，它必须是具有合理的生态结构配置，能满足各种植物的生态要求，从而形成合理的季相变化、空间结构和营养结构，达到与周围环境组成和谐统一体的目的。因此，要求在运用生态学原理和技术的基础上，借鉴当地植物群落种类组成、结构特点和演替规律，科学而艺术地进行植物种植。具体而言，就是要做到乔灌草结合，高中低的层次搭配，利用植物不同的生态习性，在立面上形成丰富的层次，从而在单位面积上有效地提高"绿量"，增加叶面积系数，从而增强改善环境的作用。另外，复层混交结构的群落，不仅能在视觉上形成丰富的变化，还能提供不同生物的生态位，从而可以形成植物、动物以及人类关系上的和谐。

此外，还应该重视复层混交群落结构的生物多样性，尤其是植物种类的多样性，要充分考虑到物种的生态学特性，合理选配植物，避免种间竞争，从而形成结构合理、功能健全、种群稳定的复层结构，以利于物种间互补，形成具有自生能力、自我维护，能抵抗干扰的生态环境（图 2-100）。

### 2.4.4.4 主题性

主题性在住区绿地设计中同样是重要的基本性设计要点之一，是植物造景的思想体现，是气、神之所在。因为，不同类型的住区绿地都应具有各自的主题，它在保持和塑造场所文脉和特色方面具有重要作用。

图 2-101　私家庭院前的绿地

图 2-102　景亭周围的绿地景观

从大的主题分类上看，绿地景观设计的主题内容可以不拘一格，总体来说，可以从自然生态、历史文脉、娱乐休闲等方面提炼主题。比如以文化为主题，应该体现一定的文化内涵，最典型的是扬州古典园林中的个园，就是以竹为主题，其名字"个园"的"个"字也是来源自竹叶的形态，并且园内竹林茂密幽深，使其在众多园林中别具一格；有的是以自然生态为主题，如森林化住区，可以让人们感受在森林中享受清新的绿色，呼吸洁净的空气和林中负离子，从而达到疗养保健的目的；再如有一定历史感的住区设计，就要考虑所在地的历史文脉，重视景观资源的发掘和利用，以自然生态条件和乡土植被为基础，将民俗风情、传统文化、宗教、历史元素等融合在绿地设计中，通过植物配置的途径传达历史传统。

从小的空间类型上看，无论是公共绿地、道路绿地、专用绿地、建筑附属绿地，还是远离外部环境的宅间绿地、宅间绿地、私家庭院等也都应该具有明显的主题性（图 2-101）。根据这些环境的空间类型，绿地景观的主题往往要服从全局，并起到画龙点睛的作用，或是成为联系各个景点设计的纽带，提升住区整体形象不可或缺的关键因素。

总之，绿地景观具有明显的主题特征，可以产生可识别性和特色性。另外，住区绿地设计还要考虑场地的大小、周边环境、居民的年龄层次等因素（图 2-102），通过植物的合理搭配，既形成合理、稳定、长久的植物群落，又为居民提供四季各异的美丽景观，从而满足现代人日益增长的精神需求，并改善住区环境和小气候。

## 本章小结

本章主要从宏观层面介绍住区环境的组织内容，分别对住区中体量较大、地位突出、功能较多的几大块内容进行讲解，分别包括入口、道路、场所、绿地等的环境设计。本章要求学生了解每部分概念与功能，掌握其具体包含类型及分级等，熟悉不同设计内容的设计要点，能够在实际设计当中使住区环境设计更加科学化、人性化和系统化，为居民打造更具特色的居住环境。

## 思考题

（1）住区环境设计包括哪些组织内容？简述其各自概念及功能特征？

（2）住区入口的主要类型及基本特征？入口环境设计应该注意哪些设计要点？

（3）住区道路根据相关规范分为哪几个等级？具体包括哪些主要类型及基本特征？

（4）住区场所的主要类型及基本特征？场所环境设计应该注意哪些设计要点？

（5）住区绿地的主要类型及基本特征？绿地环境设计应该注意哪些设计要点？

**推荐阅读**

（1）《居住区景观设计》. 张群成 . 北京大学出版社，2012.

（2）《居住区景观设计》. 徐进 . 武汉理工大学出版社，2013.

（3）《城市居住区规划资料集第 7 分册城市居住区规划》. 中国建筑工业出版社，2005.

（4）《城市居住区规划设计规范图解》. 陈有川 . 机械工业出版社，2010.

（5）《居住区景观设计》. 苏晓毅 . 中国建筑工业出版社，2010.

（6）《居住区景观规划设计》. 汪辉，吕康芝 . 江苏科学技术出版社，2014.

（7）《住区规划 . 中国城市规划学会主编》. 中国建筑工业出版社，2003.

（8）城市居住区规划设计规范 https://baike.so.com/doc/14331–14829.html

（9）景观中国网 http://www.landscape.cn

（10）筑龙论坛·园林景观·居住区案例 http://bbs.zhulong.com/101020_group_201861

# 3 住区环境构成元素设计

**[本章提要]**

本章对住区内的园路与铺装、台阶与坡道、水景、石景、景观建筑、构筑物、植物、照明、配套设施进行详细阐述，它们是构成环境实体的物质要素，彼此间相辅相成，共同形成和谐的住区环境。具体内容包括：车行道和人行道铺装设计，台阶和坡道的功能、规范和做法，水景的类型和功能，石景的材料种类及特点，各种景观建筑的类型特征及设计要点，构筑物类型及设计要点，植物配置原则及方式，照明的设计原则及要点，各种配套设施的分类及设计要点等。通过本章学习，有助于掌握对住区各类环境要素进行具体规划和设计的方法。

住区环境设计元素按功能性质的不同可划分为9大类：园路与铺装、台阶与坡道、水景、石景、景观建筑、构筑物、植物、照明及配套设施。本章将根据这9类元素来分析、探讨住区环境设计的详细特征、基本原则及注意要点。

## 3.1 铺 装

住区地面铺装主要是为人们日常散步、游览和交通等活动提供平整、舒适、便于清洁和美观的地面，它是住区室外环境的重要衬景之一。

### 3.1.1 铺装的分类

按照铺装的使用场所可分为车行道铺装和人行道铺装两大类。

#### 3.1.1.1 车行道铺装设计

（1）一般车道

住区内的车行道路多采用沥青路面或混凝土路面，或与其他材料（如石材、地砖等）灵活组合，产生更多的路面铺装效果。沥青是由不同分子量的碳氢化合物及其非金属衍生物组成的黑褐色复杂混合物，是高黏度有机液体的一种，呈液态，表面呈黑色，可溶于二硫化碳。沥青是一种防水防潮和防腐的有机胶凝材料，常用于交通量大且多重型车辆通行的道路（表3-1）。

表3-1 混凝土与沥青优缺点比较

| 铺装类型 | 优 点 | 缺 点 |
|---|---|---|
| 混凝土 | 铺筑容易 | 铺筑不当会分解 |
| | 可做成曲线形式 | 需要有接缝 |
| | 有多种表面、颜色、质地 | 有的颜色不美观，难持久 |
| | 表面坚硬，无弹性，耐久 | 有的类型受防冻盐腐蚀 |
| | 热量吸收低 | 浅色反射并引起眩光 |
| | 维护成本低 | 张力强度相对低而易碎 |

续表

| 铺装类型 | 优 点 | 缺 点 |
| --- | --- | --- |
| 沥青 | 耐久，表面不吸水、不吸尘<br>可做成曲线形式<br>可做成通气性的<br>弹性随混合比例而变化<br>热辐射低，光反射弱<br>维护成本低 | 边缘如无支撑易磨损<br>热天会软化<br>汽油、煤油等石油溶剂可将其溶解<br><br>水渗透到底层易受冻胀损害 |

混凝土是目前最主要的土木工程材料之一。它是由胶凝材料、颗粒状集料（也称为骨料）、水以及必要时加入的外加剂与掺和料按一定比例配制，经均匀搅拌，密实成型，养护硬化而成的一种人工材料。混凝土被认为是在技术上比沥青更优质的车行道铺装材料，其表面成型的自由度十分高，可以做成各种图案。随着私家车的增多，住区为了营造合适的行车环境，可采用此类铺装。

（2）停车带

为了与一般的行车道区别开来，在停车带路面铺装材质上要有所改变，以方便人员上下车、货物装卸等活动。除了目前常用的植草砖外，可以选择材质较粗糙的铺装，在视觉和功能上降低车行速度，使停车带的铺装成为车行道与步行道之间的视觉缓冲（图3-1）。

图3-1 停车带的设置

### 3.1.1.2 人行道路的铺装设计

（1）交通性人行道

指住区内以步行交通为主的道路。这类道路的铺地多选用柔性路面和生态路面，也可以采用混凝土组合块材、地砖或石材等铺砌而成。在设计中要尽可能保证平整、舒适、耐磨、耐压、便于清扫和美观的地面，地面图案也可成为景观的组成部分（图3-2）。

图3-2 交通性人行道

（2）休闲性人行道

是指以漫步、游憩、赏景等休闲性需求为主要功能的游步道。这类铺地宜设计精美，在色彩、质感、纹样上变化丰富，多用碎石、瓦片、卵石、木板等材料拼砌而成（图3-3）。设计时在满足功能性的同时要兼顾艺术性和趣味性，但应避免运用过多的装饰材料而使区域内显得凌乱。

图3-3 休闲性人行道

图3-4 混凝土铺装步行道

图3-5 休闲广场的块料铺装

按铺装材料的不同可以分为整体铺装、块料铺装
和其他材料铺装：

①整体铺装：主要包括混凝土、沥青等，多用于
住区中心广场、停车场及主次道路（图3-4）。

②块料铺装：花岗石、各类预制石板、地砖、透
水砖等，主要用于人流较多的休闲广场、步行道及部
分次要道路（图3-5）。

③其他柔性材料铺装：砾石、卵石、瓦片、木板、
砂土、合成树脂及人工草皮等，可用于散步道、儿童
及老人活动区或是公共活动部分需要加以装饰美观的
地方（图3-6）。

图3-6 在儿童活动区使用的柔性材料（林墨飞设计/中国/2014）

在进行铺装设计时应结合场地的气候、功能、主
要使用人群以及周边软、硬质景观综合考虑，在材料的选择、铺装形式等方面需要相互协调。

### 3.1.2 铺装面层材料与做法

住区铺装所使用的面层材料与做法有很多，以下只是对一些常见的类型加以介绍（表3-2）。

### 3.1.2.1 铺装面层材料

（1）水泥混凝土路面

是指以水泥混凝土板作为面层，下设基层、垫层所组成的路面
结构，一般为现浇方式，形成整体路面。由于该路面是刚性路面，
因此每铺设一定距离，需要设置伸缩缝。水泥路面的面层处理有抹平、
拉毛等多种方式（图3-7）。水泥路面较坚固，整体性好，耐压强度高，
造价相对较低，在住区中多用于主干道。除了普通水泥路面外，在
园林中采用彩色水泥进行路面铺设也逐渐流行起来。在面层处理上，
近年来还出现了在初凝阶段的混凝土表面均匀撒布材料，用专业的
图形模具压模成形的彩色水泥压花路面，取得了较好的铺装效果。

（2）沥青路面

一般用60~100mm厚的泥结碎石层做基层，以30~50mm厚的沥
青做面层。根据沥青骨粒粒径的大小，有细粒式、中粒式和粗粒式
沥青混凝土可供选用。这种路面属于黑色路面，平整度好，耐压、
耐磨，手工和养护管理简单。除了普通沥青路面外，园林景观中还

图3-7 水泥混凝土路面设置伸缩缝

表 3-2 路面分类及适用场地

| 序号 | 道路分类 | 路面主要特点 | 适用场地 | | | | | | | | |
|---|---|---|---|---|---|---|---|---|---|---|---|
| | | | 车道 | 人行道 | 停车道 | 广场 | 园路 | 游乐场 | 露台 | 屋顶广场 | 体育场 |
| 1 | 沥青 | 不透水沥青路面 | √ | √ | √ | | | | | | |
| | | 透水性沥青路面 | | √ | √ | | | | | | |
| | | 彩色沥青路面 | | √ | | √ | | | | | |
| 2 | 混凝土 | 混凝土路面 | √ | √ | √ | √ | | | | | |
| | | 水磨石路面 | | √ | | √ | √ | √ | | | |
| | | 模压路面 | | √ | | √ | √ | | | | |
| | | 混凝土预制砌抉路面 | | √ | √ | √ | √ | | | | |
| | | 水刷石路面 | | √ | | √ | √ | | | | |
| 3 | 花砖 | 釉面砖路面 | | √ | | | | √ | | | |
| | | 陶瓷砖路面 | | √ | | | √ | √ | √ | | |
| | | 透水花砖路面 | | √ | √ | | | | | | |
| | | 黏土砖路面 | | √ | | | √ | √ | | | |

沥青（序号1）路面主要特点：热辐射低，光度射弱，全年使用耐久，维护成本低；表面不吸水，不吸尘。遇溶解剂可溶解；弹性随混合比例而变化，遇热变软

混凝土路面：坚硬，无弹性，铺装容易，耐久，全年使用，维护成本低

水磨石路面：表面光滑，可配成多种色彩，有一定硬度，可组成图案装饰。

模压路面：易成形，铺装时间短；分坚硬、柔软两种，面层纹理色泽可变；两种面层纹理色泽可变

混凝土预制砌抉路面：有防滑性；步行舒适，施工简单，修整容易，价格低廉，色彩式样丰富

水刷石路面：表面砾石均匀露明，有防滑性，观赏性强，砾石粒径可变；不易清扫

釉面砖路面：表面光滑，铺装成本较高，色彩鲜明；捶击易碎，不适应寒冷气候

陶瓷砖路面：有防滑性，有一定的透水性，成本适中；撞击易碎，吸尘，不易清扫

透水花砖路面：表面有微孔，形状多祥，相互咬合，反光较弱

黏土砖路面：价格低廉，施工简单；分平砌和竖砌，接缝多渗水；平整度差，不易清扫

| 序号 | 道路分类 | | 路面主要特点 | 适用场地 | | | | | | | | |
|---|---|---|---|---|---|---|---|---|---|---|---|---|
| | | | | 车道 | 人行道 | 停车道 | 广场 | 园路 | 游乐场 | 露台 | 屋顶广场 | 体育场 |
| 4 | 天然石材 | 石抉路面 | 坚硬密实，耐久，抗风化强，承重大；加工成本高，易受化学腐蚀，粗表面，不易清扫；光表面，防滑差 | | √ | | √ | √ | | | | |
| | | 碎石、卵石路面 | 在道路基底上用水泥粘铺，由防滑性能，观赏性强；成本较高，不易清扫 | | | | √ | | | | | |
| | | 砂石路面 | 砂石级配合，碾压成路面，价格低，易维修，无光反射，质感自然，透水性强 | | | | | √ | | | | |
| 5 | 砂土 | 砂土路面 | 用天然砂或级配砂铺成软性路面，价格低，无光反射，透水性强。需常湿润 | | | | | √ | | | | |
| | | 黏土路面 | 用混合黏土或三七灰土铺成，有透水性，价格低，无光反射，易维修 | | | | | √ | | | | |
| 6 | 木 | 木地板路面 | 有一定弹性，步行舒适，防滑，透水性强；成本较高，不耐腐蚀。应选耐潮湿木料 | | | | | √ | √ | | | |
| | | 木砖路面 | 步行舒适，防滑，不易起翘。成本较高，需做防腐处理；应选耐潮湿木料 | | | | | √ | | √ | | |
| | | 木屑路面 | 质地松软，透水性强，取材方便，价格低廉，表面铺树皮具有装饰性 | | | | | √ | | | | |
| 7 | 合成树脂 | 人工草皮路面 | 无尘土，排水良好，行走舒适，成本适中；负荷较轻，维护费用高 | | | | √ | √ | | | | |
| | | 弹性橡胶路面 | 具有良好的弹性，排水良好；成本较高，易受损坏，清洗费时 | | | | | | | √ | √ | √ |
| | | 合成树脂路面 | 行走舒适、安静，排水良好；分弹性和硬性，适于轻载；需要定期修补 | | | | | | | | √ | √ |

图3-8　以不同色彩划分功能的沥青路面（林墨飞设计／中国／2014）

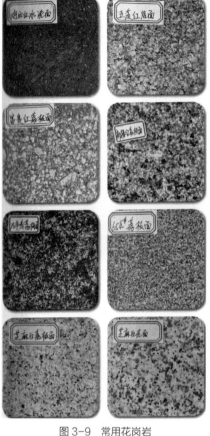

图3-9　常用花岗岩

图3-10　花岗岩的常见面层处理方式

经常采用彩色沥青作为路面铺设（图3-8）。彩色沥青具有色彩鲜明、化学性质稳定等特性。目前具有红、绿、黄等几大色系，并可根据客户的要求进行色彩设计。

（3）石板铺装地面

住区景观中常见的用于地面铺装的板材有花岗岩（图3-9）、板岩、页岩、砂岩等。板材的大小有600mm×600mm、600mm×300mm、300mm×300mm、400mm×400mm、400mm×200mm、300mm×150mm 等 不同的规格。厚度根据荷载不同也有不同规格，一般人行时，厚度 20~30mm 即可；车行时，厚度要达 40~60mm。花岗岩的常见面层处理方式如下（图3-10）。

①磨光面（抛光面）：是指表面平整，用树脂磨料等在表面形成抛光，使之具有镜面光泽的板材。

②亚光面：是指表面平整，用树脂磨料等在表面进行较少的磨光处理，有一定光度，不产生光污染。

③火烧面：用乙炔、氧气或丙烷、石油液化气等为燃料产生的高温火焰对石材表面加工而形成的粗饰面。火烧面的原理在于高温会烧掉石材表面的一些熔点低的杂质或成分，从而形成粗糙的饰面。要烧成火烧面的石材至少要有 20mm 的厚度，以防止石材破裂。

④荔枝面：用形如荔枝皮的锤在石材表面敲击，表面上形成很多小洞，形成如荔枝皮的粗糙表面。

⑤菠萝面：表面与荔枝面比更加凹凸不平，如菠萝表皮一般。

⑥蘑菇面：在石材表面用凿子和锤子敲击形成如起伏山形的板材。这种加工法需要石材至少 30mm 厚，大量运用于围墙、挡土墙等处。

⑦自然面：用锤子将一块石材从中间自然分裂开来，形成的表面效果与自然劈相似，极为粗犷。

⑧斧剁面：也叫龙眼面，用斧剁敲在石材表面，形成非常密集的条状纹理，像龙眼皮一样。

⑨机切面：用圆盘锯、砂锯或桥切机等设备切割石材，表面较粗糙，带有明显的机切纹路。

⑩拉沟面：也叫拉丝面，即在石材表面拉开一定深度和宽度的沟槽。

图 3-11　青砖地面

图 3-12　广场砖地面
（资料来源：《景观黑皮书》）

图 3-13　盲道砖地面

图 3-14　植草砖

图 3-15　荷兰砖

图 3-16　烧结砖

（4）砖铺地面

常见的砖铺类型如下。

① 青砖（图 3-11）：青砖是黏土烧制的，主要规格有 60mm×240mm×10mm、75mm×300mm×120mm、100mm×400mm×120mm、240mm×115mm×53mm、400mm×400mm×50mm 等。青砖铺装的效果较为素雅、沉稳、古朴、宁静，多用于中式园林风格。

② 广场砖：广场砖属于耐磨砖的一种，主要用于广场、行道等大范围的地方。其砖体色彩简单，砖面体积小，有麻面、釉面等形式，具有防滑、耐磨、修补方便的特点（图 3-12）。广场砖主要规格有 100mm×100mm、108mm×108mm 等尺寸。主要颜色有白色、黄色、灰色、浅蓝色、紫砂红、紫砂棕、紫砂黑、黑色、红棕色等。广场砖还配套有盲道砖（图 3-13）和止步砖，一般为黄色、灰色等。

③ 植草砖（图 3-14）：用于专门铺设在车行道及停车场、具有植草孔、能够绿化路面及地面工程的砖和空心砌块等。其表面可以是有面层（料）的或无面层（料）的，有黄、绿等颜色。按其孔形分为方孔、圆孔或其他孔形植草砖。

④ 荷兰砖（图 3-15）：又称面包砖，透水性好，具有防滑、耐磨、修补方便的特点，目前在园林中广泛使用。面包砖可分为红色、黄色、黑色、酱色、蓝色、橙色等。较常见的规格有 200mm×100mm×60mm、150mm×150mm×60mm、230mm×230mm×60mm、200mm×100mm×80mm 等。

⑤ 烧结砖（图 3-16）：是利用陶土研制而成，由黏土煤矸石或粉煤灰构成主要材料，烧制成实心或孔隙率不大于 25%，且外形尺寸符合规定的砖，包括陶土砖、仿古地砖、黏土砖、岩土砖等。烧结砖因为独有的快干功能，使其防滑功能优异；并且美观耐用，抗风化能力强，具有耐候性，能够反抗恶劣环境和腐蚀性物质的腐蚀。常见规格有 230mm×115mm×50mm 等。

⑥ 混凝土砖（图 3-17）：园林中用于铺装的混凝土砖有长方形、方形、多边形等，颜色有红色、黄色、绿色、白色、米色等，一般为亚光面并且有图案，也有的混凝土砖表面没有图案，常见规格有 200mm×100mm×45mm、100mm×100mm×60mm、200mm×200mm×60mm、300mm×300mm×60mm。

图 3-17 混凝土砖

图 3-18 小料石

图 3-19 卵石路

图 3-20 水洗石子

图 3-21 防腐木

图 3-22 塑胶地面

（5）其他铺装

① 小料石（图 3-18）：是车道、广场、人行道等常用的路面铺装材料。由于所用的石料呈正方体的骰子状，因此又被称作方头弹石路面。铺筑材料一般采用灰色花岗岩系列，路面的断面结构可根据使用地点、路基状况而定。

② 卵石（图 3-19）：是住区环境中常用的一种路面面层材料。具体做法是在混凝土层上摊铺 20mm 以上厚度的砂浆，然后平整嵌砌卵石，最后用刷子将水泥砂浆整平。卵石嵌砌路面主要用于园路。路面的铺筑厚度主要视卵石的粒径大小而异，其断面结构也会因使用场所、路基等不同而有所不同，但混凝土层的标准厚度一般为100mm。

③ 水洗石子（图 3-20）：浇筑预制混凝土后，待其固定到一定程度（24~48h）后，用刷子将表面刷光，再用水冲洗，直至砾石均匀露出。这是一种利用小砾石配色和混凝土光滑特性的路面铺装，除园路外，还一般多用于人工溪流、水池的底部铺装。利用不同粒径和品种的砾石，可铺成多种水洗石路面。该种路面的断面结构视使用场所、基地条件而异，一般混凝土层厚度为 100mm。

④ 防腐木（图 3-21）：是将木材经过特殊防腐处理后，具有防腐烂、防白蚁、防真菌的功效，专门用于户外环境的露天木地板，并且可以直接用于与水体、土壤接触的环境中，是木平台、木栈道及防腐木廊亭的首选材料。

⑤ 塑木：即木塑复合材料，将塑料和木质粉料按一定比例混合后经热挤压成型的板材。它既保持了实木地板的亲和性感觉，又具有良好的防潮耐水、耐酸碱、抑真菌、抗静电、防虫蛀等性能。塑木表面硬度高，一般是木材的 2~5 倍。

⑥ 塑胶地面（图 3-22）：以各种颜料橡胶颗粒或 EPDM 颗粒为面层，黑色橡胶颗粒为底层，使用黏着剂经过高温硫化热压所制成，具有高度吸震力及止滑效果，能减少从高处坠下而造成的伤害，为成人或小孩在运动时提供保护并使其感觉舒适。

## 3.1.2.2 铺装做法

上述常见铺装的典型做法如下（表 3-3）。

表 3-3　常见铺装做法

| 铺装名称 | 人行道路 | 车行道路 |
|---|---|---|
| 混凝土路面 | ① 60mm 厚 C20 混凝土路面，振捣密实，随捣随抹，分格长度不超过 6m，沥青砂嵌缝<br>② 150mm 厚碎石或砖石，灌 M2.5 水泥砂浆<br>③ 素土夯实 | ① 120~220mm 厚 C25 混凝土面层 (分块捣制，振捣密实，随打随抹平，每块路面长不大于 6m，沥青砂砂子或沥青处理松木条嵌缝)<br>② 20mm 厚卵石或碎石，灌 M2.5 水泥砂浆<br>③ 路基碾压密实 >98%（环刀取样） |
| 沥青路面 | — | ① 50mm 厚沥青混凝土面层压实<br>② 60mm 厚碎石，碾压密实<br>③ 200mm 厚碎石或碎砖，灌 M2.5 水泥砂浆。<br>④ 路基碾压密实 >98%（环刀取样 |
| 石板路面 | ① 20~30mm 厚石板，水泥砂浆勾缝<br>② 30mm 厚 1:3 水泥砂浆结合层<br>③ 100mm 厚 C15 混凝土垫层<br>④ 100mm 厚碎石或碎砖，灌 M2.5 水泥砂浆<br>⑤ 素土夯实 | ① 50mm 厚石板，水泥砂浆勾缝<br>② 30mm 厚 1:3 水泥砂浆结合层<br>③ 120~220mm 厚 C25 混凝土<br>④ 200mm 厚卵石或碎石，灌 M2.5 水泥砂浆<br>⑤ 路基碾压密实 >98%（环刀取样） |
| 广场砖路面 | ① 8~10mm 厚广场砖，干水泥勾缝<br>② 撒素水泥面（洒适量清水）<br>③ 20mm 厚 1:2 干硬性水泥砂浆黏结层<br>④ 刷素水泥砂浆一道<br>⑤ 100mm 厚 C15 混凝土垫层<br>⑥ 100mm 厚碎石或碎砖，灌 M2.5 水泥砂浆<br>⑦ 素土夯实 | ① 8~10mm 厚广场砖，干水泥勾缝<br>② 撒素水泥面（洒适量清水）<br>③ 20mm 厚 1:2 干硬性水泥砂浆黏结层<br>④ 刷素水泥砂浆一道<br>⑤ 120~220mm 厚 C25 混凝土垫层<br>⑥ 200mm 厚碎石或碎砖，灌 M2.5 水泥砂浆<br>⑦ 路基碾压密实 >9806（环刀取样） |
| 青砖路面<br>荷兰砖路面<br>烧结砖路面<br>混凝土砖路面 | ① 路面材料<br>② 30mm 厚 1:3 水泥砂浆<br>③ 100mm 厚 C15 混凝土<br>④ 100mm 厚卵石或碎石，灌 M2.5 水泥砂浆<br>⑤ 素土夯实 | ① 路面材料<br>② 30mm 厚 1:3 水泥砂浆<br>③ 120~220mm 厚 C25 混凝土<br>④ 200mm 厚卵石或碎石，灌 M2.5 水泥砂浆<br>⑤ 路基碾压密实 >98%（环刀取样） |
| 小料石路面 | ① 50mm 厚 100×100 石材<br>② 30mm 厚 1:3 水泥砂浆<br>③ 100mm 厚 C15 混凝土层<br>④ 100mm 厚碎石垫层<br>⑤ 素土夯实 | ① 50mm 厚 100×100 石材<br>② 30mm 厚 1:3 水泥砂浆<br>③ 120~220mm 厚 C25 混凝土<br>④ 200mm 厚卵石墩碎石，灌 M25 水泥砂浆<br>⑤ 路基碾压密实 >98%（环刀取样） |
| 卵石路面 | ① 60mm 厚 C20 细石混凝土嵌砌卵石面层<br>② 20mm 厚粗砂垫层<br>③ 150mm 厚碎石或碎砖，灌 M2.5 混合砂浆<br>④ 素土夯实 | — |
| 水洗石路面 | ① 10mm 厚 1:2 水泥石子粉面，水刷露出石子面<br>② 素水泥浆结合层一道<br>③ 20mm 厚 1:3 水泥砂浆找平层<br>④ 80mm 厚 C15 混凝土<br>⑤ 150mm 厚卵石或碎石，灌 M2.5 水泥砂浆<br>⑥ 素土夯实 | — |
| 防腐木路面<br>塑木路面 | ① 20mm 厚 120 宽防腐木或塑木，缝宽 10mm<br>② 50×50 防腐木龙骨，中距 600mm<br>③ 100mm 厚 C15 混凝土<br>④ 100m 厚碎石或碎砖垫层<br>⑤ 素土夯实 | — |
| 塑胶路面 | ① 塑胶地面。<br>② 30mm 厚细沥青混凝土（最大骨粒粒径 15mm）<br>③ 40mm 厚粗沥青混凝土（最大骨粒粒径 15mm）<br>④ 150mm 厚天然砂石压实（大块骨粒占 60%）<br>⑤ 素土夯实 | — |

续表

| 铺装名称 | 人行道路 | 车行道路 |
|---|---|---|
| 植草砖地面 | — | ① 60mm 厚植草砖<br>② 30m 厚中砂层<br>③ 150mm 厚 C15 素混凝土<br>④ 200mm 厚碎石垫层<br>⑤ 素土夯实 |

### 3.1.3 铺装的设计要点

#### 3.1.3.1 实用性设计

（1）为人流集散、休闲娱乐等活动提供场地

铺装的主要功能就是它的实用性，以道路、广场、活动空间的形式为居民提供一个停留和游憩空间，往往结合园林其他要素如植物、园林小品、水体等构成立体的外部空间环境。因此，在铺装设计中要根据场地的不同功能类型进行设计。例如，人行与车行铺装应有不同的铺装基层与面层处理（图3-23），儿童、健身场地活动空间可以选择有弹性、安全的塑胶地面，用于轮滑等活动的铺装面层要相对平整等。

图3-23 混凝土铺装施工现场

（2）划分空间

铺装通过材料或样式的变化体现空间界线，在人的心理上产生不同暗示，达到空间分隔及功能变化的效果。两个不同功能的活动空间往往采用不同的铺装材料，即使使用同一种材料，也采用不同的铺装样式（图3-24）。例如，休憩区与道路采用不同的铺装，则给人以从一个空间进入另一个空间之感，起到空间的过渡作用。

（3）交通引导

铺装材料可以提供方向性，当地面被铺成带状或某种线形时，它便能指明前进的方向。铺装材料可以通过引导视线将行人或车辆吸引到其"轨道"上，以指明如何从一个目标移向另一个目标。

此外，住区铺装宜营造相对统一的室外环境，对分组团的住区铺装则可按各组团特色在材质和色彩上分别进行设计，以增强组团的可识别性。根据不同的用地条件，可通过点、线、面等平面构成要素进行设计。如点状的铺装可产生静止感，暗示一个静态停留空间

图3-24 铺装材料对不同路径的划分

的存在；而带状的铺装则会通过线条引导人流前进的方向；面状的铺装可渲染空间的整体氛围。

#### 3.1.3.2 安全性设计

室外场地铺装应注意防滑，主要从铺装面层工艺入手。室外场地铺装不适于大面积使用光滑材质，比如面层抛光的石材。光滑材质可运用于花池、树池等收边的位置，铺设宽度不应超过30cm。其次，在危险及容易发生事故的地段，铺装应予以提示。比如，台阶向下的第一级踏步应用铺装的质感或颜色予以提示，尤其是在台阶的

图 3-25 碎木屑铺装的儿童活动场地

图 3-26 马赛克拼贴的入户门地面

图 3-27 活泼的铺装色彩

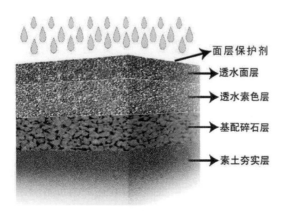

图 3-28 渗水混凝土路面

面层保护剂
透水面层
透水素色层
基配碎石层
素土夯实层

级数较少、踢面高度较低的情况下。不设护栏的滨水场地临水处也应以铺装的形式给人以提示。儿童和老年人的活动场地应考虑较为亲切松软的铺装如木屑、沙土及合成树脂、人工草皮等，以保证安全性（图 3-25）。

### 3.1.3.3 艺术性设计

在住区设计中，漂亮的铺装图案是不可忽略的重要组成部分，它对环境营造的整体形象有着极为重要的作用。在铺装细节设计上，要注意铺装伸缩缝、排水口、雨污和电力各种井盖等的美化处理。另外，良好的铺装对空间往往能起到烘托、补充或诠释主题的添彩作用，这类铺装使用文字、图形、特殊符号等来传达空间主题，增强艺术性（图 3-26）。

铺装材料的色彩也是影响铺装的重要因素。暖色调的铺装使整体景观显得热烈而富有活力，冷色调则优雅而宁静，灰暗调较为沉稳严肃。由于铺装是住区环境的底层背景，因此在色彩选择上以中性色为基调较好，以少量偏暖或偏冷的色调作装饰或点缀，力求做到沉稳而不沉闷，鲜明而不俗气。不同的功能空间应区别对待，如儿童场所可用色彩欢快的铺装，阳光较少的地方也适宜采用明亮的铺装色彩（图 3-27）。

不同质感铺装材料的组合和对比会使铺地显得生动活泼，尤其是自然材料与人工材料的搭配使用，易在变化中求得统一，达到景观效果的整体性。铺装块材的尺寸也应结合场地的大小来进行设计。一般来说，大尺度的场地宜采用大尺寸的铺装块材和图案来彰显大气，小尺度空间则应采用较小尺寸的块材和图案以体现宁静温馨的氛围。此外，铺装接缝处的精细处理也会获得很好的视觉效果。

### 3.1.3.4 生态性设计

铺装的生态性设计越来越受到人们的重视。生态性设计表现在很多方面，比如，在铺装用材的选择上应该尽可能就地取材以减少在运输过程中的碳排放，用材选择上还应尽可能地符合 3R 原则（减量化、再利用、再循环 3 种原则的简称），铺装结构层的处理应尽可能地考虑渗水以减少雨水进入市政排水系统等。

地面铺装的材料和色彩一定程度上影响着居住区的小气候，如温度、辐射强度、空气湿度等，因此设计时应考虑到材料的特性，选用光反射及光污染较小的材质。同时宜尽量选用当地的环保和透水性或渗水性优良的材料（图 3-28），体现景观的生态性，可在铺装材料之间适当留缝，缝间铺沙或嵌草，在满足生态性的同时增加艺术感染力。

# 3.2 台阶与坡道

平坦的地面让步行舒缓而又方便，但是地形的变化以及人们对空间丰富层次的要求，使得高差变化成为住区环境设计中难以回避的问题。因此，台阶和坡道成为了处理高差问题的最主要手段。两者具有功能的丰富性，因为除了简单的行走，人们还可以驻足休息或者观赏周围的景色，其多样性设计手法，有助于提升住区空间环境品质(图3-29)。

图 3-29　住区山体公园的台阶设计（林墨飞设计 / 中国 /2016）

## 3.2.1 台阶

### 3.2.1.1 台阶的功能

（1）解决竖向高差

台阶是用来连接不同标高基面的环境元素，人们凭借自身的力量所能达到的高度是有限的，于是最原始的初衷便是利用台阶来实现这一目的。在住区环境中，台阶最基本的作用就是实现了垂直方向的位移，连接两个有高差的空间。台阶踏面与踢板的交替变换，带来地面在水平和竖向上的位移变化，经过台阶的过渡，地面被逐级抬升到另一个高度，这种地表的竖向高差变化是台阶应用的必然结果。在住区环境中，无论是为了解决空间中固有的高差问题，还是为构建一些特殊功能性的场地，或是设计者为丰富竖向景观效果，台阶都可作为一种环境要素解决高差问题（图3-30）。

台阶对于竖向位移的联系除了主要体现在对路径的控制，其导向性既受到自身形式的控制，又应该与空间整体的竖向设计相结合。台阶自身形式的变化主要影响其内部的路径走向，需要结合具体的场地竖向条件，选择合适的台阶类型。而从空间整体的竖向流线考虑，台阶的位置朝向是其内部路径与大环境结合的关键，这与住区空间中容易产生的自发活动对交通便捷性的要求是分不开的，所以台阶的位置朝向应该与交通节点相结合，并与主要人流来向相一致。

（2）视觉引导功能

台阶在作为连接和过渡各环境要素的同时，它还具有强烈的引导作用。人们伴随台阶的运动，不仅仅是垂直方向的，同时还有前后方向的运动关系，具有较强的方向感。台阶在户外空间中具有吸引人们前行的作用，这是一种最自然的吸引，巧妙地利用景观性的引导，对人内在的潜意识进行指引。

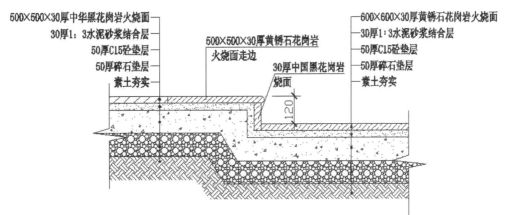

图 3-30　景观台阶剖面图（单位：mm）（林墨飞设计 / 中国 /2016）

图 3-31　台阶的视觉引导功能

图 3-32　级数较少的台阶梯段的组合

图 3-33　坡道式台阶（Rand 设计 / 中国 /2015）

图 3-34　架设栏杆的景观台阶

而在一些相对复杂的空间环境中，台阶的引导作用也会脱颖而出。在住区环境设计中，通常对于一些重要节点，为了让它的空间地位更加凸显，因此就需要对人们的观赏路线和视线进行一定的引导，而台阶在这种引导活动中的应用就显得游刃有余。台阶具有强烈的引导性和运动性，它对于人们从视觉的外部感受和心理的内部感受，都产生非常强烈的导向作用。而台阶的这种导向由于它本身更为自然、巧妙，往往在住区空间的处理中起到不经意的引导效果。人们能够很轻松地跟随这种自然的导向，从一个空间依次走向另一个空间，从一种体验走向另一种体验（图 3-31）。

（3）形成空间节奏感

踏面与踢板、台阶与休息平台的交替变换，构成台阶空间的步行节奏，这些台阶要素以不同的方式进行组合形成多样的节奏感。当台阶级数较多时，台阶一般会呈现出规律性节奏变化。规律性节奏既包括踏面与踢板的交替规律，也包括台阶与休息平台的交替规律，规律性变化能够帮助使用者轻松地了解和适应台阶的变化节奏，是安全性和舒适性的保证。在住区台阶设计中，常见的节奏类型有四种：多级台阶的梯段组合、级数较少的台阶梯段的组合（图 3-32）、台阶与坡道的结合及坡道式台阶（图 3-33）等。四种节奏的组合类型在解决同样高差的过渡时，其水平距离存在明显差异。多级台阶的梯段组合所利用的水平距离最小，形成最陡的坡度，适合高差变化较急剧的地形场地；级数较少的台阶与休息平台的组合，则形成较为缓和的节奏感，其中把休息平台处理成坡道形式，节奏感又有所变化，而且可以通过变换坡道长度形成多样的节奏；坡道式的台阶所利用的水平距离明显较大，适合于坡度较小的地形场地。在地形坡度更小的情况下，也可以直接采用坡道的形式。

### 3.2.1.2 台阶的设计要点

（1）人性化要求

台阶的踏步高度（h）和宽度（b）是决定台阶舒适性的主要参数，两者的关系如下：$2h+b=(60\pm6)$ cm 为宜，一般踏步的高度一般在 100~150mm 左右，踏步宽度在 300~400mm 左右，步数根据上下的高差确定，低于 10cm

的高差，不宜设置台阶，可以考虑做成坡道。当景观型台阶的高度超过 1 m 时，必须设有栏杆（图 3-34）。

台阶长度超过 3m 或须改变攀登方向的地方，为了安全起见，应在中间设置休息平台，平台宽度应大于 1.2m。台阶坡度一般控制在 1/7~1/4 范围内，踏面应作防滑处理，并保持 1% 的排水坡度。台阶的数目不宜少于 3 步，在色彩和材质上不可杂乱，以免台阶不易被行人发觉而造成安全隐患（图 3-35）。过水台阶和跌水台阶的阶高可依据水流效果确定，同时还要考虑人进入时的防滑处理。台阶边缘可采用相近或不同材料进行收边处理，使其与周边环境形成微差或对比，体现出设计的精细程度。

在台阶和建筑出入口之间，往往会设置一个缓冲平台，作为室内外台阶的空间过渡（图 3-36）。平台的深度一般不应小于 1000mm，平台需要做 3% 左右的排水坡度，以利于雨水的排除，如考虑无障碍设计坡道时，出入口平台的深度不应小于 1500mm。落差大的台阶，为避免降雨时雨水自台阶上瀑布般跌落而影响通行，应在台阶两端设置排水沟。

（2）视觉性要求

台阶是住区景观的组成部分，有特色、有个性的台阶设计能够更好地展现住区迷人的魅力，可以通过精心选择台阶的铺装颜色和材质，采用独具匠心的创意，利用新技术、新工艺、新艺术手法，来营造极富个性魅力的特色空间。

首先，台阶材质尤为重要，不仅能够组织交通和引导游览，还能为人们提供各种不同的功能场所，营造出优美的地面景观，给人美的享受，增加艺术效果。台阶材质可大致分为硬质材质和软质材质。硬质材质主要是指砖、瓦、混凝土、鹅卵石和石材等材料的铺装。它的耐磨度很高，相应的硬度也很高。在人流量密集和道路结合的地方，大多使用这种材质。石材台阶做法一般有整石台阶（图 3-37）及石材贴面台阶两种。软质材质的台阶是利用植物或是木质材料作为材料，这种方式能使整个空间变得生机勃勃。木材的触感好、美观、安全，会凸显自然、朴实、生态的特性，给人一种宜人的感觉，将它结合硬质材用在台阶设计中已越来越受到青睐。植物的应用也在很多台阶空间中出现，可让人们在通行中感受到自然的味道，感受到四季的气息，为整个空间增添活力；同时这也是垂直种植的一种方式，利用台阶的高差来创造更多的绿色空间，与周边的绿色空间结合，从而起到改善小气候，创造有机健康的生活环境。

图 3-35 台阶数不宜少于 3 步（Roche+Roche 设计 / 美国 /2014）

图 3-37 整石台阶

图 3-36 缓冲平台的空间过渡功能
（Roche+Roche 设计 / 美国 /2014）

其次，台阶也可以结合周边环境，如道路的尽端、植物或墙体等共同设计，形成视觉焦点，为行人提供目标引导并产生一定的视觉吸引。台阶还可结合水景营造亲水性景观设施，满足人们亲水近水的要求（图3-38）。台阶材质和形式宜与相连的挡墙、道路、平台或建筑物等相协调，尽可能追求自然、生动的效果，同时兼顾景观的生态性。

另外，基于视觉性的要求，还可以通过在台阶上作画的方式增加住区的艺术氛围。设计中应当根据住区的客观条件，例如住区文化、主题特征及景观组成等因素综合考虑台阶绘画中图案、色彩、尺度等环节，达到为住区环境丰富视觉效果的目的。

图 3-38　亲水性台阶设计（ASPECT Studios 设计 / 美国 /2015）

### 3.2.2 坡道

坡道是住区交通和景观系统中重要的设计元素之一，直接影响到使用和感官效果，它与台阶一起构成住区户外垂直交通的手段。

#### 3.2.2.1 坡道的功能

坡道作为一种垂直交通，与台阶分担着不同的角色。台阶是一种高度模数化的，受到严格的规范限制的交通方式，但是坡道的设置可以更加灵活。坡道的坡度一般较为平缓，行走省力，而且坡面平整，便于人与货物的通行。平缓的坡度方便老年人、儿童的行走，也便于轮椅、自行车、滑板车等的通行。坡道将一系列空间连接成一整体，其不中断的特性弥补了台阶的不足，尤其是对老年人和残疾人而言非常便捷。坡道的这一功能使住区环境的交通组织更加舒适与方便（图3-39、表3-4）。

图 3-39　住区坡道

表 3-4　道路及绿地最大坡度

| | 道路及绿地 | 最大坡度 |
|---|---|---|
| 道路 | 普通道路 | 17%（1/16） |
| | 自行车专用道 | 5% |
| | 轮椅专用道 | 8.5%（1/12） |
| | 轮椅园路 | 4% |
| | 路面排水 | 1%~2% |
| | 草皮坡道 | 45% |
| 绿地 | 中高木绿化种植 | 30% |
| | 草坪修剪机作业 | 15% |

此外，坡道在住区环境中与台阶一样，起到不同高程之间的连接作用和引导视线、组织游览路线的作用，通过连接不同的住区景观序列，将人引入不同的平台，或者用坡道来明确景观的动态流线，可在一定程度上丰富空

间的层次感。它可以作为景观序列的指引，指示人正处在某一轴线或者流线上，进而可以得出序列高潮部分就要到达的暗示；同时它也可以是一个序列之间的衔接和过渡，使场景之间的切换更加流畅而自然。因此，坡道作为一种空间过渡媒介与竖向交通手段，也是连接各个功能区，强化空间轴线与功能流线的重要手段。其本身所特有的构成形式，所具有的结构美感及韵律感，其线条的排列与转折，能够在住区环境中形成一道特殊的风景线，产生较好的空间视觉效果（表3-5）。

表3-5 坡度的视觉感受与适用场所

| 坡度 | 视觉感受 | 适用场所 | 可选择材料 |
|---|---|---|---|
| 1% | 平坡，行走方便，排水困难 | 渗水路面、局部活动场地 | 地砖、料石 |
| 2%~3% | 微坡，较平坦，活动方便 | 室外场地、车道、草皮路、绿化种植区、园路 | 混凝土、沥青 |
| 5%~8.5% | 缓坡，方便推车活动 | 残疾人坡道、台阶 | 地砖、砌块（均应防滑） |
| 4%~10% | 缓坡，导向性强 | 草坪广场、自行车道 | 种植砖、砌块 |
| 10%~25% | 陡坡，坡型明显 | 坡面草皮 | 种植砖、砌块 |

可见，坡道是联系各个环境空间的一种纽带，无论是横向或者是竖向的空间，无论是空间的串联或者是并联，都充当着一种联系与纽带的重要作用，其最终目的都是住区环境的协调性与整体功能的发挥。因此，坡道设计应遵循建筑整体功能分区与环境效果的思路而进行设计。

### 3.2.2.2 坡道的设计要点

①园路、人行道的坡道宽一般为1.2m，考虑到轮椅的通行，可设定为1.5m，有轮椅交错的地方其宽度应大于1.8m。因使用空间会出现一些与轮椅相似的交通工具如三轮车、辅助电动车等，采用1/20~1/16的坡度比较合适，既安全又方便（图3-40）。当坡度超过一定限度，局部应设置台阶以适应人体的舒适度。

②坡道的位置和布局应结合台阶进行设置，尽可能设在主要活动路线上，以方便行人顺利到达目的地。不同的坡度与高差对坡道的形态与功能影响比较大，坡道可根据地面高差程度设计成直线形、L形或U形（图3-52）。如果在不定型的自然坡地中，坡道的坡度与长度往往自由而灵活，可以成规则或不规则的几何形态。

③无障碍设计要求：在无障碍设计中，坡道是必不可少的元素，坡道的形态与坡度有着严格的限定，栏杆高度与扶手长度等，也都有明确规定，因而对坡道造型的影响也比较大（图3-41）。住区重要的建筑物、单元出入口、观景平台等处均须设置供残疾人通行的坡道，以方便残疾

图3-40 新加坡某住区坡道

图3-41 无障碍设计中的坡道设置

图3-42 坡道景观的铺装设计（AECOM设计/美国/2015）

人通行。

④材料要求：坡道的铺装材料应结合场地的特性及周边环境加以选择。另外，还需考虑防滑，可通过增加纹理质感、贴置防滑条等保障行人在雨雪天气中的行走方便和安全。可在坡道和园路收边处用不同色彩或质感的铺装材料进行衔接，达到改善视觉感官的效果（图3-42）。

# 3.3 水 景

当代都市人具有强烈的"傍水而居、亲近自然"的水岸生活愿望，同时水也是生态环境中最具动感、最活跃的因素。住区水景是河流、池塘、湖泊等城市水系与住区相邻和相接的部分，以及住区内的人工水景如景观湖（图3-56）、瀑布、溪流、喷泉、游泳池等。

## 3.3.1 水景的类型

根据水体的形态特性，可以将住区水景划分为静水景观和动水景观两大类，静水景观给人以宁静、安详、柔和的感受；动水景观给人以激动、兴奋、欢愉的感受。

### 3.3.1.1 静态水景

所谓静态水景就是水的运动变化比较平缓，一般表现为水平面比较平缓，没有大的高差变化。静水有着优美的倒影效果，容易令人产生诗意，有轻盈、幻象的视觉感受。常见的静态水景包括以下几类。

（1）倒影池

倒影池又称镜池，光与水的互相作用是水景景观的精华所在，倒影池就是利用光影在水面形成的倒影，扩大视觉空间、丰富景物的空间层次的水景方式。

倒影池的装饰性是其主要功能，一般做得精致有趣。倒影池多呈规则几何形，也可以根据需要设计成自然式，岸线较平滑，如将其设置于花草树木、小品岩石等物体前，可以利用这些物体的倒影产生视觉美感，无论水池大小都能产生特殊的借景效果（图3-43）。倒影池的设计首先要尽可能选择避风之处以保证池水一直处于平静状态，其次是池底要采用深色铺装材料铺装，如深色花岗岩、面砖、马赛克等，以增强水的镜面效果。

规则式倒影池的设置地点一般位于建筑物的前方或广场的中心，可以作为地面景观的重要组成，并能成为景观视线轴上的重要节点。自然式倒影池也是模仿自然环境中湖泊的造景手法，水体强调水际线的自然变化，有一种天然野趣的意味。自然式倒影池以草坡或石块收边，能使不同的环境区域产生统一连续感，发挥静水的纽带组景作用。

（2）生态水池

生态水池是适于水下动植物生长，又能美化环境、调节小气候、供人观赏的水景，它是模仿天然水景的自然之美而构建的稳定、协调、益人的水生态系统。住区里的生态水池一般以饲养观赏鱼和种植水生植物为主，如鱼

图3-43 住区景观湖（林墨飞设计／中国／2016）

图3-44 光与水的互相作用（Sham设计／泰国／2015）

草、芦苇、荷花、莲花等，营造动物和植物互生互养的生态环境，具有野趣之美。生态水池注重生态功能的体现，易于形成生物多样性实现水环境的生态平衡，能最大限度地让居民感悟自然、融入自然。

生态水池适合于地下水位较低、土层保水能力差的住区。水池的池岸设计应尽量蜿蜒（图3-44），水池的深度应根据饲养鱼的种类、数量和水草在水下生存的深度而定，一般在0.3~1.5m。为了防止陆上动物的侵扰，池边与水面需保证有0.15m左右的高差。不足0.3m的浅水池，池底可作艺术处理，如铺设鹅卵石、马赛克等，以显示水的清澈透明。若水池较深，在池底隔水层上应覆盖0.3~0.5m厚的土以种植水草。

（3）涉水池

住区涉水池可分为直接涉水与间接涉水两种。

直接涉水池（图3-45）主要用于儿童嬉水，其深度不超过0.3m，池底必须进行防滑处理，池底需注意清洁，防止苔藓植物的生成以致摔滑。间接涉水主要用于跨越水面，应设置安全可靠的踏步平台和踏步石（汀步），面积不小于0.4m×0.4m，形状可是方形、圆形等，并满足连续跨越的要求。

（4）泳　池

露天游泳池是居民锻炼身体、休闲娱乐以及邻里交往的重要场所，尤其在热带、亚热带地区的住区环境中，泳池已成为人们户外活动和交流重要的、不可或缺的场所（图3-46）。

多数住区的泳池都包括成人池和儿童池两部分，为不同年龄段的住区居民提供服务。成人池水深可以设计出不同深度的变化，并应在相应区域池边标明水深，儿童池深度应符合设计规范并标明水深。儿童池与成人池之间应适当分隔或保持一定的安全距离，具有各自独立的活动空间。儿童泳池深度以0.6~0.9m为宜，成人泳池以1.2~2m为宜。儿童泳池与成人泳池也可统一考虑设计，一般将儿童池放在较高位置，水呈阶梯式或斜坡式流入成人泳池，既保证安全又可丰富泳池的造型。

图3-45　直接涉水池（荷于景观设计/中国）

图3-46　露天游泳池设计（林墨飞设计/中国/2014）

图3-47　泳池周围环境设计（SITE设计/泰国/2017）

泳池的造型多以弧形为主，避免出现尖角、锐角和不圆滑的角度。所以泳池的创造设计与安全性是同等重要，一般住区泳池面积小，造型多变，不易用于正规比赛，池边尽可能采用优美的曲线，一是为了安全性，二是为了增强水景的韵律。

由于泳池的主要功能是娱乐、健身，并且池底铺装因其占据了大部分泳池面积并且包括池壁范围而会成为泳池的视觉主体，因此水池壁面、池底材料的质感应该较有特色，使其具有美化功能。例如，池底色彩宜以蓝色基调为主，加之采用马赛克、瓷片等材料铺贴五彩缤纷的图案。尤其在高层住宅区中，其鸟瞰效果和泳池边缘的线型共同构成了丰富的高空视觉感染力。泳池周围多种植灌木和乔木，并提供休息和遮阳设施，有条件的住区可设计更衣室和供就餐的区域（图3-47）。

图3-48 住区人工湖设计（林墨飞设计/中国/2016）

图3-49 平滑曲线的湖岸（CCS喜喜仕设计/中国/2017）

图3-50 软质驳岸与硬质驳岸相结合的湖岸
（阿特森景观设计/中国/2017）

图3-51 具有生态修复功能的人工湖
（Urban Initiatives设计/澳大利亚/2017）

若是人工海滩浅水池则主要是让人领略日光浴的愉悦（图3-67）。池底基层上多铺白色细砂，坡度由浅至深，一般为0.2~0.6m，驳岸需做缓坡，水池附近应设计冲沙池。

（5）人工湖

由人工开挖的湖泊，通过自然江河湖、地下水、自来水等引水，而形成的水体，其水形、水深均由设计者根据住区具体情况做针对性设计。人工湖往往面积较大，属于面状水体，常作为全区的构图中心（图3-48）。人工湖的宽阔水面可以净化环境、调节小气候，生态效应显著。

人工湖的形状一般是不规则和有多种变异的形状。水面面积可大可小，但要尽量避免狭长形状。水面的形状宜大致与所在地块的形状保持一致，设计的水面要尽量减少对称、整齐的因素，注意水面的"收、放、广、狭、曲、直"的变化，进而达到"虽由人作，宛自天开"的景观效果。在塑造水体时，较为可行的轮廓应是平滑的曲线，这样可以反应水的波动（图3-49）。为更有效地利用周围的陆地，人工湖首先沿直线挖掘，然后利用曲线和转角的处理，使水体圆滑流畅。沿湖岸任意一点都不应看到全部水面，以增加观赏者的空间想象。

人工湖岸线视线宜开阔，多曲折婉转，视线开阔，突出构图与形式美，平静的水面倒映出周围植物、景致、建筑物的轮廓，加强画面的层次感。而在私密或半私密的空间，水岸倾向于采用自然型，利用石、原木等材料来构筑岸线，并以植物的配置来控制视线的通达。人工湖在岸线的设计上，宜采用软质驳岸与硬质驳岸相结合的设计方法，再加以植物的多样配置，使整个水体空间更加丰富多样（图3-50）。

对于人工湖水源的选择，首选天然江河湖水，这样可有效降低用水成本，且简单易行，适合需水量较大的人工湖。当人工湖附近没有天然江河湖水，或者附近的天然江河湖水质严重污染时，应选择抽取地下水作为人工湖水源。当人工湖远离天然江河湖，且地下水资源不足或者污染严重时，应当选择自来水作为人工湖水源。自来水水质相较于前两者，水质最佳，成本最高，适合作为小型人工湖水源。然而长期使用自来水补给更新水源，耗水量大，费用较高，对于住区管理成本投入和目前水资源严重缺乏的国情来说，显然是行不通的。因此，很多住区在人工湖的设计中，优先采用雨水收集系统、绿化用水回收系统和城市中水系统等多种方式，并结合利用水生动

图 3-52 人工湖面上的喷泉（林墨飞设计 / 中国 /2016）

图 3-53 住区庭院中心的喷泉

图 3-54 花形喷泉水流

图 3-55 旱地喷泉

植物的生态修复功能来达到水体的自净，解决水质更新问题（图 3-51）。

### 3.3.1.2 动态水景

动水指流动的水，它与静水相比具有活力，令人兴奋、欢快和激动，如小溪的涓涓流水、喷泉散溅的水花、瀑布的轰鸣等。动态水景使水体具有丰富多彩的形态，以增加住区环境的生机，有益于身心健康并能满足视觉艺术的需要（图 3-52）。

（1）喷 泉

喷泉是通过动力泵驱动水流，从下而上喷涌而出的一种水景形态，根据喷射的速度、方向、水花来造出不同形态。喷泉既是一种水景艺术，体现了动静结合，形成明朗活泼的气氛，给人以美的享受（图 3-53）；同时，喷泉还可以增加空气中的负离子含量，起到净化空气、增加空气湿度、降低环境温度等作用，因此深受人们的喜爱。

喷头是完成喷泉艺术造型的主要工作部件，它的作用是把具有一定压力的水，经过造型的喷头喷射在水面上空，形成绚丽的水花。各种不同的喷头组合配置，更能创造出千姿百态的水景景观，令人兴奋、激动，

图 3-56 涌泉

图 3-57 组合喷泉（林墨飞设计 / 中国 /2016）

产生奇妙的艺术效果。喷泉喷头的种类很多，按照结构形式不同，可分为直射、旋转、水膜、吸力、雾化等多种类型；按照所喷水流的花形可分为蒲公英、喇叭花、牵牛花、蘑菇、冰塔、开屏以及喷雾喷头等多种类型（图3-54）。

随着光、电、声及自动控制装置在喷泉上的应用，音乐喷泉、间歇喷泉、激光喷泉等形成的出现，更加丰富了喷泉的内容，更加丰富了人们在视觉、听觉上的双重感受。常见的喷泉类型有旱喷、涌泉、壁泉、池喷等（图3-55~图3-57、表3-6）。

### 表3-6 喷泉景观的具体分类和适用场所

| 名　称 | 主要特征 | 适用场所 |
| --- | --- | --- |
| 壁　泉 | 由墙壁、石壁和玻璃板上喷出，顺流而下形成水帘和多股水流 | 广场、住区入口、景观墙、挡土墙、庭院 |
| 涌　泉 | 水由下向上涌出，呈水柱状，高度0.6~0.8m，可独立设置也可组成图案 | 广场、住区入口、庭院、假山、水池 |
| 间歇泉 | 模拟自然界的地质现象，每隔一定时间喷出水柱和汽柱 | 溪流、小径、泳池边、假山 |
| 旱地喷泉 | 将喷泉管道和喷头下沉到地面以下，喷水时水流回落到广场硬质铺装上，沿地面坡度排出。平常可作为休闲广场 | 住区入口、广场 |
| 跳　泉 | 射流非常光滑稳定，可以准确落到受水孔中，在计算机控制下，生成可变化长度和跳跃时间的水流 | 庭院、园路边、休闲场所 |
| 跳泉喷泉 | 射流呈光滑的水球，水球大小和间歇时间可控制 | 庭院、园路边、休闲场所 |
| 雾化喷泉 | 由多组微孔喷管组成，水流通过微孔喷出，看似雾状，多呈柱形和球形 | 庭院、广场、休闲场所 |
| 喷水盆 | 外观呈盆状，下有支柱，可多分级，出水系统简单，多为独立设置 | 园路边、庭院、休闲场所 |
| 小品喷泉 | 从雕塑小品（罐、盆、动物）的口中吐水，形象生动有趣 | 广场、群雕、庭院 |
| 组合喷泉 | 具有一定规模，喷水形式多样，有层次，有气势，喷射高度高 | 广场、住区入口 |

#### （2）人工瀑布

瀑布是自然界中常见的水景形式，水体从一个高度近乎垂直地降落到另一个高度，除了水体坠落时产生的自由和连贯带给人们的视觉享受外，还有水声所带来的听觉和心灵的享受。而在住区环境内，利用地形高差和置石组成的小型水景就形成了人工瀑布（图3-58），给人带来视觉和听觉的享受，大型的人工瀑布让人感到气势磅礴，而小型人工瀑布让人感到亲切自然。

住区水景设计中的人工瀑布虽不如大自然的瀑布那样壮丽而有气势，但正因为其小，才使其更具有平易近人的亲和感和活泼轻盈的柔美效果。落水水面变化丰富，通过改变水面高度、水流或下部掩体的摆放角度等可得到不同的视听效果，落水坠落时产生的水声、水花都给人以美的享受。人工瀑布可以结合景石或植物进行精心布置，形成的自然景象更加逼真（图3-59）。

图3-58　人工瀑布（哈普林设计/美国/1960）

图3-59　瀑布结合景石和植物布置
（大连理工大学设计院设计/中国/2019）

人工瀑布一般由背景、水源、落水口、瀑身、承水潭和溪流六部分组成。瀑身是景观的主体，落水到承水潭后接溪流而出。瀑布按其跌落形式可分为很多种，较为常用的有滑落式、阶梯式、幕布式、丝带式。滑落式瀑布，为单幅瀑面，瀑身跌落角度较缓，给人以幽静清新的感觉；阶梯式瀑布，分为多级跌落，每级高差均等或不同，通过高差跌落带给人们以美妙的视听享受；幕布式瀑布则成单幅瀑面跌落，瀑面较宽，跌落高差较大，给人以恢宏大气之感；丝带式瀑布一般不形成完整瀑面，而是由多幅涓涓细流组成，时断时续，带来一丝恬静的氛围。

人工瀑布因其水量不同，会产生不同的视觉和听觉效果，因此，落水口的水流量和落水高差的控制成为设计的关键参数，住区内的人工瀑布落差以 1m 左右为宜。堰顶为保证水流均匀，应有一定的水深和水面宽度，一般宽度不小于 500mm，深度在 350~600mm 为宜，下部潭宽至少为瀑布高度的 2/3，且不小于 1m，以防止水花溅出。

（3）跌 水

跌水可理解为多级跌落瀑布，是利用人工构筑物的高差使水流由高处向低处跌落而下形成的落水景观，跌水是利用规则的形体为载体来塑造水景。跌水是连续落水组景的方法，因而跌水选址是坡面较陡、易被冲刷或精致需要的地方。由于其逐级跌落的方式，不仅有视觉的引导感，还能营造较强的韵律感，相对于瀑布而言，跌水的落差、水量和流速均不大，具有较广泛的适应性，也具亲和力（图 3-60）。

跌水形式多种多样，主要包括直落式、滑落式和叠落式 3 种，不同形式的选择与其建筑、墙体紧密相关，要相结合来建，利用建筑、墙体的高差形成跌水，也有利于建在顺坡地的水池的高差来形成跌水。

①叠落式跌水——叠水：当水体沿着台阶形的水道滑落而下，水体呈现有节奏的级级跌落的形态，叠水是柔化地形高差的手法之一，将整段地形高差分为多段落差，从而使每段落差都不会太大，给人亲切平和的感觉。台阶形的水道依地势而建，一般会占据较大的空间，能加强水景的纵深感，增强导向性。利用花岗岩形成的宽大的两个独立相互错开的阶形平面，跌水通过两个阶形平面的过渡流入水池，上下阶形设计的独特固定了水流流式，采用了流线型，整体不失一种亲切感。

图 3-60　参与式跌水设计
（哈普林设计 / 美国 /1960）

②直落式跌水——水帘、水幕（图 3-61）：水从平直的水口落下，在下落过程中水体悬空之下，呈平滑、透明的帘幕状，故称其为水帘或水幕。一般而言，水帘常指水体轻薄，如纱帘般效果的直落式跌水，水体透明感强，有些跌水未练成薄片，而是由密集的串珠状水滴组成。水幕的水体比较厚重，如瀑布般效果的直落式跌水，水体透明感稍弱。如果既想要观看水体，又想观看水体背后的景观，则用水帘比用水幕效果要好，水帘将内外空间分开，但又使两者隐约可见，虚虚实实，更富情趣。

③滑落式跌水——水幕墙、壁流（图 3-62）：水体沿着墙体等的表面滑落而下，称为水幕墙或壁流，这种

图 3-61　水帘设计（Studio Outside 设计 / 美国 /2016）

图 3-62　滑落式跌水（纬图设计 / 中国 /2017）

形式的跌水因墙体的倾斜度和光滑度不同而呈现出不同的效果。水幕墙最大的特点就是用水柔滑墙体生硬的表面，墙体因而变得更为亲切，自然，并且充满活力，让人产生一种与之亲近的愿望。凹凸不平的、断层结构的墙面，水流沿着墙面的断层缓缓流入地面的水池中，跌水经过的地方，水流湿润过描绘出的形状，使墙壁不再单调和，整体呈现出一种自然和谐的景象。

（4）溪　流

溪流是自然界河流的艺术再现，是一种连续的带状动态水景。溪流面阔，水流柔和随意，轻松愉快；溪流面窄，则水流湍急，动感活泼。溪流设计讲求师法自然，尽可能追求蜿蜒曲折和缓陡交错，溪流的形态应根据环境条件、水量、流速、水深、水面宽和所用材料进行合理的设计。设计中可通过水面宽窄对比，形成不同景观和意境的交替，形成忽开忽合、时放时收的节奏变化。

图 3-63　住区溪流

住区溪流（图 3-63）坡度的大小，要根据地形和排水条件来决定，相对而言，平缓的水流维护成本低于急促的水流，其动力设备要求较少，偶尔也会有缓有急，溪流宽度有窄有宽，使其形态更接近自然。溪流的形态与所处的周边环境，水流流速、水体水量大小、水体深度、水面宽度及河道所用的贴面石材有关，住区内人造溪流一般宽度保持在 1~2m，水体深度为 30~50cm 左右比较合理，设计坡度在 3% 左右，河床有急有缓，总体来说，以缓为主溪流在设计中常用汀步、小桥、滩地和景石加以点缀（图 3-64），溪水中的散点石能够创造不同的水流形态，从而形成不同的水姿、水色和水声。溪流水岸宜采用散石和块石，并与水生或湿地植物的配置相结合，减少人工造景的痕迹（图 3-65）。

图 3-64　以小桥作为溪流点缀

住区内的溪流设计不应只有观赏的功能，更多的是设计为涉水式或者亲水式，亲水或涉水水体则需要重点考虑安全。这个安全需要与水体底部材质和水体深度相关，一般住区内的溪流水深控制在 30cm 以内，以防儿童溺水，同时对于涉水池，池底不能用光滑石材，需要对其进行防滑处理，处理的方式可以用卵石、砾石、非光面石材铺底（图 3-66）。超过 0.4m 水深时，应在溪流边采取防护措施，如石栏、木栏、矮墙、植物等。同时，对于儿童嬉水和可以游泳的溪流，须对水质进行处理，防止儿童误饮。

图 3-65　溪流水岸设计
（BROADHURST + ASSOCIATES 设计 / 美国 /2016）

图 3-66　溪流的池底材料

（5）雨水花园

相比以上传统型水景，雨水花园是近年来新兴的水景类型。它是自然形成的或人工挖掘的浅凹绿地，被用于汇聚并吸收来自屋顶或地面的雨水，通过将雨水滞留下渗来补充地下水并降低暴雨地表径流的洪峰，还可通过吸附、降解、离子交换和挥发等过程减少污染，是一种生态可持续的雨洪控制的水景。雨水花园通过对雨水的吸收，控制雨洪、净化水质，降低雨水对泥土的冲刷，减少雨水中的污染物，进而减少对自然水体和自然环境的破坏的作用。

图 3-67 生态滞留池（阿普贝斯设计 / 中国 /2017）

① 雨水花园能够大量地除去雨水中携带的杂质悬浮颗粒，有机物和重金属离子、病原体等有害物质。雨水花园运用生态滞留池结合生态降解技术可以有效地降解污染物、吸收营养物质从而减少流入自然水体的污染物，达到改善水质的目的（图 3-67）。

② 雨水花园可以降低地表径流的流速，减少雨水对土壤的冲刷、侵蚀，加快生态环境的恢复和复原（图3-68）。地表径流速度过快会将大量的地表污染物带入附近的水体，进而造成对土壤的侵蚀、破坏土壤环境。

③ 由于雨水花园大量种植了本土植物，可以创造出适合本土生物生存的环境，吸引当地的野生生物，使整个雨水花园成为一个小的生物群落，对于丰富住区生物的多样性有积极的意义。

图 3-68 雨水净化系统（阿普贝斯设计 / 中国 /2017）

④ 由于植物的根系可以加快雨水的下渗，植物的蒸腾作用可以改善局部气候。并且凹地可以增加雨水在地表的停留时间使更多的雨水下渗可以更好地涵养地下水位。

⑤ 雨水花园中大量绿色植物进行光合作用，可以蓄养地下水位、过滤雨水中的杂质，以及对温度、辐射和空气都会产生调节能力，从而改善城市微环境的生态效应。

## 3.3.2 水景的功能

### 3.3.2.1 生态功能

住区水景的生态功能主要体现在两个方面。

（1）微气候的调节

采取一定的水景设计手段调整小区域范围内的温度和湿度，如扩大水体面积、增加水生植物；同时，水可以降尘沉淀，对地下水的渗透也能改善植物生长环境，起到保持水平衡的作用；还可使用绿色配置隔音屏障，调节太阳光照等。利用高低起伏的地势组织水系，创造条件，为住区内的有益的动植物提供良好的生活环境，形成一个鸟语花香、人与自然和谐生活的画面。

（2）调节生态系统

住区环境的生态系统需保持平衡，除了减少非自然力的干预，主要取决于自我调节能力的自然系统，人为调节只能作为辅助手段，例如通过建立生态自净

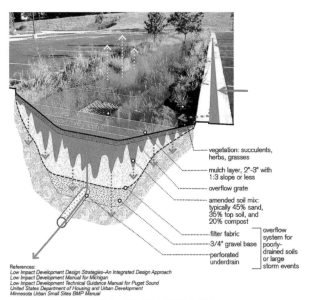

图 3-69 雨水花园示意图

湿地系统来净化水质并形成生态水池景观，它是实现水质净化功能的水生生物和植物生态系统，这样的生态水景系统可以同时与景观结合设计，并具有投资少、运行成本低的特点（图3-69）。

### 3.3.2.2 造景功能

住区水景的柔性化，使住区环境更加丰富、生动，起着画龙点睛的作用，这些都是水环境的客体，通过视觉传递给大脑，最终在人的内心深处引发"美"的共鸣。住区里优美的建筑线条、绿色的植物、艺术的小品、夜晚的灯光，在水的倒影下更具和谐美，水的"虚"，对应景物的"实"，使空间更加柔和自然。同时，水本身也具有很强的表现力，形态上可宽可窄不断变化，流水速度有缓有急形成悦耳动听的声音，声音的变化和景观的组合，易引起人们丰富的情感反应，使人们的视觉与心灵得到升华；并且承载着人们回归真实，回归自然的愿望（图3-70）。

### 3.3.2.3 空间组织功能

住区通常利用道路、建筑、绿化等方式来划分空间，这一方式使空间形态具有明晰的理性与秩序，但缺少变化与活力。而水景主要由点、线、面和混合型组成，水体可大可小、可长可短、可方可圆、可曲可折、亦静亦动的趣味性即可以活跃气氛，又打破了环境的单调感，使景观环境更丰富饱满。最重要的是，水体大多只是从平面上进行空间的限定，从而保证了视觉上的连续性与渗透性，可以连接引导空间的划分，在此基础上柔化人工构筑的生硬，从而有机的组织各个景观节点空间。空间布局中的水景具有以下几个作用。

（1）基底作用

大面积的水面如湖、池等水面舒展辽阔，不仅是住宅的中心和背景，更是住区环境的重点，也是聚集人气的地方，湖水虚幻的光影效果，岸边的建筑与树木等倒影映入水景中，形成一幅和谐的画面，更让住区景致构图（图3-71）。

（2）串联作用

其他景观通过与跌水、溪流连接为一个整体，与水接触的景点和空间，形成一个线性完整的系列，这种串联在住区内往往会成为景观主轴线（图3-72）。

（3）强调作用

住区内的水景如喷泉、跌水、瀑布等都是以生态的姿态和悦耳的水声吸引人们的注意。为了突显其点睛的作用，水景的位置和水景自身的表现形式至关重要，位置上通常设计在广场中心、道路交叉口、入口处，带动该景观小范围的人气，以此烘托整体氛围（图3-73）。

图3-70 欧式住区水景设计（林墨飞设计 / 中国 /2015）

图3-71 大面积水面起到景观基底的作用（林墨飞设计 / 中国 /2016）

图3-72 跌水与坡道串联起景观轴（林墨飞设计 / 中国 /2016）

图3-73 广场中心的水景设计（林墨飞设计 / 中国 /2016）

### 3.3.2.4 抗灾减灾功能

住区水景还可以防洪、防火、防震，起到减轻灾害的作用。遇到暴雨的时候，综合"渗、滞、蓄、净、用、排"等功能，将雨水疏导、蓄存，并从源头净化，然后再缓慢排放入市政系统中以减轻市政管网的负荷，这有助于调节流量、改善水质、减少雨洪对绿地的冲击，并促进城市生物多样性（图3-74）。

若住区发生火灾，水景里储存的水就能成为抢救火灾的紧急水源。发生地震时，住区水景可以不仅用于扑救地震引起的火灾，还作为临时饮用、洗漱用水等。在提倡节能减排、建设可持续发展的生态型城镇、建设节约型和谐社会等重大战略背景下，各种类型的住区水景具有广阔的应用前景。

图3-74 住区水景同时具有抗灾减灾功能（林墨飞设计 / 中国 /2016）

# 3.4 石 景

石景在我国具备深厚的文化底蕴，在当代住区环境设计中，用石头来创造景观意境，用石头来表达某种象征意义是常见的设计方式。石材独特的纹理、轮廓、造型、色彩、意蕴等都有着独特的美学意义。石景设计时，将这些因素与现代美学相结合，利用构图的原理来营造住区环境。

## 3.4.1 石景材料种类及特点

住区环境中常见的园林石材有两大类：一种是天然景石，一种是人工塑石。

### 3.4.1.1 天然景石

天然景石（图3-75）是不经机械加工或经过机械加工而得到的景石材料，它的应用历史几乎与园林发展的历史同步，从掇山、置石到园林建筑，从古代园林到现代园林，天然石材都是园林造景中的重要材料，较常见的有太湖石、黄石、石蛋、石笋、青石、黄蜡石等（图3-76）。住区环境中常用的天然景石大致分为如下几种。

（1）湖石

太湖石从广义上可分为南、北太湖石，古典园林中常见的太湖石主要是指南太湖石。南太湖石主要产于江浙交

图3-75 天然景石

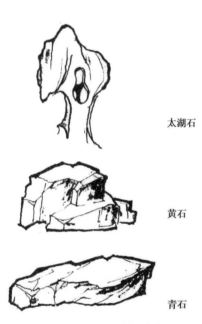

太湖石

黄石

青石

图3-76 天然石材示意图

界的太湖地区，以洞庭西山消夏湾为最好。石多处于水涯或山坡表层，自然造化而成。湖石线条浑圆流畅，洞穴透空灵巧，很适宜大型叠山及造山水景。因产于太湖，故称为太湖石。北太湖石是另一种北方园林常见用石，俗称土太湖，产自北京房山，其质也为石灰石，而外形酷似太湖石，故名。由于历朝历代的大量开采，天然的太湖石，尤其是南太湖石已所剩不多。因此，目前在园林石景中，只能用人工加工的太湖石或北太湖石代替，这使天然太湖石尤显珍贵。太湖石主要用作特置、堆山等。

（2）黄石

黄石是一种橙黄颜色的细砂岩，产地很多，以常熟虞山最为著名，苏州、常州、镇江等地皆有所产，该石形体棱角分明，肌理近乎垂直，雄浑沉实，与湖石相比，它平正大方，立体感强，块钝而棱锐，具有阳刚之气的特点。黄石主要用于堆山，有时也会以特置的形式出现。因为其独特的质感，有些黄石假山会与雕塑艺术相结合，形成住区环境中新型石景（图3-77）。

图3-77　用作驳岸材料的黄石

（3）卵石

卵石是暴露在地表的岩石，经风化或搬运作用而成为浑圆状，产于海边、江边或旧河床地。卵石形体圆润，质感细腻，色彩丰富多样。园林中的铺路或景墙装饰的卵石材料一般在5cm以下，而花坛、水池用作边饰的内径多在30~50cm。在庭院、道路、广场上铺设卵石，不仅美观、大方，还可以让行走在上面的人保持身体健康，刺激足底穴位（图3-78）。各种颜色的卵石还可作根据设计需要散置于树池、路边、水边或植物丛中，起到遮掩裸土的美观作用（图3-79）。

（4）青石

青石在北方园林中较为常见，产于北京西郊，色青灰，体型节理呈片状或极薄的层状结构。当以横向纹理使用时称青云片，常用于表现流云式假山；也多用于石板园路，流露出古朴自然之感（图3-80）；其也可以竖向纹理使用，如作剑石，假山工程中的青剑、慧剑等。其纹理不一定相互垂直，也有相互交织的斜纹。在住区环境中，青石常用作散置，表现群体美，或与雕塑艺术结合形成新型石景。

图3-78　卵石拼贴的人行道

（5）石笋

即外形修长如竹笋一类景石的总称，变质岩类。这类景石产地广，主要以沉积岩为主，多发现于土中或山洞内。石笋类型竖长如剑，有青灰、青绿、碳墨等不同的颜色，外形修长如出土之竹笋，形态奇特，具有独特的观赏价值，宜直立使用形成景石小景，如扬州"个园"的春山，高低不一的石笋散布在竹林当中，营造出浓浓春意。在住区环境中，石笋常做组团、庭院中独立小景特置或散置，而且常与植物共同组景，有时会用于制作景石盆景。

图3-79　遮掩树池裸土的美观作用

图3-80　青石板园路

（6）其他石品

其他石品有木化石、松皮石、石珊瑚、黄蜡石等。木化石古老质朴，常用于特置或对置。松皮石是一种暗土红的石质中杂有石灰岩的交织细片。石灰石部分经长期熔融或人工处理以后脱落成空块洞，外观像松树皮斑驳一般。

图 3-81 人工塑石瀑布

## 3.4.1.2 人工塑石

塑石作为一种新型的假山造景方式，弥补了传统堆山的不足，符合当前园林景观发展的需求。我国岭南的园林早有灰塑假山的工艺，后来又逐渐发展成为用水泥塑的置石和假山，成为假山工程的一种专门工艺（图3-81）。

近年人工塑石、塑山的手法得到了广泛的应用和发展，有钢筋混凝土塑山、砖石塑山、FRP塑山（石）、GRC假山、CFRC塑石。与天然石材假山相比，塑石假山具有以下特点：一是自重轻，施工灵活，受环境限制较小。二是可以在非产石地区布置营造景石景象，其适用地域广阔。三是所用砖、水泥、钢材等材料来源广泛，取用方便，可就地解决，无须采石、运石。四是便于塑造气势宏伟、富有力感的大型住区景观，特别是难以采运和堆叠的巨型奇石。五是塑石假山不单纯是艺术品，它能结合多方面的实用功能。大体量的塑石假山可以与一些功能性园林构筑物如洞府、廊亭、配电室、卫生间结合，充分利用内部空间。

然而，塑石所用的材料毕竟不是自然景石，无论是在神韵上还是在纹理上都不及石质假山。不论是塑造假山的整体轮廓造型，还是表现景石的细部纹理，都要靠设计者和施工者在技术和艺术上花费一些功夫。例如塑

图 3-82 塑石假山与植物、园亭结合的设计方案

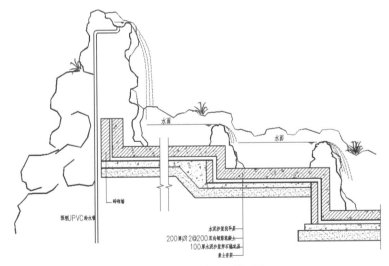

图 3-83 塑石跌水景观剖面图

石假山可以依靠松、竹等植物修饰，与周围环境实现融合（图3-82）；与跌水、瀑布、喷泉、水池等水景观结合（图3-83），这种处理方式可以很好地收到"做假成真"的效果，为假山增添了无限情趣，也再现了山水相映的魅力；还可用少量天然石材，在观赏距离较近处与塑石配合进行造型设计，既节省了石材，又减少了人工感。

## 3.4.2 石景的功能

石景继承了一些其在传统园林中的功能作用，同时，由于时代要求和人们审美取向的变化，石景在住区环境中还承担了许多新的功能，除了满足人们视觉上的观赏，还要满足人们休憩、活动、体验等其他感官要求（图3-119）。

### 3.4.2.1 人文功能

这一功能从某种程度上说是传统石景功能的延续。石具备深厚的文化内涵，我国人民对景石有着特殊的爱好，有"山令人古，水令人远，石令人静"的说法，给石赋予了拟人化的特征（图3-85）。在住区环境中，设计者往往会利用石景来寄托思想感情，创造意境，寓意人生哲理，使人们在环境中感受到积极向上的精神动力，具有积极的人文作用。此外，石景还常常结合诗词书画共同造景，体现浓厚的文化氛围。一方面，优质的石材本身就是一件件天然艺术品，他们或细腻或粗糙的质地，丰富多样的色彩，多姿多彩的形态都可以给人们带来新奇、愉悦的视觉享受。石材的纹理、轮廓、造型、色彩、意韵都成为

图3-84 石板与卵石结合的园路充满禅意

图3-85 石景表达的人文意蕴
（阿特森设计 / 中国 /2017）

石景设计时要考虑的因素，并结合美学中点、线、面的构图原理来营造现园林石景。另一方面，古典园林常用不加修饰的天然石材造景，而在住区环境中，设计师会根据原有的设计意图对天然石材稍微加工（图3-86）。自然石材经过人工雕琢，既能与住区风格统一，又不失天然趣味，因此住区石景之美有时是天然美与人工美的结合，甚至有时更倾向于半雕塑化。

### 3.4.2.2 造景功能

石景有时可以作为环境局部的主景乃至景观主题序列和构建地形骨架。例如苏州留园东花园的"冠云峰"

图3-86 泰山石切片的造景效果

图3-87 石景的坐凳功能（阿特森设计 / 中国 /2017）

图3-88 石景的"虚引"功能（水石设计 / 中国 /2017）

以及上海豫园玉华堂前的"玉玲珑",都是作为自然式园林中局部环境的主景,具有压倒群芳之势。周围的配景置石起陪衬主题的作用,并营造局部环境地形骨架,使主景突出,主配相得益彰。

有时又可作为配景点缀在环境中,用以突出主景建筑或植物等。园林家具,在当前以人为本、公众化的住区环境中是不可缺少的,石景有时在造景的同时兼具这一使用功能。很多住区园林中的纳凉休息器具就是散石组合而成的,如石屏风、石榻、石桌、石凳或掏空形成种植容器、蓄水器等,不仅有很高的实用价值,同时又可以与造景相结合。特别是在自然式住区景观中,具有天然趣味的石块很容易与周围环境取得协调(图3-87)。

石景在住区环境设计中还具有引导游览和标识性的功能。一种形式就是石刻、题咏或铭牌石(也叫指路石),即在景石上题字,告诉人们所在的区位,此为"实引";另一种形式就是"虚引",一处造型美丽或奇特的石景会吸引人们走向它,而它又联系着其他的景点或景区,从而达到引导游览的作用(图3-88)。

图 3-89　作为树池的景石
( Reed Hilderbrand 设计 / 美国 /2012 )

### 3.4.2.3 结构功能

在住区园林绿地中为了防止地表径流冲刷地面,或是支承路基填土或山坡土体、防止填土或土体变形失稳,常用大石块作"挡土石"和"挡水石",可以减缓水流冲力,防止水土流失。而石材面向居民的部分则被精心处理,再配以花木,形成生动有趣的住区景观。此外,景石有时又作为名木古树的保护措施或树池,景观与使用效果兼得(图3-89)。

## 3.4.3　石景的设计手法

### 3.4.3.1 孤赏式石景

选择具有较高观赏价值的石材作特置,成为某一园林空间的主景和视觉中心,主要欣赏石的个体美。孤赏石景的石材选择范围较广,如湖石、斧劈石、象皮石、菊花石等等,凡是具有一定的观赏价值并具备适宜体量的都可以作孤赏石,在造景上成为视觉中心,以统领整个园林空间(图3-90)。孤赏石常在园林中作入口的障景和对景,或置于视线集中的廊间、天井中间、漏窗后面、水边、路口或园路转折的地方。此外,还可与壁山、花台、草坪、广场、水池、花架、驳岸等结合来使用。

### 3.4.3.2 散点式石景

这种设计手法是用两块或两块以上的石块组景,散置于路旁、水边、林下、山麓、台阶边缘、建筑角隅等,配合其他园林要素造景,还可与特置景石结合造景(图3-91)。散置对石块单体的要求相对比特置低一些,但

图 3-90　孤赏式石景（林墨飞设计 / 中国 /2019 ）

图 3-91　散点式石景（水石设计 / 中国 /2017 ）

要组合得好，主要是欣赏石的群体美。在设计时，一方面要考虑石体本身的特点，另一方面要考虑石块之间的相互关系，还要考虑与其他园林要素的融合。

散置布置时要注意石组的平面形式与立面变化。在处理两块或三块石头的平面组合时，应注意石组连线不要平行或垂直于视线方向，三块以上的石组排列不能呈等腰、等边三角形和直线排列。立面组合要力求石块组合多样化，不要把石块放置在同一高度，组合成同一形态或并排堆放，要赋予石块自然特性的自由。

### 3.4.3.3 抽象山水石景

抽象山水石景是随着现代各种艺术流派的融合，综合技术与艺术的一种表现形式。设计者将其主观意识高度地形式化，概念化地对其进行抽象化，抽象山水石景不再具有客观对象的具体属性和细部，但同具象造型一样，表达了所反映的物象的内在气质及个性，既具备天然石材的质地、色彩，又具备抽象的形态。这是一种科综合凝练，是相对具象而深入人心灵深处的艺术表现。

抽象石景的创作，大多是出于与人工硬质环境的协调，同时又创造了别具一格、富有时代气息的山水景观。

### 3.4.3.4 与其他环境要素结合设计

（1）与植物结合设计

当植物与景石结合组织创造景观时，不管要表现的景观主体是石景还是植物，都需要根据石头本身的特征和周边的自然环境，精心选择植物的种类、形态、高低大小、质地以及不同植物之间的搭配形式，使景石和植物搭配达到最自然、最协调的景观效果。柔美丰盛的植物可以衬托景石的硬朗和气势，而景石之辅助点缀又可以让植物显得更加富有神韵。总之，植物与景石搭配可以创造出丰富多彩、富有灵韵的景观。(图3-92)

图 3-92　石景与植物结合设计

（2）与水体结合设计

山与水是大自然的优秀产物，山水相依是东方园林的典型特点。水体或恬静娴雅，或激流澎湃，是住区中很重要的造景要素；石头则以坚刚冷峻、玲珑清秀示人。水、石搭配，一动一静，一刚一柔，"石得水而活，水得石而媚"，因此水与石的结合在住区环境中仍是重要的造景手法（图3-93）。在住区环境中处理"石"与"水"的关系主要考虑以下几个要素：质地、形态、纹理、音响和光影效果等综合因素。

景石与水体结合造景可以表现为多种形式：在河流溪涧，或山脚，或池畔、水际散点数石，或横卧或直立，或半含土中，或与驳岸相结合，生动自然；在动水中置石，石在动水中可承瀑，可分流，以石之静衬水之灵动；在静水中置石则可一平一立，形成对比。在水底铺设石块，比如卵石，淙淙流水滑过石块，又是另外一种景象。假山与瀑布结合、景石与涌泉结合等不同的组合形式可以营造出迥然不同景观效果。

图 3-93　石景与水体结合设计

（3）与建筑结合设计

石景也可以与建筑结合造景，构成一幅人工与自然、建筑与石头相互渗透在一起的画面。住区中石景与建筑组景有多种形式：假景石点缀以亭榭等小型园林建筑；石景与建筑"合而为一"，成为一体，形成半人工、半自然的园林建筑；小型景石点缀在大体量建筑的周围或内部空间，起到装饰效果；石头还可作为园林建筑的台基、支墩、护栏和镶嵌门窗、装点建筑物入口等。不同形式的组合可以体现处丰富多变的景观效果。

（4）与园路结合设计

在塑造住区园路方面，石景的作用也不容忽视。一般园路景观以植物景观为主，而石景往往在其间起到点缀和标识的作用：在路口、道边放置景石；景石上镌刻路名、地名等，都是园路景观中最为常见的形式。一方面，古朴的石材、俊秀的书法能够独立成景，另一方面，这也成为道路的标识。而置石与园路组景，因为园路是组织园林绿地的脉络，所以置石与园路结合往往能取得较好的艺术效果（图3-94）。在园路景观中，石景的作用是多样的，置石通过立、卧、蹲等配置方式穿插在路旁可作为组成园路空间的一部分，

图3-94 石景与园路结合设计

亦可自成一景。人们既可依路而寻石，亦可依石而立而坐欣赏周围景色，趣味无穷，而置石与有坡度的小径相配形成台阶，加之植物呼应，往往给人以深邃幽静、远古之感。

# 3.5 景观建筑

景观建筑是建造在住区环境内供人们游憩或观赏用的建筑物，常见的有入口建筑、亭、榭、廊等建筑物。主要起到以下几方面的作用：一是造景，即景观建筑本身就是被观赏的景观或景观的一部分。二是为居民提供观景的视点和场所。三是提供休憩及活动的空间。四是作为主体建筑的必要补充或联系过渡。

## 3.5.1 入口建筑

### 3.5.1.1 入口建筑的类型

（1）按空间分割方式

按空间分割方式住区的入口建筑可分为开放式和封闭式两种。开放式的入口建筑一般由牌坊或立柱组成，主要起到限定空间、标志界域的作用，没有更多安全防卫的功能。封闭式入口建筑的一般带有智能化的门禁系统，通过电控围栏等限制车辆或行人的出入，目前中国大多数新建的住区入口建筑多采用这种形式，而国外住区则多采用开放式形式（图3-95）。

（2）按组合方式

住区入口建筑按组合方式可分为独立式和组合式两种。独立式门体不附属于其他任何建筑，独立而造型丰富；组合式门体则常是与门卫室、商业或娱乐建筑联成一体的入口建筑形式，形成较为整体的建筑景观，这类入口建筑的尺度较大。

图3-95 开放式入口

### 3.5.1.2 入口建筑的组成及功能

（1）出入通道

入口建筑的出入通道承担人流和车流的进出基本功能。通行宽度应按照总体人流、车流的大小及疏散要求设置，一般单股车流宽度为3.5~4m，高度应符合消防通道要求，即净高不小于4m。对于人流来说，单股人流宽度为0.6m，一般应保证两人并行通过人行出入口，因此宽度不应小于1.2m。有些入口的院内外需同时大量疏散人流，考虑疏散时间及集中人流的多少，应相应调整人行出入口宽度。建筑高度上不宜太低产生压抑感，也不

① 人车混行，在一侧　　② 人车分行，在同侧

③ 人车分行，在两侧　　④ 人车分行，两个门卫室

■ 门卫室　▽ 车流　↓ 人流

图 3-96　出入通道设置的基本形式

图 3-97　人车分行入口

图 3-98　人车分行入口

图 3-99　铁艺大门

宜过高形成尺度失真。

　　按照人、车流的流量大小、住区内情况等，出入通道的设置可分为以下几种基本形式（图 3-96）。

　　① 人、车流混行，适用于车、人流不多的住区。

　　② 人、车流分行，均在门卫室同侧，适用于以人流为主，车流量不大的住区（图 3-97）。

　　③ 人、车流的进口与出口分开，分别位于门卫室的两侧，适用于车流量很大的大型住区（图 3-98）。

　　④ 人、车流分行，人流在车流两侧，分设两个门卫室，适用于车流量很大的大型住区。

　　（2）门卫室

　　封闭式入口建筑的门卫室是为安保及物业管理等相关人员对出入的人、车流控制观察的场所，以及负责收取、签收住区内部人员信件、邮件及货物等。在设计上常接近出入通道布局，便于处理证件检查等安全警卫工作，并设大面积玻璃窗以便扩大观察视野。此外，由于门卫室还要供安保人员夜间值班、休息使用，在平面布局上常位于整座入口建筑中相对私密和安静的位置，但仍需与入口通道有较直接的联系，便于突发情况的处理（图 3-143）。

　　（3）大门

　　大门是封闭式入口建筑中重要的组成部分，根据《国家建筑设计标准——围墙大门》（03J001），可分为标准平开型、推拉型、折叠型、伸缩型、铁艺型（图 3-99）。不同类型的入口大门在尺寸、工艺、材料等方面各具优势，要具体根据入口建筑的风格形式和功能要求详细制定设计方案。

　　其中，电动抬杆门是目前普遍应用的住区大门之一，具有造型空透、操控方便、占地面积小及易清洁等优点（图 3-100）。电动抬杆门的高度通常在 1.5~2m，具有较好的阻隔作用。对于安保人员来说，如需进行门的开闭时，可在室内完成操作，更为简单方便。而近年来，车牌识别系统也被住区环境设计广泛应用，它是能够检测到受监控路面的车辆并自动提取车辆牌照信息进行处理的技术，对实现交通自动化管理有着重要意义。

图 3-100　电动抬杆门

图 3-101　入口设置便民服务处

（4）其他

根据住区环境的具体情况不同，在以上几种基本组成的基础上，入口建筑会兼具其他服务功能（图3-101）。例如有的住区将快递驿站设在入口建筑中，方便快递的收取；有些住区在入口建筑中附设便利店；有的住区会设变电室等。另外，在部分住区的入口建筑内会设停车设施，主要为供居民使用的自行车停放区及供物业管理电动车、外来车辆停放的汽车停车区，它们根据不同型号、大小有不同的尺寸要求。在设计中，应注意停车区的位置设置不应影响大门其他功能的使用及整体外观展示，并尽可能进行遮阳、避风设计。

图 3-102　入口传达出温馨、宁静的住区氛围

### 3.5.1.3 入口建筑的设计要求

（1）统一性

应注意与住区中其他居住及公共建筑保持尺度、色彩、风格上的协调统一，尽可能体现出温馨、和谐以及安宁的居住氛围（图3-102）。一方面，门体本身的建筑材料和细部构造以及线条、光影等视觉组合效果应能体现住区的主题，提高入口建筑的可识别性和视觉观赏性。另一方面，要考虑入口建筑与住区外部环境的相互协调，如围墙、小品、植物、水景等（图3-103）。

图 3-103　入口建筑与住区外部环境的相互协调
（SANSIRI 设计 / 泰国 /2017）

（2）文化性

每个住区都有其特定的文化主题，设计时应充分利用这些住区文化特征，使入口建筑具有不同的地方特色和文化韵味（图3-104），使人文气息充满整个入口环境设计当中，这也能够潜移默化的影响居民的行为意识，增强住区居民的凝聚力（图3-105）。

（3）便捷性

入口建筑设计应考虑其自身高宽比以及和周围环

图 3-104　新中式住区入口

图 3-105　宜人的住区入口空间（山水比德景观设计 / 中国 /2017）

图 3-106　入口空间界面处理（San 设计 / 泰国 /2017）

境的协调，使其产生亲近感。入口建筑可借助周围其他空间要素，通过艺术化处理，创造出宜人的入口景观效果（图 3-106）。建筑设计时，通常以住区标志为中心，道路为引导、商业设施为媒介，形成住区的重要交往空间。这一建筑空间通过与城市道路的相连，舒畅了入口的颈口作用，给人以亲近之感，以一种温暖之感出现于小区入口处（图 3-107）。

## 3.5.2 亭

"亭"与"停"谐音，就是在住区中体积小巧、功能简单供游人驻足休憩、观赏景色、并且有对环境做点缀功能的小型建筑。在住区环境营造中，亭的使用频率很高，作为休闲性和观赏性的小型建筑，它在景观中起着重要的作用。

### 3.5.2.1 亭的类型

（1）按照平面形式归类

可以分为圆亭和正多边形，一般有三角、四角、六角、扇形、花瓣形等。园区中正多边形的亭子最为常见，面积大的亭子往往戗角也多，可根据园区的面积和一定区域范围内所容纳的人数决定亭子的形状和戗角数量。一般小面积的园区可设置小一些的亭子，通常方亭（图 3-107）和六角亭居多（图 3-108）。

图 3-107　方亭

（2）按材料和结构形式归类

亭的造型艺术，也在一定程度上取决于所选用的材料和结构形式。由于各种材料性能的差异，不同材料建造的凉亭就各自带有非常显著的不同特色，包括木亭、竹亭、茅草亭（图 3-109）、砖亭、石亭、混凝土亭、玻璃亭（图 3-110）及膜结构亭等。

同时，亭子的形式也必然受到所用材料特性的限

图 3-108　六角亭

制。与材料相对应的结构形式包括钢筋混凝土结构、钢结构、木结构、钢木结构等。其中，木结构的亭子是住区内比较常见的类型，以木构架琉璃瓦顶和木构黛瓦顶两种形式居多，或质朴庄重，或典雅清逸。木制凉亭应选用经过防腐处理的耐久性强的木材。近年来，膜结构亭子由于其材料的特殊性，能塑造出轻巧多变、优雅飘逸的建筑形态，也受到一些住区环境设计师的青睐（图 3-111）。

图 3-109 茅草亭

图 3-111 膜结构景亭

图 3-110 玻璃砖亭（资料来源：《景观红皮书》）

### 3.5.2.2 亭的基址选择

在住区环境中，因基址环境不同而使亭各具其妙，常见的基址有临水、山地和平地三类。

（1）平地亭

指亭基建于坡度在 8% 以内地形上的亭。平地亭通常根据住区环境特征形成不同的特点。路边建亭常设在景观轴线、园路旁或园路交会点，可以避雨淋、防日晒，驻足休息（图 3-112）；筑台建亭是中国传统园林常用手法之一，可增亭之雄伟壮丽之势；也可抬高亭基标高及视线，并以山石陪衬环境，增加自然气氛，减少平地单调之感，形成掇山石亭；或虽为平地，但在遮阴的密林之下，景象幽深，林野之趣浓郁的林间建亭；或利用住区建筑的山墙及围墙角隅建亭，可打破实墙面的呆板，使小空间活跃。

（2）临水亭

指基址选择于住区水景边的亭。常见的临水亭具体可归纳为水边亭、近岸水中亭、岛上亭等。

① 水边亭（图 3-113）：其基址通常低临水面。布置方式有：一边临水，二边临水及多边临水等。

② 近岸水中亭：近岸水中亭是指亭基建造于近岸

图 3-112 园路交会点的平地亭

图 3-113 水边亭（奥雅景观设计 / 中国 /2017）

的水景中，以曲桥、小堤、汀步等将亭与水岸相连的亭。由于亭建于水中，而使亭四周临水，人可徜徉于曲桥或倚栏而濒眺水景。

③岛上亭：如比较大型的住区人工湖内建有小岛，亭可以岛上。岛上亭的基址通常选择于岛的高远之处，观景面特征突出。因此，岛上亭也常常成为水面视线焦点，但岛不宜过大。

（3）山地亭

指亭基建造于住区内自然和人工堆山形成的山地地形上，山地的山体可分为土山、石山、土石混合山体。土山坡度一般在30%以内，石山并不受坡度限制，土石山是以土石构成的山体。山地亭根据亭基处于山体的不同位置，可以归纳为山顶亭、山腰亭等。

①山顶亭：指亭基建于山顶上的亭。建于不同类型山体之顶的山顶亭，往往依山体的不同坡度形成不同的景致。山体坡度不宜过大，人们可沿坡道拾级而上抵达山亭，居高临下，俯瞰园区，多用作景观视线的控制点（图3-114）。

②山腰亭：多指亭基建于山腰之处的亭。主要供人们观景途中驻足歇息之用。亭址宜选择在坡道旁开阔台地上，利于眺望周围景象，既方便游客休息又作路线引导作用。

图3-114　山顶亭

### 3.5.2.3 亭的设计要点

（1）尺度适宜

住区的景亭一般较为小巧，设计时应注重适宜的尺度、比例带来的艺术视觉感受和心理感受。亭的高度宜为2.4~3m，宽度宜为2.4~3.6m，立柱间距宜在3m左右。亭虽体量小巧，却拥有独立而完整、别致而富有意境的建筑形象；在结构与构造上，大多较为简单，施工方便。在提供人们休息、纳凉、避雨、观景的同时，也是点缀空间环境和造景的主要元素之一。无论是平面还是立面，不仅要具有和谐的形式美和构图比例，更是要注重对亭位置的选择，这关乎到人所在位置的视线范围和视觉效果，不同的视点处，会呈现不同的视觉效果，达到步移景异的效果，而且要在人的视觉范围内呈现出符合视觉规律的布置方式，使其有效、合理地融入环境整体，并起到画龙点睛的作用。此外，考量亭的自身尺度，还要充分考虑周围景物的特点，将山石、植物、水体、道路、雕塑等小品结合起来，营造充满诗情画意和温馨宜人的景观空间。

（2）功能多样性

运用现代和传统材料的组合，可使亭在不同的景观环境中更加富有个性特色，增强景亭的艺术感染力。在住区环境中，亭除自身的使用功能外（图3-115），还具有可观赏和组景的作用，以及分隔空间与联系空间等多样

图3-115　韩国某住区凉亭的躺卧功能

图3-116　配备信息板、邮箱、座椅和监控门的多功能景亭（Roche+Roche 设计 / 美国 /2016）

图 3-117 设于园路中间的景亭起到引导路线的作用

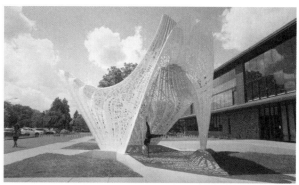

图 3-118 作为视觉焦点的凉亭
（Marc Fornes & Theverymany 设计 / 美国 /2016）

图 3-119 新颖、别致的凉亭造型（Sanitas 设计 / 泰国 /2017）

图 3-120 有机形态的造型呼应了生态、自然的社区主题
（Vin Varavarn 设计 / 泰国 /2017）

性功能（图 3-116）。因为亭本身就具有审美价值，其色彩、质感、肌理、尺度、造型的特点，加之合理的布置，可以成为园林中的焦点，所以它会自然地把外界的景色组织起来，在园林空间中形成无形的路线，引导人们由一个空间进入另一个空间，起着导游和组织空间画面的作用（图 3-117）。恰当的设计可以使步移景异的空间增添明确的转换标志。更重要的是，构思独特的亭可渲染气氛，合理地将它与周围环境相结合会产生特殊的景观效果，使环境更具感染力。

（3）点明主题

在中国古典园林中，历来就有借亭的名字来点明园林主题的做法。比如，"月到风来亭"为网师园中部著名景点，亭名取唐代韩愈"晚色将秋至，长风送月来"之意，此亭地势较高，三面环水，亭内正中悬着一面大镜，每到明月初上，便可看见水中、镜中、天上三个明亮的圆月，独成了一道奇景。由此可见，亭的点题作用既体现了其本身所具有"点睛"之意，又能强化整体景观给人们带来的感受与体验，所以亭是环境设计中的重要组成部分，给人们的视觉体验提供焦点（图 3-118）。因此，由于现代工艺的多样化、材料多样化，亭在满足实用功能的前提下，应从造型、趣味及人文等多方面入手，使其新颖、别致，独具鲜明特色（图 3-119）。在为人们提供休闲、娱乐之余，更加强调所处空间环境的主题，并更好地与周围景物彼此衬托，遥相呼应（图 3-120）。

## 3.5.3 廊　架

廊架是园廊与花架的结合体，既有廊的空间延续性，又有花架支撑通透空间的特性。廊架具有引导人流、视线，连接、划分空间，提供休息场所以及形态造景等多个功能。在各式风格的住区环境建造中，这种可供游人赏景、自身成为框景、点景的景观建筑物能够形成丰富变化的景观效果，增加环境观赏价值和文化内涵。

### 3.5.3.1 廊架的类型及特点

廊架景观由于其自身的体量、轮廓、线条、色彩等属性，结合与其所处的地形、水体、植物搭配以及不同的景观之间的设计要素，形成了独具一格的景观效果。

（1）按平面形式分类

① 直廊架：是廊架最基本的形态单元，廊架的其他各种形态都是由直线单元组成的，这种廊架具有理性、庄重的特点，框景效果突出。

② 曲廊架（图 3-121）：又分为"之字曲""曲尺曲""弧形曲"三种形式。"之字曲"指的是由多条长短不一的直廊改变角度连缀而成；"曲尺曲"廊指的是廊的转角直接以 90° 直角转弯，形同木工曲尺；"弧形曲"即为曲线形的廊架。

（2）按立面形式分类

① 简支式：由立柱和横梁组成，立柱与横梁的样式、材质、风格不同，廊架的观赏效果不同，此类廊架一般布设座椅，形成廊下的休息空间。

② 悬臂式（图 3-122）：分单挑和双挑，在住区环境设计中，多用于突出构图中心，常以花坛、水池、广场为中心在其一侧布置直线型或弧形的悬臂式廊架，突出休息停留的功能；或者在园路上布置一组悬臂式廊架，形成景观通道。

③ 拱门式：在住区甬道多采用半圆拱顶或门式钢架式廊架。一般顶部透空，攀爬植物形成遮阴，人行其中，陶醉其间；也可通过较大尺度的细部设计形成对空间具有装饰作用的拱门。

④ 组合式：与亭、建筑出入口等结合的廊架，其使用材料、形态大小应与组合内容统一。组合式廊架在作为景观通道的同时，主要用于给人们提供停留、休息、交流的空间。此类廊架强调自身与组合构筑物之间的虚实变化。

（3）按尺度类型分类

① 大型尺度廊架（图 3-123）：该类型廊架是以景观建筑的形式向园林环境的延伸，跨度较大，强调景观节点的边界、场地的区域，主要是结合住区的大型活动广场设置。因此，此类廊架形成的特点是围而不闭，空间较开敞，视线较通透。廊架内独立空间感被弱化，与人有一定的距离感，观赏性强、参与感弱，主要成为人们的观赏点并具有短暂停留的功能。

② 中型尺度廊架（图 3-124）：配合景观节点主要布置在轴线景观与组团景观环境里，体量适中，结合绿化、水体等环境元素来确定廊架的空间特性。此类尺度的廊架，可以成为景观节点的背景，也可作为路径的一种表现方法，同时可与廊下座椅相结合，供人们停留、休憩，增强人们与住区环境的互动，提高廊架在居住环境的使用价值，是比较常用的尺度类型。

图 3-121　曲廊架（林墨飞设计 / 中国 /2016）

图 3-122　悬臂式廊架

图 3-123　大型尺度廊架（都市实践设计 / 中国 /2016）

图 3-124　中型尺度廊架

③ 小型尺度廊架（图 3-125）：以装饰性功能为主，由于尺度偏小，主要用于宅间绿化的环境里或作为入口的标志存在。供人交流休憩或界定空间的领域，具有一定的私属性，廊架作为界定空间的边界，能够使空间产生领域感。

### 3.5.3.2 廊架的功能

**（1）组织功能**

廊架既是住区内园林景观的组成部分，也可以是各个景区之间联系的通道，能够增加环境层次，起到组织景观、联系空间的重要作用。廊架以空间组织联系的地位应用于住区环境中，往往把建筑与绿地、水体等元素按照一定的观赏路线有次序地排列起来，形成一种类似中国画长卷式的连续空间。廊架两端的景观特点可有所不同，可以用各种不同的开敞性景观建筑组成静观的停顿点，从廊架的这一端到另一端则可进行动态的观赏，获得步移景异的变化效果。这种开敞性的布局方式通常是十分灵活多变的，形式各异的景观通过紧密结合常能取得十分生动的构图效果。自由布局的内外空间适应于各种地形环境，成为住区环境中大量采用的方式，自由活泼地随形就势布置，廊架内外空间流通渗透，轻巧灵活，具有较强的景观建筑气氛（图 3-126）。

**（2）划分空间**

住区环境的存在来自一定实体的围合或区分。没有"围"，空间就没有明确的界限，不能形成一定形状的特定场所。但是只有"围"而没有"透"，空间环境就会变成一个个孤立的个体，也形成不了统一而完整的园林景观（图 3-127）。此外，从居民在住区环境中的行为来说，也要使空间有"围"有"透"，有分有合。居民总是要求有多种多样的空间领域，以适应多种多样的需要。在需要"透"的空间，廊架作布满整个开间的"虚"的处理，因此这个"透"，从内的观赏是一种连续体验，扁阔的视觉画面感觉会十分舒展。为了增强廊架内外空间的流通和交流，可以通过过渡空间办法，运用廊架自身以及座椅等组成一个以立体山水为面的景框，为居民营造美好的视觉景观。

**（3）植物造景**

廊架的另一个重要功能是为藤蔓类植物提供攀援条件和生长空间（图 3-128）。藤蔓植物具有良好的观赏功能和造景功能，同时不仅可以分割庭园空间，同时为人们提供凉爽、幽静的环境。廊架在具有建筑特性的同时，因为所加入的植物具有生长的时间性，而产生双重特性。植物景观的加入，增强了廊架的观赏

图 3-125 小型尺度廊架

图 3-126 轻巧灵活的廊架设计（Studio on site 设计 / 日本 /2016）

图 3-127 对广场起到围合作用的廊架（林墨飞设计 / 中国 /2014）

图 3-128 廊架为藤蔓类植物提供攀援条件
（资料来源：《中外风景园林名作精解》）

效果，与自然环境更好地融合，使园林绿地的功能得到更好的发挥（图 3-129）。此外，许多藤蔓植物是十分重要的经济植物，如瓜类植物中的南瓜、苦瓜、丝瓜是重要的食用植物，同时具有良好的观赏价值。

### 3.5.3.3 廊架的设计要点

（1）艺术性与应用性统一

廊架除满足基本使用功能外，应更多地考虑其艺术效果，如外观立面的艺术化处理，结构形态的巧妙设计，各个构件组合的对比强度，以及其他环境要素的制约因素等。设计合理的廊架配置必须具有应用性

图 3-129 植物景观增强了廊架的观赏效果

与艺术性的高度统一，既要满足廊架景观与住区环境在生态适应性上的统一，又要通过艺术构图原理体现出廊架体量及群体的形势美，即人们坐立在廊架中欣赏景观或者在远处眺望廊架景观产生意境美（图 3-130）。如果说亭在园林中是静态的话，廊架则是动态的，因为它的空间是延伸的。造景的许多手法，例如借景、对景、漏景、夹景等都可以通过廊架来实现。

（2）选址合理

廊架从景观方面说，是创造某种和大自然相协调并具有典型景观的空间塑造。如选址不当，不但不利于艺术意境的创造，且会因减低观赏价值而削减景观的效果。廊架的选址在环境条件上要注意大的方面，也要注意细微的因素，要珍视一切有趣味的自然景观，一树、一石、清泉溪涧，对造园都十分有用（图 3-131）。或以借景、对景等手法把它纳入画面，或专门为之布置有艺术性的环境供人观赏。

图 3-130 廊架景观产生的意境美
（Rand 设计 / 中国 /2017）

（3）和谐的尺度与比例

决定廊架尺度的主要依据是其所处的环境、审美特点及其功能。正确的尺度应该与环境相协调，并与功能、审美的要求相一致。廊架是供人们休憩、游乐、赏景的场所，应该具有轻松活泼、富有情趣和使人不禁回味的艺术气氛，应当亲切宜人，同时也必须符合人体尺度（图 3-132）。

控制廊架的空间尺度，是要使之不因空间过分空旷或闭塞而削弱景观效果，要遵循以下视角规律：在各主要观点赏景的控制视角为 50°~80°，或视角比值 $H:D$（$H$ 为景观对象的高度，它不仅是景观建筑或构筑物的高度，还包括构成画面中的树木、地形等的高度，$D$ 为视点与景观对象之间的距离）约 1:1~1:2。此视角规律主要是用于较小规模的住区庭院尺度分析。对于大型的廊架景观组景，空间灵活性极大，不宜不分场合硬套一般视角大小的视角规律。

图 3-131 泳池边的休憩廊架（Butter-Lane 设计 / 美国 /2016）

图 3-132 富有生活情趣的廊架设计（Gramercy 设计 / 美国 /2016）

图 3-133 停车场廊架的尺度考量

图 3-134 花墙景观

与尺度同时考量的是比例，这是各个组成部分在尺度上的相互关系及其与整体的关系。尺度和比例紧密关联，都具体涉及廊架各部位的尺寸关系，好的设计应该做到比例良好、尺度正确。廊架除了本身的比例外，与住区环境中的树、水、石等各种景物，都需协调好（图 3-133）。

# 3.6 构筑物

构筑物是指对主体建筑有辅助作用的，有一定功能性的结构建造物，如围墙、景墙、围栏、挡土墙等。它们是居住者与住区环境的桥梁，与绿化、水体、景观建筑等环境元素一起组成了完整的住区环境景观（图 3-134）。

## 3.6.1 围墙与围栏

围墙和围栏都具有限人、防护、分界与屏障等多种功能，立面可为栅状或网状、透空或半透空、封闭式等几种形式。

### 3.6.1.1 围　墙

围墙是目前住区用来划分与街道及周边区域边界最常见的构筑物。围墙在一定程度上起到了住区内外的交通阻隔、景观和人流及视线的再组织等作用，是住区中较常见的环境元素之一。

（1）围墙的分类

①按围墙围护的用地范围可分为：小区围墙、组团围墙（图 3-135）和庭院围墙（图 3-136）。

②按其外观形式可分为：有顶式、无顶式，通透式、半通透式（图 3-137）和封闭式等多种形式。

③按构筑围墙的材料可分为：土、石、砖、混凝土、金属、竹、木（图 3-138）和植物围墙（图 3-139）等。

图 3-135 组团围墙

图 3-136 庭院围墙

图 3-137　半通透式围墙

图 3-138　木质围墙

图 3-139　植物与砖砌结合的围墙

图 3-140　联排别墅围墙

（2）围墙的设计要点

①围墙在设计时首先要考虑住区的大环境，城市周边街区的设计风格，在协调统一街区景观的同时力求彰显住区的个性。

②围墙设计应该与住区总体环境及建筑风格和谐统一，使行人通过围墙的外观设计感受到住区本身的品质和风格。

③在设计组团间围墙或别墅间的围墙时，应充分考虑住区内部空间的划分以及交通路线的组织，做到布局经济合理，同时尽可能展示居民的品位和兴趣爱好（图 3-140）。

④一般围墙可结合住区所处区域位置、规划（实体或通透）、使用（防盗安全）和围墙材料等要求，确定其高度。一般围墙高度宜为 2.1~2.4m，最小高度不宜低于 1.8m；局部地区考虑隔音、物理性安全与防盗（可采用红外或电子护栏），可做到 2.4m 以上高度的。

⑤围墙设计可使用直线或曲线营造出不同的氛围，还可利用封闭式与通透式相结合的方式来达到虚实相生的效果，如绿篱常作为虚空部分的填充，以满足遮挡视线等要求。

⑥对于建在坡道上的围墙应随势错落，通过台阶式的高低组合等手法来丰富和协调整体环境（图 3-141）。

⑦应尽可能选用地方特色材料来协调场地周边环境或其附近的环境元素优先考虑绿色环保材料，如石材、木材、竹或其他植物等（图 3-142）。另外围墙的基础、高度、厚度以及伸缩缝等需一定的技术措施加以保障。

### 3.6.1.2 围　栏

围栏在住区中多用于底层院落间的划分以及小型公共建筑围护等方面，主要起到阻隔和划分界限的作用。

（1）围栏的分类

①根据围栏立面构造可分为：栅状和网状、透空（图 3-143）和半透空等几种形式。

②根据使用材料的不同可分为：金属围栏、木制围栏、竹制围栏等。

图 3-141 坡地围墙

图 3-142 原木材质的围墙

（2）围栏的设计要点

① 围栏的高低、色彩、材质、造型等均应与相连接的地形地貌及周边环境统一协调，并可结合植物突出特色。

② 围栏的竖杆间距不应大于 110mm，横杆则应少设以避免行人尤其是儿童的穿越和攀爬（图 3-144）。同时应结合围栏的功能要求进行科学合理的高度设计（表 3-7）。

表 3-7  不同功能围栏的合理设计高度

| 功能要求 | 高度（m） |
| --- | --- |
| 隔离绿化植物 | 0.4 |
| 限制车辆进出 | 0.5~0.7 |
| 标明分界区域 | 1.2~1.5 |
| 限制人员进出 | 1.8~2.0 |
| 供植物攀援 | ≈ 2.0 |
| 隔噪声实栏 | 3.0~4.5 |

图 3-143 透空围栏

③ 设计时应充分考虑围栏在住区环境中的一系列视觉作用。围栏自身可以产生视觉趣味并影响周围的景观效果，通过方向的转变来引导人们的视线，半透空的围栏还可以引起光影的变化，通过虚实变化来活跃环境氛围。但如若围栏顶部高度与人的视线齐平，会给人产生干扰感。

图 3-144 符合安全要求的围栏设计（林墨飞设计 / 中国 /2016）

## 3.6.2 栏杆与扶手

住区环境中栏杆具有拦阻行人和分隔空间的功能。由于栏杆一般较为通透，高度也较矮，故适用于开敞空间的分隔和围护。而扶手则常常和栏杆同时出现，便于行人把扶，更多地为行人提供安全和便捷的服务。

### 3.6.2.1 栏 杆

栏杆可设于草地和花坛的边缘，起到阻止人流进入的作用，也可设于步道边缘或两侧、平台或临水等空间，以保证行人的安全。栏杆在保证视线通透的同时，还为人们提供把扶休息、凭栏观景的安全场所，也方便老年人、孩童及残疾人的通行，并能起到一定的装饰作用（图3-145）。

（1）栏杆的分类

按栏杆高度可大致分为以下3种。

① 矮栏杆：高度为30~40cm，不妨碍视线，用于花坛或绿地边缘起到分隔与装饰环境的作用，也可用于场地空间领域之间的划分。

② 高栏杆：高度在80~90cm左右，有较强的分隔与拦阻作用，也称作分隔性栏杆（图3-146）。

③ 防护栏杆：高度为100~130cm，超过人的重心，起到防护围挡作用。一般设置在高台的边缘和深水岸边，可使人产生安全感。

按使用的材料可分为木栏杆、石栏杆、金属栏杆、PVC/UPVC材栏杆等。

① 原木栏杆：材料来源丰富，加工方便。优良品种的木料其色泽、纹理、质感极富装饰性，但耐久性差，需加以防腐处理和防水保护措施（图3-147）。

② 塑木栏杆：用塑料和木纤维经过高分子改性，用配混、挤出设备加工制成。塑木栏杆使用寿命长，维护费用低，从外观到色泽，保持树木、木材的原色，颇具自然感。

③ 石栏杆：天然石栏杆用各种岩石（花岗石、大理石等）刨切、凿制而成，显得较粗犷、朴素、浑厚。由于石质坚硬，加工手段受到一定的限制（图3-148）。

④ 人造木栏杆：人造木栏杆多由塑性材料（水泥与钢筋混凝土）仿作，制作自由，造型活泼，形式丰富多样，色彩和质感可随设计要求而定，且可达到天然木材的效果。

⑤ 金属栏杆：金属栏杆包括不锈钢、铁艺、铝合金等制成的栏杆。此类栏杆造型简洁、通透，加工方便，尺寸可根据需要而定，造型美观、可塑性大，且可作出一定纹样图案，便于表现时代感，其表面须加以防锈蚀处理。

⑥ PVC / UPVC栏杆：PVC/UPVC栏杆是一种新颖的绿色环保型建筑围护产品，其造型多样独特，组装灵活简便，色彩鲜艳夺目又可更换。栏杆经特殊工艺配方加工，表面光洁、亮丽、强度高、韧性好，在-40~70℃下使用不褪色、不开裂、不脆化。栏杆型材多为中空型，以高档PVC为外观，钢管为内衬，使典雅亮丽的外表和坚韧的内在品质完美结合。

按栏杆的样式可分为实栏和虚栏。

① 实栏：由栏板、扶手构成，也有局部镂空的。

② 虚栏：由立杆、扶手组成，有的加设有横档或花饰。

图3-145 凭栏观景的功能

图3-146 高栏杆

图3-147 原木栏杆

图3-148 花岗岩栏杆（林墨飞设计/中国/2016）

（2）栏杆的设计要点

① 进行栏杆设计时，首先要分析不同使用住区场地的具体需求，充分考虑栏杆的强度、稳定性和材料的选择，在安全的基础上，表现其造型美和装饰性。一般来说，栏杆不宜多设，非设不可时，应巧妙美化，且不宜过高、过繁，装饰纹样须根据环境而定

② 在观景台或临水处设栏杆时，应尽量保证视线的通透。在需要进行视线阻隔时宜采用实栏或结合绿篱进行设计，并可突出表现实体栏杆的色彩和图案样式，吸引人们的视线。

③ 高台处设栏杆时应以安全的实栏为主，构筑高度应超过人的重心，如用虚栏则要加强结构性和安全性设计，竖杆间距不应大于110mm，横杆应少设以避免行人尤其是儿童的穿越和攀爬。

④ 由于栏杆既有垂直方向的性质也有水平连续的性质，处理时宜虚实相生，体量上应根据环境的属性和大小进行调整，会产生良好的景观效果（图3-149）。此外，应注意其色彩、式样等与住区建筑的阳台、窗户等的栏杆扶手及其周边软、硬质景观元素风格相协调统一。

图 3-149　景观栏杆
（土人景观设计 / 中国 /2015）

⑤ 栏杆长度分为单组栏杆长度和栏杆总长度。栏杆的总体长度和高度要求保持一定的比例关系，一般来讲，如果总体长度较长且高度在 1m 以上时，每组栏杆的长度可在 2.5~3m；而高度较低的栏杆每组长度要短些，可以在 1.5~2m。

### 3.6.2.2 扶手

扶手在关键部位、关键时刻可以帮助人们保持身体平衡，防止跌倒，可使人们安心地在住区环境中活动（图3-150）。扶手多设置在坡道、台阶两侧，高度宜为 0.9m 左右，可以保障居民尤其是老年人的行动安全。居民在使用室外台阶时，重心、高度会不断地发生变化，因此在台阶高差处采用扶手保持身体的平衡、保障身体移动过程中的安全是很必要的。当室外踏步级数超过 3 级必须设置扶手，以方便老人和残障人使用。供轮椅使用的坡道应设高度分别为 0.65m 与 0.85m 的两道扶手，上面一道给使用拐杖的残疾人扶，下面一道给使用轮椅的残疾人使用。在有需要的情况下，可在墙面、过道等处设置水平扶手来帮助居民进行较长距离的行走。

扶手的形式可分为横扶手与纵扶手。横扶手主要用帮助人们进行身体的水平移动，帮助使用者保持身体平衡，主要用于距离较长且无可扶物体的走道等处。纵扶手主要用于有高差的空间或身体姿势有较大改变的部位。扶手的尺寸应根据人手的大小来确定。例如，普通扶手的断面尺寸宜采用 45mm 以便于抓握，而泳池由于地面湿滑，使用者需紧握扶手，因此扶手的断面直径在 42mm 为宜。

进行扶手设计时应注意材料的选择要与其所附属的环境元素相协调或者形成对比。另外，扶手的尺寸和质地应符合易把扶性和舒适性等要求（图3-151）。

图 3-150　不锈钢扶手

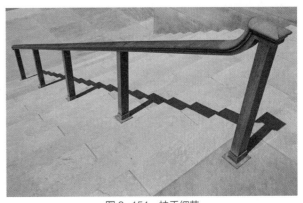

图 3-151　扶手细节

### 3.6.3 挡土墙

住区用地的地形较为复杂，为兼顾安全性和经济性，应尽可能保持原有地形并进行环境营造，常砌筑挡土墙以达到固土护坡、支承路基填土或山坡土体、防止填土或土体变形失稳的目的。挡土墙不仅是一个工程设施，也是一个造景元素。挡土墙像独立式墙体一样，能划分空间，并可作为衬托其他景观要素的背景，甚至成为场地的主要景观元素（图 3-152）。

#### 3.6.3.1 挡土墙的分类

挡土墙的形式应根据建设用地的实际情况，经过结构计算来确定（表 3-8）。常见的有以下几种分类方式。

表 3-8　常见挡土墙技术要求及适用场地

| 挡墙类型 | 技术要求及适用场地 |
| --- | --- |
| 干砌石墙 | 墙高不超过 3m，墙体顶部宽度宜在 450~600mm，适用于可就地取材处 |
| 预制砌块墙 | 墙高不应超过 6m，这种模块形式还适用于弧形或曲线形走向的挡墙 |
| 土方锚固式挡土墙 | 用金属片或聚合物将松散回填土方锚固在连锁的预制混凝土面板上，适用于挡墙面积较大时或需要进行填方处 |
| 仓式挡土墙 /<br>格间挡土墙 | 由钢筋混凝土连锁砌块和粒状填方构成，模块面层可有多种选择，如平滑面层、骨料外露面层、锤凿混凝土面层和条纹面层等。这种挡土墙适用于使用特定挖举设备的大型项目以及空间有限的填方边缘 |
| 混凝土垛式挡土墙 | 用混凝土砌块垛砌成挡墙，然后立即进行土方回填。垛式支架与填方部分的高差不应大于 900mm，以保证挡墙的稳固 |
| 木制垛式挡土墙 | 用于需要表现木质材料的景观设计；这种挡土墙不宜使用于潮湿或寒冷地区，宜用于乡村、干热地区 |
| 绿色挡土墙 | 结合挡土墙种植草坪植被；砌体倾斜度宜在 25°~70°；尤适于雨量充足的气候带和有喷灌设备的场地 |

（1）从结构形式上划分

① 重力式挡土墙

重力式挡土墙靠自身重力平衡土体，一般形式简单、施工方便、圬工量大，对基础要求也较高。依据墙背形式不同，其种类有普通重力式挡墙、不带衡重台的折线墙背式重力挡墙和衡重式挡墙。衡重式挡墙属重力式挡墙。衡重台上填土使得墙身重心后移，增加了墙身的稳定性。墙胸很陡，下墙背仰斜，可以减小墙的高度和土方开挖，但基底面积较小，对地基要求较高。重力式挡土墙一般用块石、砖或素混凝土筑成，它是靠挡土墙本身所受到的

图 3-152　挡土墙与台阶结合的景观效果（林墨飞设计 / 中国 /2016）

图 3-153　重力式低挡土墙

图 3-154 锚定式挡土墙施工现场

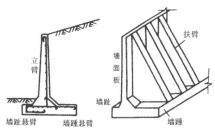

（a）悬臂式挡土墙 （b）扶壁式挡土墙

图 3-155 薄壁式挡土墙结构示意图

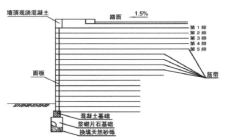

图 3-156 加筋土挡土墙结构示意图

重力保持稳定，通常用于高度低于 5m 的低挡土墙（图 3-153）。

② 锚定式挡土墙

锚定式挡土墙属于轻型挡土墙，通常包括锚杆式和锚定板式两种。锚杆式挡墙主要由预制的钢筋混凝土立柱和挡土板构成墙面、与水平或倾斜的钢锚杆联合作用支挡土体，主要是靠埋置岩土中的锚杆的抗拉力拉住立柱保证土体稳定的。锚定板式则将锚杆换为拉杆，在其土中的末端连上锚定板（图 3-154）。

③ 薄壁式挡土墙

薄壁式挡土墙是钢筋混凝土结构，包括悬臂式和扶壁式两种主要形式（图 3-155）。悬臂式挡土墙由立壁和底板组成，有三个悬臂，即立壁、趾板和踵板。当墙身较高时，可沿墙长一定距离立肋板（即扶壁）联结立壁板与踵板，从而形成扶壁式挡墙。

④ 加筋土挡土墙

加筋土挡土墙是由填土、填土中的拉筋条以及墙面板等三部分组成，它是通过填土与拉筋间的摩擦作用把土的侧压力削减到土体中起到稳定土体作用的（图 3-156）。加筋土挡土墙属于柔性结构，对地基变形适应性大，建筑高度也可很大，适用于填土路基；但须考虑其挡板后填土的渗水稳定及地基变形对其的影响，需要通过计算分析选用。

（2）从材料上划分

① 石材挡土墙

通过石材来处理挡土问题是比较传统的设计手段，主要包括两种：一种是通过砌筑石材表现，这类石材包括青石、片石、毛石等体积较大的石材；另一种是则通过石材饰面来表现，包括花岗岩、板岩、砂岩、文化石、卵石等类型（图 3-157）。各种类型的石材在质感、纹理和色彩感觉上还有很多种类。相比之下，前者更具有简洁粗犷、自然野趣之韵，后者更具有生动的细节和人工美化之味。各种表现形式在园林中都有普遍的应用，若能结合适宜的环境都能达到相宜的效果。

② 生态挡土墙

生态挡土墙是一种既能起到生态环保的作用、又兼具景观功能、防止水土流失的挡土墙，包括生态混凝土、生态袋、石笼网以及柔性生态自嵌式挡墙系统（图 3-158）。生态挡土墙的优势主线体现

图 3-157 文化石挡土墙

图 3-158 石笼挡土墙

图 3-159　耐候钢挡土墙

图 3-160　仿石挡土墙

在生态环保上，主要表现为：在原材料的选用上，用的是低碱水泥，而且在产品压制成型过程中添加了木质醋酸纤维，可与水泥的碱性相中和，可使墙体周边环境趋于中性，有利于水生动植物的存活；生态挡土墙在施工时无需砂浆构砌，直接用挡土块干垒而成，墙体后有一碎石排水层，这保证了整个墙体排水的通畅性，使水能透过墙体与土壤进行自由交换，通过水体不断的循环交流，使水体达到自身净化的目的。

③ 木材挡土墙

木材挡土墙所表现的一种是木材的横截面，也就是树木的年轮；一种是木材的纵向质感纹理，通常是通过木板展示。在处理场地边缘地形高差时，常就地取材，用原木打入地下，形成高低错落的篱笆状挡土墙，更具有自然野趣。或是用原木垒砌，截面向外，在外

图 3-161　宣传栏式的挡土墙（林墨飞设计／中国／2017）

观上看来墙面是有无数个圆木头组成，更具有山林特色。木质挡土墙因与土壤直接接触，土壤中的水分和微生物很容易腐蚀木材，造成挡土墙的功能丧失、土壤坍塌。所以，用来砌筑挡土墙的木材需经过防腐处理后方可使用。

④金属挡土墙

近年来，金属材料在挡土墙设计过程中得到了广泛的应用，如耐候钢、不锈钢等（图 3-159）。金属具有很强的形体塑造能力，因此能够塑造成各种丰富多彩的形状，此外材料的强度与韧度都比较大，不会受到严重的厚度限制。并在此基础上保持着良好的整体性，这一点也是木材、石材以及混凝土等材料难以达到的。因此在住区环境设计过程中，可以借助地势以及周围的情况来将耐候钢材料进行折叠或者扭曲，而其超强的形体塑造能力，也使得耐候钢材料被广泛应用于一些简洁几何造型的创造过程中。

⑤ 水泥挡土墙

由于水泥的塑形能力强，因此利用水泥仿木、仿石塑造挡土墙（图 3-160）的做法也比较常见，尤其是彩色水泥和防水涂料等新型材料的出现，通过水泥塑型和色彩变化表现景观也取得了较好的效果。一些场地或道路边缘的挡土墙，可用水泥仿制成石材纹理，矮小的挡土墙可以做成大小不一、高低错落的仿木桩式挡土墙，另外把水泥挡土墙用一种或多种涂料进行装饰，形成强烈色彩效果的墙面，也是一种理想的表现方法。

（3）从造型形式上划分

①直立式挡土墙

a. 浮雕、壁画式：将挡土墙处理成浮雕或壁画形式，可结合历史典故进行艺术塑造，还可以选用名言警句等。

b. 宣传栏式：多用在住宅之间的道路两侧，将挡土墙略加装饰形成阅报栏、宣传栏及广告海报专栏、既可点景，又可丰富居民的业余生活，增添浓郁的生活气息（图 3-161）。

图 3-162　加设成花池的挡土墙

图 3-163　花坛式挡土墙（盒子景观设计 / 中国 /2016）

c.艺术造型式：通过艺术的手法，改变挡土墙平直单调的形式，任意加减，加设成花池或构筑物，还可利用台面材料，改变挡土墙的色彩（图 3-162）。形成韵律，营造出一些颇具匠心的挡土墙形式。

② 倾斜式或台阶挡土墙

a. 垂直绿化式：可利用爬山虎、常春藤等攀援、爬藤植物形成垂直绿化形式，犹如一道天然的绿色屏障，丰富了色彩和景观。

b. 花坛式：把挡土墙设计成花坛的形式，增加绿化氛围，用绿化苗木来缓解视觉高差，既减轻了砌体工程给人带来的枯燥感，又增加了苗木绿化给人以赏心悦目的感觉。也可将上述几种功能形式综合采用，增加多样性的效果，使其更加充实，更加丰富（图 3-163）。

c.台阶、看台式：把挡土墙设计成看台、台阶的形式，采用逐步过渡的方法来调节高差的影响，不仅视觉上给人宽阔舒适的感觉，还能用来休闲娱乐。这种形式多数采用在住区运动场、景观广场的周围，避免了高差给人的视觉压抑感，增加了艺术性，并给人们提供了娱乐活动空间。

d. 水景式：水景式挡土墙在一些有地形高差的广场、台地等处较为多见，可营造出水池、瀑布、喷水墙、水幕墙等静水、流水、落水景观，使挡土墙更具有浓郁的现代气息，创造出更具活力的住区环境。

## 3.6.3.2 挡土墙的设计要点

（1）满足功能需求

不同于一般的景观墙，住区挡土墙的景观性是建立在功能性基础之上的。除了自身重力外，墙体承受土壤侧向压力、水分的侵蚀力、植物的生长力等多种外力作用。住区挡土墙的设计要首先保证其功能性，同时景观表现方法不能破坏挡土墙的结构，杜绝景观带来的安全隐患，做到功能与景观的良好结合。因此，在设计中首先要注意结构的基础加固；然后，多水地段应当设置排水设施，以防积水导致土体坍塌；其次，设置沉降缝与伸缩缝，这样可以有效减少砌体因收缩硬化和温度变化作用所产生的裂缝，从而避免滑坡；最后，对于路肩挡土墙，应当保证墙体的牢固度。

（2）强调整体协调

作为硬质景观的挡土墙在设计时必须考虑与其所处的环境相协调，需要设计者在材料的选择、墙体平立面的造型、植物配置上进行考虑。如需要表达粗犷风格，选材可取不加处理的毛石；要表达精致、整齐的风格，选材可取打磨整齐的石材（图 3-164）；在规则式的住区园林中可将挡土墙的平立面线形设计成直线、折线，形成庄重感和仪式感；在自然式的环境中可将其平立面设计成曲线的形

图 3-164　就地取材的挡土墙构造
（林墨飞设计 / 中国 /2017）

图 3-165　曲线造型的挡土墙

图 3-166　挡土墙与坐凳的结合来

式，给居民以舒美、自然、动态的感觉，以达到与周围环境相协调的效果（图3-165）。

（3）垂直绿化的营造

挡土墙是住区垂直绿化的重要载体，其优势包括：其一，利用园林植物软化线条；其二，在高差较小，坡度较缓，没有固化或部分固化的土壤上利用园林植物发达的根系固土护坡；其三，利用园林植物所特有季相变化来丰富色彩，增加观赏性。挡土墙与绿化结合的方式主要有：基础绿化式、攀爬式、垂吊式或镶嵌式。基础绿化式是利用园林植物在挡土墙的墙根做基础种植，以观赏植物的姿态、叶色、花色等与作为

图 3-167　挡土墙与流水景观结合

背景的挡土墙共同构成优美的画面；攀爬式是植物栽植在地面，沿墙面从下向上生长，形成下种上爬的生长格局。垂吊式是在挡土墙的上方种植园林植物，植物从上向下生长或下垂，形成上种下垂的生长格局。镶嵌式是利用砌块与砌块之间的预留缝隙植草或者是通过空心砖、种植槽等配置绿化植物，常用生长良好的地被植物，长势低矮的花灌木，给游人以强有力的视觉冲击。

（4）与其他环境设施的结合设计

把挡土墙与住区中其他环境设施有机地结合起来，不仅丰富了景观，而且能够形成一些集艺术与功能为一体的挡土墙。比如，挡土墙与坐凳的结合（图3-166）。坐凳是住区中常见的一种休息工具，而一些低矮的挡土墙就可以结合坐凳形状，成为一种既具有防护作用，又具有供人们休息功能的环境元素。再如，挡土墙与流水景观结合在一起，一方面，挡土墙的墙体变成了流水的岸线，可以改变水流的方向；另一方面，流水增加了挡土墙的动态感和立体感，营造了一种生动活泼的住区氛围（图3-167）。

## 3.6.4 景　墙

景墙是为了划分空间、组织景色、安排导游而布置的围墙，能够反映住区文化，兼有美观、隔断、通透作用的景观墙体。它在分隔空间、组织导游、衬托景物、装饰美化或遮蔽视线等方面优势明显，是住区环境构图的一个重要因素。景墙也中国古代园林建筑中常见的小品，其形式不拘一格，功能因需而设，材料丰富多样，如《园冶》所说，"宜石宜砖，宜漏宜磨，各有所制"（图3-168）。

### 3.6.4.1 景墙的功能

（1）景观载体

景墙作为一种住区构筑物，具有丰富的审美价值，主要是通过色彩、质感和肌理、造型等物质手段进行视觉

图 3-168　留园景墙

图 3-169　木格栅构筑的线型景墙（Site 设计 / 美国 /2016）

图 3-170 景墙在住区入口的导向功能

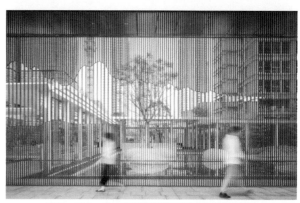

图 3-171　金属格栅景墙前后的园景若隐若现
（本色营造设计 / 中国 /2017）

表达，突破墙体本身的单调与呆板，使眼睛所能看到的特性都具有观赏价值，可作为观赏点，加之成功的布局与其他环境要素的结合，是塑造景观环境的重要组成部分。景墙是一种线性构置物，在平面布置上具有丰富多变的特质（图 3-169）。直线型的墙体是一种理性的表达，展现刚硬之美；曲线的墙体具有流动性、导向性与聚集性，韵律与节奏的变化展示出一种动态的美，在视觉以及空间上会给观赏者灵动而富有情趣的感觉。在景墙上设置漏窗或者改变墙面肌理，也是景墙造型的表现方式。漏窗不仅可以作为墙面的装饰，还可以产生漏景，采取半遮半掩的手法，使景色若隐若现，令人感到含蓄而雅致，这种形式常用于中国古典私家园林。

图 3-172　小中见大的艺术效果（怡境景观设计 / 中国 /2017）

（2）空间属性

　　景墙在住区空间中，具有组织景色的功能，引导居民由一个空间进入另一个空间，具有导向和组织空间画面的构图作用，能在各个不同角度都构成完美的景色，达到步移景异的效果。同时还能把单体要素有机结合在一起（图 3-170）。此外，景墙作为一个竖向实体构件，使人们在积极感受和享受景观的同时影响人的运动轨迹，影响人的视觉空间，进而影响人的心理空间。人们在体会运动的过程，在时间和空间的转换里享受景墙所带来的情绪、光线、景观、视线的转换等。而景墙的分隔和围合功能则是一种虚实的表现形式，体现了"虚实相生"的审美意境（图 3-171）。分隔是为了隐藏，围合是为了突出。分隔和围合也便于在景观空间中形成丰富多变的景象，且在有限的空间收到小中见大的艺术效果（图 3-172）。

（3）文化表达

景墙作为一个客观存在体，其用途远远超出了其物质功能。景墙在造"景"的同时，也要注重造"境"，更要体现造"情"。造情要根据社会公众的需求、人们的文化水平、地域或民族的心理特征、审美能力、审美兴趣、心态等方面进行分析，使人在观景时具有共鸣感、个性感、文化感。景墙的文化表达通常是表现在特定环境中，用特殊手法如涂料、浮雕、篆刻等对人的视觉和触觉产生感官反应，进而达到一种展示、宣传或发展文化的目的，通过思想影响和教育的有力手段，陶冶住区居民的情操（图3-173）。有意识地把住区文化注入景墙设计中，赋予景墙一定的文化内涵，居民们可以通过直观的表达来感受住区文化，并从中获得一定的归属感。

图3-173 赋予教育目的的景墙设计
（资料来源：《景观设计年鉴——住区景观》）

### 3.6.4.2 景墙的分类

（1）从造型上划分

① 直线型景墙

直线是景墙最为典型的形态概括，空间中的景墙往往以形态各异的线性呈现。这类景墙会体现出作为水平直线的宽广、平稳，具有延伸之感的性格特征（图3-174）。而当垂直的方向感受到更多的强调时，它就会表现为作为垂直线条的理性、刚硬、坚实稳重、直截了当和干脆明快。直线形的墙可以给予空间简单明确的划界。在现实的住区环境中比较常用的处理手法，如直线形的矮景墙可以作为不同类型空间的界定，比如界定软硬质空间的植物种植边界；界定地形的竖向高差变化；划分出人行区域和车行区域边界等。可见，用直线来界定具有强制性的特征（图3-175）。

② 斜线型景墙

沿着空间中非水平或非垂直方向的规则运动感就会产生斜线，斜线是相对于空间中其他水平或垂直参照物而言的。斜线的性格具有飞跃、冲刺的感觉，充满了活力。斜线处理手法的景墙，会使空间产生不稳定的感觉，有冲破空间界限的力度与动感。空间中的斜线墙的形态比较复杂，可以使自身形态和不同方向上的倾斜，也可以是相对于某种固定或变化的参照物的倾斜。

③ 曲线型景墙

曲线可以分为自由曲线和规则曲线。当点运动的轨迹呈有规律的变化时即成规则的曲线，反之则会形成自由的曲线。相对于直线，曲线则更能体现出较为温情的情感性格，节奏和旋律感较强，能够凸显出柔软而优雅的情调（图3-176）。在住区空间中，呈曲线变化的景墙同样具有这种性格，它可以柔化空间的边

图3-174 直线型景墙具有延伸之感

图3-175 景墙起到界定空间的作用（Roche设计/美国/2016）

图3-176 曲线型景墙
（资料来源：《景观设计年鉴——住区景观》）

图 3-177　柔化广场边界的曲线景墙（林墨飞设计 / 中国 /2014）

图 3-178　折线型景墙对空间的引导作用
（资料来源：《景观设计年鉴——住区景观》）

界，与硬朗的线条形成对比的平衡，可以形成若干个重复渐变、具有韵律的秩序空间（图 3-177）。但是，对于曲线景墙应当谨慎使用，它过于动感的性格，如果运用不得当会使空间产生极不稳定的感觉，甚至凌乱得毫无章法。所以对于曲线形墙的运用应该注意实际情况，注意张弛，点到为止。

④折线型景墙

点在规则的运动轨迹上发生方向上的改变就产生了折线。折线是介于直线和曲线中间的一种形式，控制线性的点比直线多而远不及于曲线。折线除了端点外，还有折点牵引并控制着线段，形成一个向折点聚合牵引的力的空间感觉，把人的视线向中心汇聚（图 3-178）。由于折线的走向具有不确定的变化性，所以极富刚劲、冲动、激越的表情特征。它对人的视线和游走的方向有非常强的引导作用，使空间跌宕起伏，富有较激烈的变化。根据墙面形成折角的角度大小可以分为锐角折墙、直角折墙和钝角折墙（图 3-179）。

图 3-179　直角折墙

（2）从风格上划分

根据景墙的不同风格，将其归纳为古典式景墙、现代式景墙和混合式景墙三种类型。

①古典式景墙

古典式景墙比较具有代表性的是中国古典园林中的花墙。它是园林中的花窗、花格和洞门等界面的称谓，是指墙上的部分做成镂空的样式，达到漏景、框景、对景等效果，使空间彼此联系渗透，增添环境氛围的乐趣性，控制游览视线。另外，影壁也是一种古典式景墙，其功能上不仅能够遮挡住外人的视线，还可以烘托气氛，增加住宅气势（图 3-180）。

②现代式景墙

社会的进步，不断丰富着景墙的内容。现代式景墙不受限于旧有的设计思想，在形态方面的艺术性越加增强，颜色、材料、实用性等方面也不断完善，受到住区居民的喜爱（图 3-181）。

图 3-180　古典式景墙（S.P.I 景观设计 / 中国 /2017）

图 3-181　现代式景墙（顺景设计 / 中国 /2017）

图 3-182 高度适当的景墙比例

图 3-183 景墙高度的设计
（资料来源：《景观设计年鉴——住区景观》）

③混合式景墙

混合式景墙，顾名思义，可以理解为提取古典形式、应用现代材料技术所产生的景墙，可看做现代住区文化传承的形式。

### 3.6.4.3 景墙的比例设计要求

景墙能很好地存在于住区空间的各个区域中，与之产生良好的空间感情，主要源于景墙的比例设计（图3-182）。景墙的比例关系可以通过长宽高三个方面进行研究，即高度、厚度、长度。

①景墙的高度设计

景墙的高度表现了垂直限定，影响空间的封闭性和人对空间的视觉感受，这也促使高度成为景墙设计的关键构成。当人坐着的时候，人视线要比站着时候低，

图 3-184 亲近式的景墙和座椅使人在舒适的范围内与他人互动
（Roche+Roche 设计 / 美国 /2017）

坐着的时候若景墙挡住了内外交流的视线，则会获得私密性，站起来则可看到空间的内外景色（图3-183）。而当人的视线高度近乎于景墙的高度时，人的观赏兴致会产生懈怠情绪，会使人的视线止于景墙上（图3-184）。假设景墙高度为 $H$，当 $H \leq 0.4\text{m}$ 时，无封闭性，可供人休憩。当 $0.4\text{m} < H \leq 0.6\text{m}$ 时，与0.4m 高的情况相似，人可较轻易跨越，但此时景墙具有划分空间的功能。当 $0.9\text{m} < H \leq 1.2\text{m}$ 时，视线仍有连续性，但阻碍人通行，人不会轻易跨越。当 $1.2\text{m} < H \leq 1.5\text{m}$ 时，这一高度的景墙具有灵活性的特点，给人以选择性，属于中介性质的高度，人走动或站立，景墙仍体现分割空间的特性。而当人坐下，私密性加强，同时这一高度的景墙能引起人们注意，并对行为产生限制。当 $H \geq 1.8\text{m}$ 时，人们视线完全被阻碍，封闭性强（表3-9）。

表 3-9　景墙高度对人的影响

| 景墙高度 | 对人的影响 |
| --- | --- |
| $H \leq 0.4\text{m}$ | 无封闭性，可休憩 |
| $0.4\text{m} < H \leq 0.6\text{m}$ | 较易跨越，可划分空间 |
| $0.9\text{m} < H \leq 1.2\text{m}$ | 视线有联系，阻碍通行，不易跨越 |
| $1.2\text{m} < H \leq 1.5\text{m}$ | 灵活性，选择性，中介高度，分割空间，私密性，限制行为 |
| $H \geq 1.8\text{m}$ | 视线完全阻隔，封闭性强 |

②景墙的厚度设计要求

景墙厚度的设计要求由材料和结构等因素决定。若要构建稳定、高大的景墙效果，需要加宽其厚度，而灵巧

轻快的景墙，其厚度相对较窄。传统意义的景墙厚度大于300mm，若景墙的长度较大，则需考虑适度地加厚，以获得比例的协调（图3-185）。当景墙处于住区空间中的焦点位置时，因为它影响整个空间环境的建造，所以要充分思量它的厚度。而当它处于边界或者充当背景时，其厚度可稍加注意，具体尺寸应根据实际情况进行综合考量（图3-186）。

③景墙的长度设计要求

景墙的长度是一种连续性的表达，影响着住区空间的围合度并形成行进路线，进行方向的指引。景墙越长，连续性越强，围合程度越高，对视线的阻隔效果明显，景墙越短，则反之。对于景墙在住区环境中的长度构成，要合理适度，过长或过短的景墙易造成空间环境的单调或方向感被削减，因此具体环境需要具体分析。

图3-185 常见的景墙厚度

图3-186 根据设计增加景墙厚度（怡景设计/中国/2017）

## 3.7 植 物

在建设部发布的行业标准《风景园林基本术语标准》（CJJ/T91-2017）中，将植物配置定义为：按植物生态习性和园林规划设计的要求，合理配置各种植物，以发挥它们的园林功能和观赏特性的设计活动。以植物配置为主的住区绿地，不但能吸收噪声、净化空气、调节气温、改善生态小气候，而且花草树木的合理布置，以及少量建筑小品、水体等的点缀既软化了生硬的住区建筑，又美化了景观面貌（图3-187）。因此，合理的住区植物配置具有重要意义。

### 3.7.1 植物配置的基本原则

#### 3.7.1.1 建设科学合理的植物群落

植物群落是住区绿地的基本构成单位。科学合理的植物群落结构是绿地稳定、高效和健康发展的基础，是住区生态功能的基础和绿地景观丰富的前提。丰富的植物群落是营造良好居住环境的前提，但群落并不是乔木、灌木、花草的简单堆砌，而是从适合本地生长环境的具有一定稳定性的植物中挑选出受大众广泛喜欢的种类，按照一定的生态学和美学原理创造出适合居住环境的人工植物群落（图3-188）。

图3-187 住区山体公园种植（林墨飞设计/中国/2016）

图3-188 植物群落是住区绿地的基本构成单位

（1）植物大小的搭配

在植物群落中，首先应该确立较大乔木的位置，这是因为它们的配置将会对设计的整体结构和外观产生很大影响。较大乔木定植后，再安排小乔木和灌木，以完善和增强乔木形成的结构和空间特性。较矮小的植物就是在较大植物所构成的结构中展现出的更具人格化的细腻装饰（图3-189）。

（2）植物的品种搭配

应在设计布局中认真研究植物及其搭配，在选用落叶植物时，首先考虑其所具有的可变因素。针叶常绿植物的使用则必须注意尽量采用群植方式，避免出现分散的效果。这是因为它在冬天凝重而醒目，过于分散，则会导致整个布局混乱。在一个布局中，落叶植物和针叶常绿植物的使用应保持一定的比例平衡关系，针叶植物所占的比例应小于落叶植物，最好的方式就是将两种植物有效地组合起来，从而在视觉上相互补充，达到"乔遮阴、草铺底、花灌藤木巧点缀"的景观效果（图3-190）。

（3）季相色彩的搭配

选择季相形态不同的树种，才能表现出春有花、夏有叶、秋有果、冬有形的多种景观。与春、夏、秋季相比，树木的色彩在冬季是比较单调的，多为灰褐色，但是有些树木的枝干却有着鲜艳的色彩，比如具有红色枝条的红瑞木，具有绿色枝条的树锦鸡，具有白色枝干的白桦，这些枝干在落叶之后色彩更为醒目。除了枝干彩色景观外，宿存果实也是植物冬季的另一种美丽景观。红色果的植物有接骨木、桃叶卫矛、金银忍冬、山楂等；金色果的有花楸；绿色果的有红瑞木、文冠果。可见，利用植物枝干、叶以及果实色彩的变化，可以创造出生趣盎然的宅间绿地（图3-191、图3-192）。

### 3.7.1.2 符合住区环境要求

人们对住区环境绿化有着非常现实的功能要求，包括物质功能和精神功能两方面的要求。

（1）符合物质功能要求

① 净化空气：没有污染和异味是人们对居住环境的基本要求。绿色植物通过光合作用，能吸收二氧化碳，放出人赖以生存的氧气。城市人均绿地需 $10m^2$ 才可达到平衡空气中二氧化碳和氧气的要求。空气中还含有二氧化硫、一氧化硫、硫化氢等有害物质。尤其在城市的矿区、厂房周围的住区中，应种植抗污染的树种，达到净化空气的功效。

图3-189　较大乔木在植物群落中的重要位置

图3-190　针叶植物的应用

图3-191　红枫的色彩与周围种植形成对比

图3-192　季相色彩的搭配

图 3-193　树阵的遮阳功能

图 3-194　利用乔木形成树阵

图 3-195　植物是住区意境创作的主要素材（Lab D+H3/ 中国 /2016）

图 3-196　住区内的竹林景观（Lab D+H3/ 中国 /2016）

②改善小环境：在住区植物景观设计中，可因地制宜地保持其原有的植被、水体及自然的地形地貌，或适当增加人工水景的建造，利用水面及绿化的水分蒸发，增加空气的相对湿度，同时吸收外部热量，从而降低夏季气温；而垂直于冬季主导风向的密植乔木可起到抵挡北风侵入、提高住区气温的作用。

③遮阳与日照：住区道路、庭院、西晒住宅楼等均有遮阳要求。选择枝长叶大的树种作为行道树，选择落叶树种植于庭院及活动区周围，夏季长满叶子就可以遮阳；冬季落叶后，阳光可以直射入院；给人们营造一个夏季清凉、冬季温暖的室外活动空间。东西向住宅楼西侧一般种植成排的高大乔木，可以遮阳纳凉，降低住宅室内温度（图 3-193、图 3-194）。

④隔声、防尘、杀菌：在住区运动场周围、街道等区域两侧，灌木和乔木搭配密植可以形成一道林荫路，一般情况下，绿化可以减弱噪声 20% 左右。绿化还可以阻挡风沙、吸附尘埃，大面积的绿化覆盖对于防尘也有一定效果。另外，许多植物的分泌物有杀菌作用，如树脂、橡胶等能杀死葡萄球菌，种植此类植物可以消灭空气中散布的各种细菌，防止疾病。

（2）符合精神功能要求

①丰富空间：采用点、线、面结合的手法形成植物群落，构成绿化空间的连续性，让人们随时随地生活、活动在舒适的绿化环境之中。例如，可以利用绿篱分隔空间，利用草坪限定空间，利用不规则的树丛、活泼的水面、山石创造空间，有收有放、忽隐忽现，给人以丰富的空间层级感。

②意境创造：意境营造是中国传统园林的独有主题，而植物则是意境创作的主要素材（图 3-195）。住区环境中的意境可以借助于山水、建筑、植物、山石、道路等来体现，但植物产生的意境有其独特的优势，因为植物不仅有优美的姿态、丰富的色彩、沁人的芳香，还是具有生命的活机体，是人们感情的寄托，达到"比德畅神"

的意境。例如，松象征坚强不屈、竹象征虚心有节、梅象征不屈不挠、柳象征强健灵活等（图3-196）。这些植物都是创造美好住区意境的优秀素材。

③ 赋予生活情趣：住区环境往往是常绿与落叶树搭配，乔灌花草结合，疏密有致，配以水面的烘托，亭、廊、桥的精心布局，迂回曲折的林荫小道，掩映隐约，供人们尽情地享受自然的风光，可以消除疲劳、丰富生活、陶冶情操。在绿地内根据功能需要设置一定的铺装地面、座椅、庭园灯、休息处、沙坑以及儿童游戏设施，来满足多样性的居民活动要求（图3-197）。

### 3.7.1.3 适地适树原则

适地适树，通俗地说，就是把树木栽在适合的环境条件下，是因地制宜的原则在选用树种的具体化。也就是使树木生态习性和住区栽植地生境条件相适应，达到树和地的统一，使其生长健壮，充分发挥其园林功能。因此，适地适树是住区种植的一项基本原则。地和树是矛盾统一体的两个对立面。二者之间，不一定也不可能达到永远绝对的融洽和保持长久的平衡，只要求基本部分相适应，且能达到一定的园林功能效果（图3-198）。

园林树木适地适树虽然是相对的，但也应有个客观标准。这个标准与造林有所不同，它是根据园林绿化的主要功能目的来确定的。从卫生防护、保护环境出发，在污染较严重的地区要能成活，整体有一定的绿化效果，对偶尔阵发性高浓度污染有一定抗御能力的树种。以观赏为目的树种，要求生长健壮、清洁、无病虫害，供观赏的花、果正常（图3-198）。

适地适树，要遵照四条基本原则：第一，是选择种树，即满足以地选树，或按树选地原则（图3-199）。

图3-197 赋予生活情趣的种植搭配

图3-198 当地植物的应用

以华北地区为例，在背风向阳处，可选种的树种很多。但对许多南树北移的树种，则必须选种在背风向阳，小气候较好的地方。第二，是改地适树。如住区某些方面不适合某一树种植时，可通过人为措施（如进行深翻、换土，及日后养护管理等）来改造栽植地环境，创造条件满足其基本生态习性的要求，使其在原来不甚适应的

图3-199 以蔬果种植为景观的设计手法

图3-200 热带地区的住区种植

地方进行生长，这是栽培上常用方法。第三，是适地接树。即嫁接在适合该地生长的砧木上，如选用耐寒、抗旱、耐盐碱砧木，以扩大种植范围。第四，是适地改树。即通过引种驯化、育种等方法，改变树种某些特性，如经抗性育种等。

## 3.7.2 植物的配置方式

住区植物的配置主要集中于入口绿地、中心绿地、组团绿地、宅旁绿地以及道路绿地等各类型绿地，其配置方式具体如下。

（1）入口绿地的植物配置

住区入口绿地空间主要包括了内、外的景观过渡空间和景观引导空间，是住区与城市之间的过渡缓冲地带，它的首要特征是穿越性和过渡性，但从景观角度来说，城市公共空间和居住私有空间之间的联系能给人带来一种融合的感觉。住区入口绿地作为住区景观的外延，是住区植物景观和城市街道植物景观的连接点。为实现人们从"外"向"内"的心理空间的安全转换，入口绿地的种植设计应在整体风貌上注重保持住区和城市风貌的整体性，强调以严谨的序列组织实现两者的统一（图3-201）。同时，根据场地现状与城市道路保持适当的距离并着重空间形态、色彩、细部设计等元素以突出小区的个性特征，从而保持两者之间的差异，使使用者对住区产生特殊的情感，营造住区特有的家园气息。种植形式主要有：规则树列式、与小品结合式、植物组群式和疏林广场式，具体的布局依场地大小、位置和功能而定（图3-202）。在竖向植物群落上要注重层次的丰富，一般为复层的人工植物群落，具体形式因平面布局、入口功能等而异。植物种类的选择结合场地大小考虑适量的体量和尺度，保证视线的通透并保持稳定的形象。

（2）中心绿地的植物配置

中心绿地作为住区内最大的公共绿地，是住区环境系统的重要组成部分。作为集交往、娱乐、运动、游憩等于一体的多功能公共交往活动空间，中心绿地常设置于住区的中心位置（图3-203）。忙碌的生活节奏使人们渴望与人交流、渴望回归自然，大面积的中心绿地对居民吸引力强，具有强烈的聚合作用，不仅是住区景观形象的象征，还是实现人与人、人与自然、人与自我真正的和谐共处的最佳方式。很多住区的中心绿地往往以大片草坪出现，且种植设计多开放性为主，功能明确，突出实用性。高大的乔木、色彩丰富的灌木或花草等植物结合草坪模拟自然群落栽植，有助于改善住区环境小气候，吸引人们亲近。植物与地形、小品等相结合，形成的各式开敞与半开敞相组合的植物绿地空间，为住户提供参与性场所，有利于增进住

图3-201 体现秩序感的住区入口种植设计
（Zinialand 设计 / 中国 /2016）

图3-202 组合形式的绿化种植
（Roche+Roche 设计 / 美国 /2017）

图3-203 中心绿地常设置于住区中心位置（筑原景观设计 / 中国 /2016）

区邻里关系。种植形式因地形、住区性质等因素而多样，注重植物的空间营造效果，其包括水池树列式、疏林草地式、自然组景式、自由混合式四种形式，当中心绿地面积较大时，具体布局常采用以上几种组合形式，体现出规则式和自然式的搭配效果。竖向植物群落包括了单层和复层植物群落，以模仿自然为主，树种的选择多突出观赏性。

（3）组团绿地的植物配置

组团形式虽大小不一，但被普遍认为是一个基本的社会单元。组团绿地的大小、形状及位置随着住区建筑的布置方式和布局手法而千变万化（图3-204）。作为直接靠近住宅的组团绿地，是组团居民邻里交往、儿童游戏、老人聚集等户外活动的重要场所，植物配置以实现各部分功能、满足精神需求为前提，保证组团之间的相对独立性也增强组团内部空间的合而不围之感。配置结合住区建筑组团以及景观元素，形成可识别的边界和场所感，内部整体空间以半开敞式为主，结合花架、儿童设施及休息设施等，促进邻里交往。平面布局上具体有自由开敞式、围合庭院式（图3-205）等形式。立面群落设计受建筑高度以及组团空间宽度的影响，可设计成复层群落结构，群落形式不一（图3-206）。植物选择上要注重色彩丰富，种类多样，致力于营造出安定美好的院落氛围。

（4）宅旁绿地的植物配置

该类绿地是包括了宅前、宅后、住宅之间以及建筑本身的绿化用地。在住区绿地中面积最大、使用频率最高、分布最广且与居民生活联系最为紧密，是居民日常休闲和交往的重要场所。因而，种植配置首先要注意的是与住区内其他类型绿地尤其是组团绿地、道路绿地的融合与过渡。从功能性角度来说，以满足居民全方位的身心活动需求为前提，结合建筑高度、方位、光照等因素，充分考虑居民的生活习惯和要求，注重追求实用效果，例如南面考虑室内采光和通风，植物配置要疏远一些。从景观性角度来说，应注重植物与建筑在美学方面的协调与统一（图3-207），考虑建筑的外观因素，结合植物的形态、体量以及季相进行种植。平面布局上，受楼间距的影响，主要有植物群组式、与小品结合式以及基础绿化式三种形式。立面设计上，植物与建筑互为影响，因而具体的植物群落搭配依据建筑高度、楼间宽度等而不一样。

（5）道路绿地的植物配置

道路绿地是住区植物景观中的重要组成部分，在

图3-204　组团绿地的植物配置（水石设计/中国/2018）

图3-205　围合庭院式组团绿地（水石设计/中国/2018）

图3-206　组团绿地的复层群落结构

图3-207　植物与建筑在美学方面的协调与统一

统一住区风格、改善住区环境等方面具有重要作用（图3-208）。一般来说住区道路绿地由居住区级道路景观、组团级道路景观以及宅间小路景观构成。其植物层次配置也依据道路性质和功能需求而定。种植设计的差异包括树种选择、设计手法等。同时，绿化隔离带宽度的变化也有助于道路层次的等级分明。

①居住区级道路

居住区级道路是住区道路系统中的主干，具车行功能。该道路植物配置以保证视线通透、保障行人安全为前提（图3-209）。同时，该类型道路多人车分流，因而植物兼具绿化隔离带的功能以增强步行舒适度。形式上主要有行列对称式和植物群组式两种。前者竖向上一般为上下两层配置，上层选择冠大荫浓、枝叶茂盛且植物树姿端正、树干直挺且胸径、冠幅、高度、分支点统一的乔木，形成序列美；下层以不影响行车视线为前提，选择低矮灌木或是草坪、时令花卉等。高大乔木与地矮灌木的结合，营造舒适大气的植物覆盖空间。当道路宽幅较大时常采用后者形式，各类植物以乡土性为原则进行组合式搭配，一般为上、中、下三层配置。

②组团级道路

组团级道路与宅旁绿地、组团绿地等相衔接。功能上考虑各类人群的流通以及住户回家道路的可识别度，景观上以维持居住区整体景观的统一性为前提（图3-210）。因而植物配置手法多样，常结合多种植物组合成群落以实现组团级道路的开敞、封闭式空间之间的转换。具体主要有行列式和组群式两种，道路宽幅不大且车行的组团道路两侧常采用行列式进行竖向的上下两层植物配置，以便于引导方向、保持美观。组群式多出现于组团道路宽幅较大的车行道路或是只通人行的组团道路两侧。组群式竖向上、中、下三层配置，但在只通人的道路两侧采用小乔木。各路口交叉处进行重点设计，采用乔灌草甚至是花境的方式布局，引导人流的同时点亮局部区域景观。植物多选用春季发芽早、秋季落叶迟、叶色美丽且季相变化丰富的种类为宜。

③宅旁级道路

宅旁级道路多衔接建筑与组团道路，多供居民步行，多为基础绿化式。种植配置的重点在于引导性和可识别性，采用开敞式或半开敞式设计，自由式配置、样式多变。立面上乔、灌、草和各种地被花卉高低错落、自然布置，花与叶色具有四季变化。住宅入口处常点缀球形灌木、色叶或观花树种以强调（图3-211），且不同住户门口树种多有不同，形式也多不一，可识别性强。

图3-208 九曲花街两侧的绿地

图3-209 居住区级道路绿化

图3-210 组团级道路种植

图3-211 住宅入口点缀球形灌木

### 3.7.3 植物品种的选择

#### 3.7.3.1 植物选择的基本原则

按植物生态习性和住区环境布局要求，合理配置园林中各种植物（乔木、灌木、花卉、草皮和地被植物等），以发挥它们的园林功能和观赏特性。在住区绿化中，为了更好的创造出舒适、卫生、宁静优美的生活、休息、游憩的环境，要注意植物品种的选择（图3-212），原则上要考虑以下几个方面。

① 考虑绿化功能的需要，以树木花草为主，提高绿化覆盖率，以起到良好的生态环境效益。

② 要考虑四季景观的绿化效果，采用常绿树和落叶树、乔木和灌木、速生树和慢长树、重点与一般相结合的方式，不同树形、色彩变化的树种相互配置，使乔、灌、花、篱、草相映成景，丰富美化居住环境。

③ 树木花草种植形式要多种多样，除道路两侧需要成行成列栽植树冠宽阔、遮阴效果好的树木外，可采用丛植、群植等手法，以打破成行成列住宅群的单调和呆板感，以植物布置的多种形式，丰富空间的变化，并结合道路的走向，建筑、门洞等形成对景、框景、借景等，创造良好的景观效果。

④ 植物材料的种类不宜太多，又要避免单调，力求以植物材料形成特色，使统一中有变化，各组团、各类绿地在统一基调的基础上，又形成各有特色的植物群落（图3-213）。

⑤ 尽量选择生长健壮、管理粗放、少病虫害、有地方特色的优良树种。还可栽植一些有经济价值的植物，特别是在庭院内、专用绿地内可多栽植既好看又实惠的植物，如桃、核桃、樱桃、玫瑰、葡萄、连翘、麦冬、垂盆草等。花卉的布置使住区增色添景，可大量种植宿根、球根花卉及自播繁衍能力强的花卉，不仅省工节资，又获得良好的观赏效果，如美人蕉、蜀葵、玉簪、石竹、芍药、葱兰、波斯菊、虞美人等（图3-214）。

⑥ 适当采用攀援植物，以绿化装饰墙面、各种围栏、矮墙，提高住区立体绿化效果，并用攀援植物遮蔽不佳的景观形象，如地锦、五叶地锦、凌霄、常春藤、山荞麦等（图3-215）。

⑦ 在住区幼儿园及儿童游戏场等场所，忌用有毒、带刺、带尖，以及易引起过敏的植物，以免伤害儿童。如漆树、夹竹桃、凤尾兰、构骨等。在运动场、活动场不宜栽植大量飞毛、落果的树木，如杨柳、银杏、悬铃木、构树等（图3-216）。

⑧ 要注意与建筑物、地下管网有适当的距离，以免影响建筑的通风、采光，影响树木生长和破坏地下

图3-212 种植配置有助于创造宁静优美的生活环境

图3-213 在统一中寻求变化

图3-214 宿根花卉的应用

图3-215 以攀援植物装饰墙面

图 3-216　儿童游戏场周围的种植

图 3-217　乔木应距离建筑物一定距离

管网（图 3-217）。乔木应距离建筑物 5m 左右，距离地下管网 2m 左右；灌木距离地下管网和建筑物 1~1.5m 左右。

### 3.7.3.2 常见植物的选择

　　植物具有生命，不同的园林植物具有不同的生态和形态特征。它们的干、叶、花、果的姿态、大小、形状、质地、色彩和物候期各不相同，它们（主要指树木）在幼年、壮年、老年以及一年四季的景观也颇有差异。进行植物配置时，要因地制宜，因时制宜，确保植物正常生长，充分发挥其观赏特性。选择园林植物要以乡土树种为主，以保证住区植物有正常的生长发育条件，并反映出不同住区的植物风格。选择当地特色植物种类，尤其是选择抗性强、适应性好的植物，使住区环境的特色更加明显，从而实现其园林环境的可持续发展，常见的绿化树种及花卉选择如下（表 3-10 ~ 表 3-12）。

表 3-10　常见绿化树种分类表

| 分类 | 植物列举 |
|---|---|
| 常绿针叶树 | 乔木类：雪松、红松、黑松、龙柏、马尾松、桧柏、苏铁、南洋杉、柳杉、香榧<br>灌木类：罗汉松、千头柏、翠柏、匍地柏、日本柳杉、五针松 |
| 落叶针叶树（无灌木） | 乔木类：水杉、金钱松、池杉、落羽杉 |
| 常绿阔叶树 | 乔木类：香樟、广玉兰、女贞、棕榈<br>灌木类：珊瑚树、大叶黄杨、瓜子黄杨、雀舌黄杨、枸骨、橘树、石楠、海桐、桂花、夹竹桃、黄馨、迎春、撒金珊瑚、南天竹、六月雪、小叶女贞、八角金盘、栀子、蚊母、山茶、金丝桃、杜鹃、丝兰（波罗花、剑麻）、苏铁（铁树）、十大功劳 |
| 落叶阔叶树 | 乔木类：垂柳、直柳、枫杨、龙爪柳、乌桕、槐树、青桐（中国梧桐）、悬铃木（法国梧桐）、槐树（国槐）、盘槐、合欢、银杏、楝树（苦楝）、梓树<br>灌木类：樱花、白玉兰、桃花、腊梅、紫薇、紫荆、戚树、青枫、红叶李、贴梗海棠、钟吊海棠、八仙花、麻叶绣球、金钟花（黄金条）、木芙蓉、木槿（槿树）、山麻杆（桂园树）、石榴 |
| 竹类 | 慈孝竹、刚竹、毛竹、紫竹、观音竹、凤尾竹、佛肚竹、黄金镶碧玉竹 |
| 藤本 | 紫藤、络实、地锦（爬山虎、爬墙虎）、常春藤、葡萄藤、扶芳藤 |
| 花卉 | 太阳花、长生菊、一串红、美人蕉、五色苋、甘蓝（球菜花）、菊花、兰花 |
| 草坪 | 天鹅绒草、结缕草、麦冬草、四季青草、高羊茅、马尼拉草、三叶草、马蹄瑾 |

表 3-11　常用树木选用表

| 名称 | 学名 | 科别 | 树形 | 特征 |
|---|---|---|---|---|
| 碧玉间黄金竹 | *Phyllostachys viridis cv. Houzeauana* | 禾本科 | 单生 | 竹秆翠绿，分枝一侧纵沟显淡黄色适于庭院观赏 |
| 八角金盘 | *Fatsia japonica* | 五加科 | 伞形 | 性喜冷凉气候，耐阴性佳。叶形特殊而优雅，叶色浓绿且富光泽 |

续表

| 名称 | 学名 | 科别 | 树形 | 特征 |
|---|---|---|---|---|
| 白玉兰 | *Magnolia denudata* | 木兰科 | 伞形 | 颇耐寒，怕积水。花大洁白，3~4月开花。适于庭园观赏 |
| 侧柏 | *Thuja orientalis* | 柏科 | 圆锥形 | 常绿乔木，幼时树形整齐，老大时多弯曲，生长强，寿命久，树姿美 |
| 桉树 | *Faxinus insularis* | 木樨科 | 圆形 | 常绿乔木，树性强健，生长迅速，树姿叶形优美 |
| 重阳木 | *Bischoffia javanica* | 大戟科 | 圆形 | 常绿乔木，幼叶发芽时，十分美观，生长强健，树姿美 |
| 垂柳 | *Salix babylonica* | 杨柳科 | 伞形 | 落叶亚乔木，适于低温地，生长繁茂而迅速，树姿美观 |
| 慈孝竹 | *Banbusa multiplex* | 禾本科 | 丛生 | 杆丛生，杆细而长，枝叶秀丽，适于庭园观赏 |
| 翠柏 | *Calocedrus macrolepis* | 柏科 | 散形 | 常绿乔木，树皮灰褐色，呈不规则纵裂；小枝互生，幼时绿色，扁平 |
| 大王椰子 | *Oreodoxa regia* | 棕榈科 | 伞形 | 单干直立，高可达18m，中央部稍肥大，羽状复叶，生活力甚强，观赏价值大 |
| 大叶黄杨 | *Euonymus japonica* | 卫矛科 | 卵形 | 喜温湿气候，抗有毒气体。观叶。适作绿篱和基础种植 |
| 枫树 | *Liquidamdar formosana* | 金缕梅科 | 圆锥形 | 落叶乔木，树皮灰色平滑，叶呈三角形，生长慢，树姿美观 |
| 枫杨 | *Pterocarya stenoptera* | 胡桃科 | 散形 | 适应性强，耐水湿，速生；适作庭荫树、行道树、护岸树 |
| 铺地柏 | *Sabina procumbens* | 柏科 | 散形 | 常绿匍匐性矮灌木，枝干横生爬地，叶为刺叶；生长缓慢，树形风格独特，枝叶翠绿流畅；适作地被及庭石、水池、沙坑、斜坡等周边美化 |
| 佛肚竹 | *Bambusa bentricosa* | 禾本科 | 单生 | 竹杆的部分节间短缩而鼓胀，富有观赏价值，尤宜盆栽 |
| 假连翘 | *Duranta repens* | 马鞭草科 | 圆形 | 常绿灌木；适于大型盆栽、花槽、绿篱；黄叶假连翘以观叶为主，用途广泛，可作地被、修剪造型、构成图案或强调色彩配植，耀眼醒目 |
| 枸骨 | *Ilex cornuta* | 冬青科 | 圆形 | 抗有毒气体，生长慢；绿叶红果，甚美；适于基础种植 |
| 构树 | *Broussonetia papyrifera* | 寿麻科 | 伞形 | 常绿乔木，叶巨大柔薄，枝条四散，姿态亦美 |
| 广玉兰 | *Magnolia grandiflora* | 木兰科 | 卵形 | 常绿乔木，花大白色清香，树形优美 |
| 桧柏 | *Juniperus Chinensis* | 柏科 | 圆锥形 | 常绿中乔木，树枝密生，深绿色，生长强健，宜于剪定，树姿美丽 |
| 海桐 | *Pittosporum tobira* | 海桐科 | 圆形 | 白花芬芳，5月开花；适于基础种植，作绿篱或盆栽 |
| 海枣 | *Phoenix dactylifera* | 棕榈科 | 伞形 | 干分蘖性，高可达20~25m，叶灰白色带弓形弯曲，生长强健，树姿美 |
| 旱柳 | *Salix matsudana* | 杨柳科 | 伞形 | 适作庭荫树、行道树、护岸树 |
| 合欢 | *Albizia julibrissin* | 含羞草科 | 伞形 | 花粉红色，6~7月，适作庭荫观赏树、行道树 |
| 黑松 | *Pinus Thumbergii* | 松科 | 圆锥形 | 常绿乔木，树皮灰褐色，小枝橘黄色，叶硬二枚丛生，寿命长 |
| 红叶李 | *Prunus cerasifera. F. arropurpurea* | 蔷薇科 | 伞形 | 落叶小乔木，小枝光滑，红褐色，叶卵形，全紫红色，4月开淡粉色小花，核果紫色；孤植群植皆宜，衬托背景 |
| 华盛顿棕榈 | *Washingtonia filifera* | 棕榈科 | 伞形 | 单干圆柱状，基部肥大，高达4~8m，叶身扇状圆形，生长健，树姿美 |

续表

| 名称 | 学名 | 科别 | 树形 | 特征 |
|---|---|---|---|---|
| 槐树 | *Sophora japonica* | 豆科 | 伞形 | 枝叶茂密，树冠宽广，适作庭荫树、行道树 |
| 黄槐 | *Cassia glauca* | 豆科 | 圆形 | 落叶乔木，偶数羽状复叶，花黄色，生长迅速，树姿美丽 |
| 黄金间碧玉竹 | *Bambusa vulgaris* Schrader ex Wendland var. *vittata* A. et C. Riviere | 禾本科 | 单生 | 观赏竹；竹秆黄色嵌以翠绿色宽窄不等条纹 |
| 鸡爪槭 | *Acer palmatum* | 槭树科 | 散形 | 叶形秀丽，秋叶红色；适于庭园观赏和盆栽 |
| 金钱松 | *Pseudolarix amabilis* | 松科 | 卵状塔形 | 常绿乔木，枝叶扶疏，叶条形，长枝上互生，小叶放射状，树姿刚劲挺拔 |
| 酒瓶椰子 | *Hyophorbe amaricaulis* | 棕榈科 | 伞形 | 干高 3m 左右，基部椭圆肥大，形成酒瓶，姿态甚美 |
| 橘树 | *Citrus reticulata* | 芸香科 | 圆形 | 花白色，果黄绿，香；适于丛植 |
| 楝树 | *Melia azedarch* | 楝科 | 圆形 | 落叶乔木，树皮灰褐色，二回奇数，羽状复叶，花紫色，生长迅速 |
| 六月雪 | *Serissa serissoides* | 茜草科 | 圆形 | 常绿小灌木；叶色深绿，花色雪白，略淡粉红；枝叶纤细，质感佳，适合盆栽、低篱、地被、花坛、修剪造型 |
| 龙柏 | *Juniperus chinensis* var. *Kaituka* | 柏科 | 直立塔形 | 常绿中乔木，树枝密生，深绿色，生长强健，寿命甚久，树姿甚美 |
| 龙爪槐 | *S. j.* cv. *Pendula* | 豆科 | 伞形 | 枝下垂，适于庭园观赏，对植或列植 |
| 龙爪柳 | *S. m.* cv. *Tortuosa* | 杨柳科 | 圆形 | 枝条扭曲如龙游，适作庭荫树、观赏树 |
| 罗比亲王椰子 | *Phehix Roebelenii* | 棕榈科 | 伞形 | 干直立，高 2m，叶柄薄而小，小叶互生，或对生，为美叶之优良品种 |
| 罗汉松 | *Podocaarpus macrophyllus* | 罗汉松科 | 长锥形 | 常绿乔木，风姿朴雅，可修剪为高级盆景素材，或整形为圆形、锥形、层状，以供庭园造景美化用 |
| 马尾松 | *Pinus massoniana* | 松科 | 散形 | 常绿乔木，干皮红褐色，冬芽褐色，大树姿态雄伟 |
| 南天竹 | *Nandina domestica* | 小檗科 | 散形 | 枝叶秀丽，秋冬红果；庭园观赏，可丛植或盆栽 |
| 南洋杉 | *Araucaria ecelsa* | 南洋杉科 | 圆锥形 | 常绿针叶乔木，枝轮生，下部下垂，叶深绿色，树姿美观，生长强健 |
| 女贞 | *Ligustrum lucidum* | 木樨科 | 卵形 | 花白色，6月开花；适作绿篱或行道树 |
| 蒲葵 | *Livistona chinensis* | 棕榈科 | 伞形 | 干直立可高达 6-12m，叶圆形，叶柄边缘有刺，生长繁茂，姿态雅致。 |
| 千头柏 | *Junlperus chinensis* cv. *Globosa.* | 柏科 | 阔圆形 | 灌木，无主干，枝条丛生 |
| 青枫 | *Acer serrulatum* | 槭树科 | 伞状圆锥形 | 落叶乔木；干直立；树姿轻盈柔美，可养成造型高贵的盆景，为优雅的行道树、园景树、林浴树 |
| 雀舌黄杨 | *B. bodinieri* | 黄杨科 | 卵形 | 枝叶细密，适于庭园观赏；可丛植、作绿篱或盆栽 |
| 日本柳杉 | *Cryptomeria japonica* | 杉科 | 圆锥形卵形圆形 | 常绿乔木；枝条轮生，婉柔下垂；叶冬季变为褐色，翌春变为绿色 |
| 榕树 | *Ficus retusa* Linn | 桑科 | 圆形 | 常绿乔木，干及枝有气根，叶倒卵形平滑，生长迅速，宜于各式剪定 |
| 洒金珊瑚 | *Aucuba japonica* cv. *Variegata* | 山茱萸科 | 伞形 | 喜温暖温润，不耐寒；叶有黄斑点，果红色；适于庭院种植或盆栽 |
| 珊瑚树 | *Viburnum awabuki* | 忍冬科 | 卵形 | 6月开白花，9-10月结红果；适作绿篱和庭园观赏 |
| 山麻杆 | *Alchornea davidii* Franch | 大戟科 | 卵形 | 落叶花灌木；适于观姿观花 |

| 名称 | 学名 | 科别 | 树形 | 特征 |
|---|---|---|---|---|
| 十大功劳 | *Mahonia fortunei* | 小檗科 | 伞形 | 花黄色，果蓝黑色；适于庭园观赏和作绿篱 |
| 石榴 | *Punica granatum* | 石榴科 | 伞形 | 耐寒，适应性强；5~6月开花，花红色，果红色；适于庭园观赏 |
| 石楠 | *Photinia serrulata* | 蔷薇科 | 卵形 | 喜温暖，耐干旱瘠薄；嫩叶红色，秋冬红果，适于丛植和庭院观赏 |
| 水杉 | *Metasequo glyptostroboides* | 杉科 | 塔形 | 落叶乔木；植株巨大，枝叶繁茂，小枝下垂，叶条状，色多变，适应于集中成片造林或丛植 |
| 丝兰 | *Yucca flaccida* | 百合科 | 簇生 | 花乳白色，6~7月开花；适于庭园观赏和丛植 |
| 苏铁 | *Cycas revoluta* | 苏铁科 | 伞形 | 性强健，树姿优美，四季常青；属低维护树种；适于大型盆栽、花槽栽植，可作主木或添景树；水池、庭石周边、草坪、道路美化皆宜 |
| 蚊母 | *Distylium racemosum* | 金缕梅科 | 伞形 | 花紫红色，4月开花；适作庭荫树 |
| 乌桕 | *Sapium sebiferum* | 大戟科 | 锥形或圆形 | 树性强健，落叶前红叶似枫，适作行道树、园景树、林浴树 |
| 五针松 | *Pinus parviflora* | 松科 | 散形 | 常绿乔木，干苍枝劲，翠叶葱茏；最宜与假山石配置成景，或配以牡丹、杜鹃、梅或红枫 |
| 梧桐 | *Sterculia platanifolia* | 梧桐科 | 卵形 | 常绿乔木，叶面阔大，生长迅速，幼有直立，老大树冠分散 |
| 相思树 | *Acacia confusa* | 豆科 | 伞形 | 常绿乔木，树皮幼时平滑，老大时粗糙，干多弯曲，生长力强 |
| 香樟 | *Cinnamomun camphcra* | 香樟科 | 球形 | 常绿大乔木，叶互生，三出脉，二香气，浆果球形 |
| 小叶黄杨 | *Buxus sinica* | 黄杨科 | 卵形 | 常绿小灌木；叶革质，深绿富光泽；枝叶浓密，终年不凋，适于大型盆景、花槽、绿篱、地被 |
| 小叶女贞 | *Ligustium quihoui* | 木樨科 | 伞形 | 花小，白色，5~7月开花；适于庭园观赏和绿篱 |
| 悬铃木 | *Platanus × acerifolia* | 悬铃木科 | 卵形 | 喜温暖，抗污染，耐修剪；冠大荫浓，适作行道树和庭荫树 |
| 雪松 | *Cedrus deodara* | 松科 | 圆锥形 | 常绿大乔木，树姿雄伟 |
| 银杏 | *Ginkgo biloba* | 银杏科 | 伞形 | 秋叶黄色，适作庭荫树、行道树 |
| 印度橡胶树 | *Ficus elastica* | 桑科 | 圆形 | 常绿乔木，树皮平滑，叶长椭圆形，嫩叶披针形，淡红色，生长速 |
| 樟树 | *Cinnamomum camphora* | 樟科 | 圆形 | 常绿乔木，树皮有纵裂，叶互生革质生长快，寿命长，树姿美观 |
| 梓树 | *Catalpa ovata* | 紫葳科 | 伞形 | 适生于温带地区，抗污染；花黄白色，5~6月开花。适作庭荫树、行道树 |
| 棕榈 | *Trachycarpus excelsus* | 棕榈科 | 伞形 | 干直立，高可达8~15m，叶圆形，叶柄长，耐低温，生长强健，姿态亦美 |
| 棕竹 | *Rhapis humilis* | 棕榈科 | 伞形 | 干细长，高1~5m，丛生，生长力旺盛，树姿美 |
| 棕竹 | *Rhapis humilis* | 棕榈科 | 伞形 | 干细长，高1~5m，丛生，生长力旺盛，树姿美 |

表 3-12  常用花卉选用表

| 名称 | 学名 | 开花期 | 花色 | 株高 | 用途 | 备注 |
|---|---|---|---|---|---|---|
| 百合 | *Lilium* spp. | 4–6 月 | 白、粉、黄 | 60~90cm | 切花、盆栽 | |
| 百日草 | *Zinnia elegans* | 5–7 月 | 红、紫、白、黄 | 30~40cm | 花坛、切花 | 分单复瓣，有大轮的优良种 |
| 彩叶芋 | *Caladium bicolor* | 5–8 月 | 白、红、斑 | 20~30cm | 盆栽 | 观赏叶 |
| 草夹竹桃 | *Phlox paniculata* | 2–5 月 | 各色 | 30~50cm | 花坛、切花、盆栽 | |
| 常春花 | *Vinca rosea* | 6–8 月 | 白、淡红 | 30~50cm | 花坛、绿植、切花 | 花期长，适于周年栽培 |
| 雏菊 | *Bellis parennis* | 2–5 月 | 白、淡红 | 10~20cm | 缘植、盆栽 | 易栽 |
| 葱兰 | *Tephyranthes caudida* | 5–7 月 | 白 | 15~20cm | 缘植 | 繁殖力强易栽培 |
| 翠菊 | *Calstephus chinensis* | 3–4 月 | 白、紫、红 | 20~60cm | 花坛、切花、盆栽、缘植 | 三寸翠菊 12 月开花 |
| 大波斯菊 | *Cosmas biqinnatus* | 9–10 月 | 白、红、淡紫 | 90~150cm | 花坛、境栽 | 周年可栽培、欲茎低需摘心 |
| 大丽花 | *Dahlia* | 11–6 月 | 各色 | 60~90cm | 切花、花坛、盆栽 | |
| 大岩桐 | *Sinningia speciosa* | 2–6 月 | 各色 | 15~20cm | 盆栽 | 过湿之时易腐败，栽培难 |
| 吊钟花 | *Pensfemon campanalatus* | 3–8 月 | 紫 | 30~60cm | 花坛、切花、盆栽 | 宿根性 |
| 法兰西菊 | *Chrysanthemum frutes* | 3–5 月 | 白 | 30~40cm | 花坛、切花、盆栽、境栽 | |
| 飞燕草 | *Delphinium ahacis* | 3 月 | 紫、白、淡黄 | 50~90cm | 花坛、切花、盆栽、境栽 | 花期长 |
| 凤仙花 | *Impatiens baisamina* | 5–7 月 | 赤红、淡红、紫斑 | 30cm | 花坛、缘植 | 易栽培可周年开花，夏季生育良好 |
| 孤挺花 | *Amaryllis belladonna* | 3–5 月 | 红、桃、赤斑 | 50~60cm | 花坛、切花、盆栽 | 以种子繁殖时需 2~3 年始开花，常变种 |
| 瓜叶菊 | *Senecioa cruentus* | 2–4 月 | 各色 | 30~50cm | 盆栽 | 须移植 2~3 次 |
| 瓜叶葵 | *Helianthus cucumerifolius* | 4–7 月 | 黄 | 60~90cm | 花坛、切花 | 分株为主，适于初夏切花 |
| 红叶草 | *Iresine herbstii* | 3–6 月 | 白、红 | 30~50cm | 缘植 | 最适于秋季花坛缘植观赏叶 |
| 鸡冠花 | *Celosia cristate* | 8–11 月 | 红、赤、黄 | 60~90cm | 花坛、切花 | 花坛中央或境栽 |
| 金鸡菊 | *Coreopsis drummcndii* | 5–8 月 3–5 月 | 黄 | 60cm | 花坛、切花 | 种类多、花性强、易栽 |
| 金莲花 | *Tropceolum majus* | 2–5 月 | 赤、黄 | 蔓性 | 盆栽 | 有矮性种 |
| 金鱼草 | *Antirrhinum mahus* | 2–5 月 | 各色 | 30~90cm | 花坛、切花、盆栽、境栽 | 易栽 |
| 金盏菊 | *Calendula officinalis* | 2–5 月 | 黄、橙黄 | 30~50cm | 花坛、切花 | |
| 桔梗 | *Platycodon grandiflorun* | 4–5 月 | 紫、白 | 50~90cm | 花坛、切花、盆栽、缘植 | 宿根性有复瓣花 |
| 菊花 | *Chrysanthemum* spp. | 10–12 月 | 各色 | 50~90cm | 花坛、切花、盆栽 | 生育中须注意病虫害 |
| 孔雀草 | *Tazetes patula* | 5–6 月 12–翌年 3 月 | 黄、红 | 30~50cm | 花坛、切花、境栽 | 易栽培 |

| 名称 | 学名 | 开花期 | 花色 | 株高 | 用途 | 备注 |
|------|------|--------|------|------|------|------|
| 兰花 | *Cymbidium* spp. | 2~3 月 | 红、黄、白、绿、紫、黑及复色 | 20~40cm | 盆栽、自然布置 | |
| 麦秆菊 | *Ammobium alatum* | 4~7 月 | 白、红、黄、淡红 | 50~90cm | 花坛、境栽 | 秋播花大，春播花小 |
| 美女樱 | *Verbena phlegiflora* cham. | 3~6 月 | 红、紫、淡红 | 30~50cm | 花坛、切花 | 欲茂盛须摘心 |
| 美人蕉 | *Canna generalis* | 夏秋 | 白、红、黄、杂色 | 80~100cm | 花坛、列植 | |
| 茑萝 | *Quamoclit vulgaais* Cyosiy. | 6~10 月 | 红、白 | 蔓性 | 垣、园门、境栽 | 蔓性易繁茂、花小 |
| 牵牛花 | *Ipomcea purpurea* | 6~8 月 | 各色 | 蔓性 | 绿篱、盆栽 | 品种颇多 |
| 千日红 | *Comphrena globsa* | 6~8 月 | 紫、白、桃 | 30~60cm | 花坛、缘植 | 夏季生育良好 |
| 秋海棠 | *Begonia grandias* | 4~5 月 | 红、淡红 | 10~20cm | 盆栽 | 可全年观赏 |
| 三色堇 | *Viola tricolor* | 2~5 月 | 黄、白、紫斑等 | 10~20cm | 缘植、盆栽 | 好肥沃土地 |
| 十支莲 | *Portulaca grundiflora* | 6~8 月 | 黄、白、红、赤斑 | 20cm | 花坛、盆栽 | 好高温及日照 |
| 矢车菊 | *Centaurea cyanus* | 4~5 月 | 蓝、白、灰、淡红 | 50~90cm | 花坛、切花、盆栽、境栽 | 肥料多易发腐败病 |
| 石竹 | *Dianthus chinenis* | 1~5 月 | 各色 | 20~40cm | 花坛、盆栽、切花 | 分歧性、丛性 |
| 水仙 | *Narcissus* spp. | 1~3 月 | 白、黄 | 15~40cm | 盆栽 | 好肥沃土地 |
| 睡莲 | *Nymphaea* spp. | 6~10 月 | 白、黄、红 | 50~80cm | 池 | 用肥沃土壤盆栽 |
| 蜀葵 | *Althaea roseo* | 3~6 月 | 红、淡红 | 100~200cm | 寄植 | 适于花坛中央寄植 |
| 太阳花 | *Portulaca grandiflora* | 6~8 月 | 白、黄、红、紫红等 | 15~20cm | 花坛、境栽、缘植、盆栽 | |
| 唐菖蒲 | *Gladiolus* spp. | 3~6 月 | 各色 | 60~90cm | 切花、盆栽 | 排水良好肥沃的土地能产生良好的球茎 |
| 天竺葵 | *Pelargonium inguinans* | 5~7 月 | 红、桃等 | 20~30cm | 切花、盆栽 | 花期长 |
| 万寿菊 | *Ragetes erecta* | 5~8 月 | 黄、橙黄 | 60~90cm | 花坛、绿植 | 易栽培 |
| 五色苋 | *Alternanthera bettzichiana* | 12 月~翌年 2 月 | 叶面有红、蓼、紫绿色叶脉及斑点 | 40~50cm | 毛毡花坛 | |
| 勿忘我 | *Myosotis sorpioides* | 3~5 月 | 紫 | 20~30cm | 花坛、切花 | 为青年人所称道而有名 |
| 夕颜 | *Calonyction aculctum* | 6~8 月 | 白 | 蔓性 | 绿篱、盆栽 | |
| 霞草 | *Gypsophila panivulate* | 3~5 月 | 白 | 30~50cm | 寄植 | 易栽、花期长 |
| 香石竹 | *Dianthus caryoplhyus* | 1~5 月 | 白、赤、蓝、黄、斑等 | 30~50cm | 花坛、盆栽、切花 | 欲生长良好须在 9 月插本，适于桌上装饰 |
| 香豌豆 | *Lathyrts osoratus* | 11~5 月 | 各色 | 100~200cm | 寄植 | 好肥沃土地须直播，移植不能结果 |
| 香紫罗兰 | *Cheiranthus chirt* | 3~5 月 | 黄、淡红、白 | 30~60cm | 花坛、切花、盆栽 | |
| 向日葵 | *Helianthus annus* | 6~8 月 | 黄 | 1m | 花坛、境栽 | 植花坛中央或后方为宜 |

| 名称 | 学名 | 开花期 | 花色 | 株高 | 用途 | 备注 |
|---|---|---|---|---|---|---|
| 小苍兰 | *Freesia refracta* | 2~4 月 | 各色 | 30~40cm | 切花、盆栽、花坛 | |
| 雁来红 | *Amaranthus tricolor* | 8~11 月 | 红、赤、黄 | 1m 左右 | 花坛、切花 | 观叶栽培 |
| 一串红 | *Salvia splerdens* | 2~3 月，11 月 | 红赤等 | 60~90cm | 花坛、切花 | 性强易栽 |
| 樱草花 | *Cyclamen perslcum* | 4~6 月 | 桃、淡红 | 15~20cm | 盆栽 | 栽培难，管理须周到 |
| 郁金香 | *Tulipa gesneriana* | 3~5 月 | 红、白、黄、其他 | 20~40cm | 花坛、盆栽 | |
| 虞美人 | *Papaver rhoeas* | 3~5 月 | 红、白 | 50~60cm | 花坛、盆栽 | 忌移植 |
| 羽扇豆 | *Lupinus perennis* | 3~5 月 | 红、黄、紫 | 50~90cm | 花坛、切花、盆栽 | 忌移植、须直播 |
| 羽衣甘蓝 | *Brassica Oleracea* var *acephala* f. *tricolor* | 4 月 | 叶色多变；外叶翠绿，内叶粉、红、白等 | 30~40cm | 花坛 | 喜冷凉温和气候，耐寒耐热能力强 |
| 樱草 | *Primula cortusides* | 3~5 月 | 白、赤、桃、黄 | 15~30cm | 盆栽、切花 | 发芽时须注意 |
| 紫罗兰 | *Matthiola incana* | 3~4 月 | 红、淡红 | 30~50cm | 花坛、切花、盆栽 | |
| 紫茉莉 | *Mirabilisj alapa* | 6~7 月 | 赤、淡红、白 | 60~90cm | 花坛 | 宿根性周年生育 |
| 酢浆草 | *Oxalis cariabilis* | 3~4 月 | 黄、淡红 | 15~20cm | 盆栽、缘植 | |

# 3.8 照　明

本书介绍的"住区照明"特指人工照明，在住区环境中扮演着不可缺少的角色。作为自然光的延伸，它不仅照亮了居住者的生活场景，满足了居民视觉生理及心理要求，而且良好的人造光环境还将给居住者带来愉悦而难忘的审美体验。作为营造居住环境的重要因素，照明不仅需要应用光物理学的技术和方法，而且与电气技术、照明心理、工程技术以及艺术设计等密切相关，因此照明是住区环境设计中一个专业性很高的重要环节。

## 3.8.1 住区照明的设计原则

根据我国国家住宅与居住环境工程中心正式发布的新《健康住宅建设技术要点》的要求，住区照明设计必须解决好以下问题：较好地组织户外的各种景观和照明设施，为居民在晚间搭建良好的交流平台；创造安全和富有吸引力的晚间室外空间，吸引居民积极参加户外活动；在晚间明确居住区的归宿感和领域感，形成有特色的社区氛围。可见，"友好、环保、安全、舒适"等充分满足居民夜晚活动的指标是住区照明设计基本前提，同时一些专业性的设计原则也要充分考虑，才能更好地构筑以人为本的人居环境（图3-218）。

图3-218　屋顶花园照明（JETT 设计 / 美国 /2016）

### 3.8.1.1 参照自然时间坐标

照明设计不仅要求各个照明单元之间协调统一，而且要求这种广泛的统一以时间坐标为参照。住区室外照明只有在天光较暗的时段才发挥作用，而白昼与黑夜的交替是一个渐变的过程，这个过程的光线变化是十分微妙的，根据这些时间段光线的变化，住区照明也应当有适当的变化（图3-219）。对自然时间坐标的参考基于两个主要原因：第一，对于规则和秩序的建立。都市节奏加快，似乎要求一切都按照既定规则有条理地进行，照明也必须配合住区居民的这种规律性；第二，人的生理规律对光环境的要求。

黄昏时分，天空的色彩由冷到暖，天光与灯光交相辉映。除了必要的住区道路等功能性照明以外，更多的表现空间应该让给自然光线（图3-210）。黄昏到夜晚之间的过渡时间是自然景观最丰富、最富于变化的过程。照明器可以像深夜半熄灯原则一样，由半开灯甚至1/4开灯缓慢地过渡到全开灯状态。正常的夜晚天空应当是深蓝色的，接近于漆黑，然而城市天空由于悬浮颗粒物对光的漫射和衍射导致天空泛紫红色，看上去也比纯净的天空亮一些。夜晚的灯光与天空背景的对比度达到最强，效果最好，持续时间最长，是住区照明艺术的主要表现时间。住区居民在这一时段外出活动，照明应该将混浊的背景过滤，为居民提供一个相对纯美、安详的光环境。

进入深夜之后，多数居民都已经休息，各种景观照明也可以关闭了，仅留下必要的功能照明和具有住区标识或者装饰意义的照明。住区环境气氛应该是静谧安稳的，对住宅室内可能带来的任何照明干扰都应该被关闭。黎明到来之后，天空转亮，也意味着一个照明周期的结束。冬季时，早晨居民开始活动的一段时间内仍然需要一些功能照明，然后随日出而缓慢关灯。

### 3.8.1.2 参照季节变化

不同季节会带来不同的环境特征——不同的光气候、不同的绿化、不同的昼夜交替等，四季的日光和月光变化可以作为住区夜景照明的最佳参考（图3-221）。

春天的夜空比较纯净，能见度好。自然界的色彩如花、草、树木等都是清新鲜明的。夜景的表达应该贴近自然，最好用比较纯的单一色彩，以良好的显色性再现自然色彩（图3-222）。

夏季由于白天阳光热烈，傍晚逐渐变凉，很多人都会在这时从房间出来散步、活动，对各种照明设施的需要达到最高峰。因此，对大多数住区而言，夏季照明有着非常重要的意义。照明设计首先应当在背景基调上营造一种清凉舒适的氛围，例如适当运用冷色调的装饰光，满足人们对凉爽的需要。夏季还是环境元素极为丰富的季节，其照明的方式也是四季当中最为多样的，光色的选择可以适当增加，以满足水景、绿化、小品等的景观效果要求（图3-223）。

秋季的自然光十分鲜活，植物的色彩也极为丰富，不同的色彩层叠在一起，有层次感和立体感。很多自然现象为设计者提供了很多素材用来设计照明，这对住区绿化的照明显得重要，更要突出表现绿化的层次，分层布光。

冬季，北方会树叶凋零，水景干涸，环境色调变灰。当天空全部变黑之后，反而让人觉得比光线不足的下

图3-219　住区照明要参照自然时间坐标（Shama设计/泰国/2017）

图3-220　黄昏时的照明效果（JETT设计/美国/2016）

图3-221　住区照明要参照季节变化（奥雅景观设计/中国/2018）

图3-222　以良好的显色性再现自然色彩（JETT设计/美国/2016）

午或黄昏好些,华灯初上会让住区将再度变得亲切。特别是暖色调的光需要加强,绿化和水景等照明酌情关闭,通过调节光线强弱将一些不具吸引力的景观弱化掉。有时,也可以结合节日,用一些小功率的光源来装点住区气氛(图 3-224)。

### 3.8.1.3 发掘地域民俗及文化资源

任何艺术都离不开其本土特有的文化模式,灯光环境艺术亦不例外。灯光的载体是住区环境,而当地的民风民俗和历史文化决定了灯光艺术的内涵。尽管电气照明设施有着完全相同的技术基础,但是不同民族和地区仍旧保留着灯具的传统模式,并在灯光设计手法上大异其趣,多样性的并存正是照明艺术的魅力所在。悠久的文化传统非常值得重视,我国传统节日就具有丰富的文化内涵与历史渊源,而这些节日的娱乐活动各具特色,如除夕、元宵节灯、中秋节……这些传统节日对于住区照明来讲,可以发掘的资源非常可观。所以通过住区夜景观规划组织人文景观时,可与当地的地理及文化特征联系起来,形成有地方特色、民族特色的住区光环境。

### 3.8.1.4 住区照明的美学原则

(1)统一与变化

统一就是要求照明设施在造型、色彩、材质和尺度等方面达到协调一致,并且各个照明设施之间,照明设施与住区环境之间也取得呼应和统一。照明设施是住区环境细节的一部分,如果统一设计照明设施与其他硬质景观,那么环境将产生秩序感。与此同时,照明的变化也能够使住区环境更为丰富,但是前提是这些照明设施必须很好地融合到整体环境中(图 3-225)。

(2)均齐与均衡

均齐是指相同的形式或体量对称分布,而使环境产生庄重、稳定、匀称的感觉。住宅建筑物或者室外环境呈某种均齐状态时,按照这种状态均齐地布置灯光,则光环境也会是均齐的,但是如果处理不好,易使观者感到呆板、僵化;均衡则为不同的形体或体量自由地布局,由人的视觉生理静电平衡所引起的心理反应。光的均衡和光色、显色性、亮度、配光特性等有关,因为这些因素共同决定了光的"重量感"。

(3)节奏与韵律

一般来讲,有规律地布置照明,将产生具有节奏感和韵律感的光。这种光的节奏和韵律产生各种图景,反复出现在人们眼前,像乐曲中的节拍和主旋律。光的规律性延伸和分布将使住区环境的主次脉络更加分明,加强了引导性和秩序性。

(4)对比与协调

对比是两个以上分量、形状、性质完全相同的,并列或接近时产生互相衬托作用,可使双方的特性与差异更

图 3-223 照明设计满足水景、绿化等的景观效果要求
(SPI 景观设计 / 中国 /2017)

图 3-224 用小功率光源装点住区节日气氛

图 3-225 在统一的照明环境下突出了景墙效果
(SWA 设计 / 美国 /2017)

加明显，也可使重点突出，取得生动活泼的效果。例如，利用景观主体亮度和背景亮度的对比来突出主体。而协调一般指和谐统一，常通过形体、色彩、线型或方向性等方面，以类似的因素或者一种因素的反复出现来达到协调的目的。运用这一原则可得到宁静、舒适和沉着等景观效果。

（5）条理与反复

条理是将基本构成单元合理地组织排列，具有一定规律性；反复则是具有条理性的单元在空间重复出现，排列或组合使其具有方向性，造成整体的美感或节奏感。住区照明可以与建筑或者景观中的反复性元素有机配合，取得整体装饰效果，并在空间透视中形成节奏和韵律，展现出整齐朴素、大方和美的感觉。

（6）安定与生动

照明设施的造型及相互间的匹配给人以力量感和安定感，舒适的人工光环境则可以带给人心理上的稳定。生动则是指运用变化与对比等手法，调整灯光，使周围环境对象的造型、体量、比例、色彩或质感在夜晚展现出另一面。

## 3.8.2 住区照明的设计要点

住区照明主要涉及道路、广场、绿道等居民活动场地的照明布置。其使用者是住区居民，同时也涵盖自行车和其他非机动车辆所需的照明要求。因此，根据照明目的和对象的不同，分为功能性照明设计和景观性照明设计，设计要点分别如下。

### 3.8.2.1 功能性照明设计

（1）道路系统照明（表3-13）

表3-13　住区道路照明质量标准建议值

| 道路和等级 | | 平均水平照度(lx) | | 照度均匀度 Eavg/Emin | 最大眩值 (LA0.25) | 半柱面照度（lx） | |
|---|---|---|---|---|---|---|---|
| 道路 | 等级 | 维持值 | 梯度 | | | 维持值 | 梯度 |
| 小区级道路 | 高 | 10 | ≈2 | 0.3 | （a）6000 | 1.2 | 0.2 |
| | 中 | 8 | | | （b）8000 | 1 | |
| | 低 | 8 | | | （c）10000 | 1 | |
| 组团级道路 | 高 | 8 | 2 | 0.4 | （a）6000 | 1 | 0.2 |
| | 中 | 6 | | | （b）8000 | 0.8 | |
| | 低 | 4 | | | （c）10000 | 0.8 | |
| 宅间小路 | 高 | 5 | ≈2 | 0.4 | （a）6000 | 0.8 | — |
| | 中 | 3 | | | （b）8000 | 0.8 | |
| | 低 | 2 | | | （c）10000 | 0.8 | |
| 道路交叉口 | 高 | 12 | 2 | 0.4 | （a）6000 | — | |
| | 中 | 10 | | | （b）8000 | | |
| | 低 | 8 | | | （c）10000 | | |
| 住区公园 | 高 | 8 | ≈3 | 0.4 | （a）6000 | 3 | 1 |
| | 中 | 5 | | | （b）8000 | 2 | |
| | 低 | 3 | | | （c）10000 | 1 | |

注：①表中照度值可按照1/15（沥青路面）或1/10（水泥路面）的关系统一换算成亮度值。②最大眩光值LA0.25对应于以下高度：（a）小于4.5m以下；（b）4.5~6m；（c）6m以上。

图 3-226 小区级道路照明

图 3-227　组团级道路照明（奥雅景观设计 / 中国 /2016）

① 小区级道路：照明主要考虑人流和机动车的交通要求，具有很强的功能性（图 3-226）。灯具配制需要在道路两侧成相对或交错排列；灯具安装高度控制在 6~10m，间距应参考灯具的配光形式，多小于安装高度的 4~5 倍，一般在 25~40m。光源可采用高压钠灯，和城市道路协调起来；也可以采用金属卤化物灯，这主要取决于住区的具体环境特征，人流量大的道路考虑选用显色性好的金卤灯。在路灯照明设计中，应该重点考虑如何避免对住户的光干扰问题，应当尽量采用截光型和半截光型灯具，减少灯光对天空和住户的逸散。

② 组团级道路：以人为主要使用对象，对机动车限速。它的照明是附带了一定景观需要的功能性照明。灯具一般呈单列既能满足要求，照明间距一般在 15~30m。安装高度通常在 4~8m 之间，一般不应超过道路两侧建筑物平均高度的一半，也不应小于道路宽度的一半。

组团级道路宜采用显色性更好的低色温光源，小功率的高压钠灯和金卤灯比较常用。灯具可以使用路灯、庭院灯（图 3-227、图 3-228）等，个别地方可以根据环境特点采用地埋灯、草坪灯等照明形式，增加住区环境的景观性和趣味性。

③ 宅间小路：专供行人使用，人行道上所需的平均照度不得低于相邻道路照度水平的 50%。根据宅间小路的可选用小功率照明灯具的照明特点，建议推广绿色节能的太阳能灯；识别性的灯光指示牌及楼门标灯可采用 LED 光源。照亮人行道容易产生光干扰，因此必须控制光逸散。

（2）专用区域照明

专用区域照明的设计目标是：为居民的聚会和探亲访友提供友好的氛围；使障碍物清晰可见，以保证机动车能够安全提速的进入停车区；方便孩子们游戏玩耍；消除暗区，抑制住区内的犯罪活动（图 3-229）；限制逸散光从窗户射入室内。在整个均匀度的设计中不同的功能区域也有不同的要求：娱乐休闲区需要适当提高照度水平；聚集场所只需要中等照度水平，但应该强调半柱面照度；景观区和停车场的照度水平则需要最低的标准值。根据不同需要选择照明光源，灯具可以使用庭院灯、草坪灯、地埋灯、投光灯等。

图 3-228　庭院灯参数图

图 3-229　入户单元门的照明

图 3-230　住区标识照明（山水比德设计 / 中国 /2017）

① 休闲区：休闲区的照明须根据该区域的实际用途而定，例如有些地方是纯粹作散步休息用，有的是专供孩子们游戏用的，有的还要满足观赏的需要，或几种功能兼有。它们的照明要求会有较大差别，但无论何种用途，保证人身、财产的安全和行人活动时的安全是首要的。

② 停车场：因为住区停车场车速较低，所以首要目的是保护行人的安全，要求有一定的均匀系数（最大值 / 最小值），保证司机（或行人）能容易发现目标；专用停车场的车道入口照明设计要有良好的引导性，同时灯具要采用防眩光的灯具，防止产生不舒适感。

图 3-231　亚克力灯光座椅（DOFFICE 设计 / 美国 /2016）

要合理屏蔽直射、反射、透射光，提高能见度，另外需考虑周边建筑反射光，以及停车场的汽车所造成的反射光也需要考虑在内。

③ 健身运动场：住区体育场所要有足够的水平照度和垂直照度，同时要有足够的均匀度；有适宜的光色和良好的显色性；对于光源应加以有效遮挡，灯具的最小遮光角应满足相关规范要求。

④ 台阶和坡道：该区域的照明要使行人看清台阶及任何障碍物。光源的选择要使行人能够看清台阶的外观，选用显色指数好的光源。当台阶周围区域是一个注重装饰性的公共照明区域时，可使用有色光。照明装置可以安装在栏杆上或台阶侧墙上，在正常观察者的眼睛的下方，这可以提供所需照明水平而又不产生眩光，且人脸上还有一定可见度。对无栏杆或侧墙的台阶，可以安装在踢板上。

⑤ 标识系统照明：夜晚对住区内的标识系统应给予适当的照明，方便居民使用。名称标识、指示标识和警告标识可采用 LED 光源与太阳能相结合组成的发光标识，不仅节约能源，而且可以改善了居民生活环境。另外，有必要在住区的入口处设立一些环境标识灯箱，采用荧光灯管照亮。住区内的标识要尽可能创造一个宜人、有特色的印象，产生公众吸引力并能很快被记住（图 3-230）。

## 3.8.2.2 景观性照明设计

住区内的光环境建设不仅要满足居民夜间出行功能性的需求，更要给居民带来美的享受（表 3-14）。在进行住区景观和装饰照明设计时需要注意：首先，富有创意的灯光设计不能忽略或减弱其功能性照明（图 3-231）；其次，设计目的是使照明对象在灯光的装点下更加美丽，而灯具本身则是越隐蔽越好，而且不能让人感觉到无遮蔽光源产生的眩光。

表3-14　照明分类及适用场所

| 照明分类 | 适用场所 | 参考照度（lx） | 安装高度（m） | 注意事项 |
|---|---|---|---|---|
| 车辆照明 | 住区主次道路 | 10~20 | 4.0~6.0 | （1）灯具应选用带遮光罩下照明式；（2）避免强光直射到住户屋内；（3）光线投射在路面上要均衡 |
|  | 自行车、汽车场 | 10~30 | 2.5~4.0 |  |
| 人行照明 | 步行台阶（小径） | 10~20 | 0.6~1.2 | （1）避免眩光，采用较低处照明；（2）光线宜柔和 |
|  | 园路、草坪 | 10~50 | 0.3~1.2 |  |
| 场地照明 | 运动场 | 100~200 | 4.0~6.0 | （1）多采用向下照明方式；（2）灯具的选择应有艺术性 |
|  | 休闲广场 | 50~100 | 2.5~4.0 |  |
|  | 广场 | 150~300 |  |  |
| 装饰照明 | 水下照明 | 150~400 |  | （1）水下照明应防水、防漏电，参与性较强的水池和泳池使用12伏安全电压；（2）应禁用或少用霓虹灯和广告灯箱 |
|  | 树木绿化 | 150~300 |  |  |
|  | 花坛、围墙 | 30~50 |  |  |
|  | 标志、门灯 | 200~300 |  |  |
| 安全照明 | 交通出入口（单元门） | 50~70 |  | （1）灯具应设在醒目位置；（2）为了方便疏散，应急灯设在侧壁为好 |
|  | 疏散口 | 100~200 |  |  |
| 特写照明 | 浮雕 | 100~200 |  | （1）采用测光、投光和泛光等多种形式；（2）灯光色彩不宜太多；（3）泛光不应直接射入室内 |
|  | 雕塑、小品 | 150~500 |  |  |
|  | 建筑立面 | 150~200 |  |  |

（1）植物照明

　　树、灌木以及花等植物具备美丽的颜色和丰富的形态，是改善住区环境的重要协调因素。植物照明可以提供对植物更长的观赏时间，根据照明对象的不同需要进行专门设计。

　　①树木照明

　　树木的照明以白色及白绿色混光为主要色调，其方式主要取决于其形状和结构。根据树形不同应采取不同的照明方式：枝干开展型、树冠浓密型、浓密塔型、成熟开展型、整形树型。

　　对于树干和树冠舒展的树，可以采用上射照明。灯具选用上射灯或地埋投射灯，安装在植物丛中或插在草地上，照明重点突出树的结构（图3-232）。

　　对于树冠浓密、姿态优美的树，必须从树冠外进行照明。采用地埋灯、插入式宽照型点射灯或泛光灯，安装在附近的花丛中，重点强调树形。

图3-232 照明重点突出树的结构

　　对于浓密塔型的树形，可在树冠外不远的地方进行上射照明。采用窄照型或中照型插入式点射灯或嵌入式可调上射灯，重点强调树木的质感。

　　对于树干舒展、树冠外围叶片较为浓密的成年大树，采用组合式照明。用窄照型上射灯照射枝干，同时在树冠内安装一盏或多盏下射灯，重点强调树木的结构（图3-233）。

整形树的照明更近似于雕塑照明，其照明目的也是要与焦点雕塑照明获得同样的效果。修剪成不同形状的植物，其照明的时候要突出树木的质感，采用组合照明的方式，增强黑暗背景的对比以突出树木的造型（图3-234）。

② 花卉、低灌木照明

绿篱和低灌木丛可以用地面或接近地面的泛光灯来照亮。灯具可装置在植物群中，但要保持一定安全的距离，并有适当的机械或电子保护措施。对道边灌木的照明应避免对行人、车辆造成眩光。花卉可以用高出0.5~1m的灯具来照亮，灯的照明方向直接向下，表现花的各种颜色需要光源有正确的颜色。比较适合的有LED灯、压缩荧光灯，以及一些低功率的高压钠灯（颜色的彩度高于75，色温接近2500K）。

③ 绿地照明

住区公共绿地照明属于弱光区，可以沿边采用低矮的草坪灯，不仅在草坪上形成优美光晕，且对行道路也有合适的照度。在设计时主要考虑草坪的面积问题：较小面积时可将草坪灯与庭院灯结合，为人在此活动创造一个舒适的亮度环境；较大面积时宜采用高杆灯提供整体的照明环境，再辅以庭院灯等照明形式提供局部照明环境。

（2）水景及临水边界照明

① 静水照明

静止或平缓的水面有镜面反射的效果，用点射光照亮水池边缘的植物、岩石或雕塑，使它们在水面上形成倒影，产生独特的景观效果（图3-235）。在岸边无突出景物的情况下，可沿岸在水下设置光纤，形成勾边的效果；在水池底部可安装上射灯进行整体照明，以突出水池的结构；在水池周围设地埋灯，它表明水池的边缘位置，起到安全提示的作用（图3-236）。为使水看上去清澈透明，可以在灯具上加上浅蓝色的滤光镜。

在布置泛光灯时，应注意不要让水面反射出灯和光源的像而导致眩光。不宜直接从岸上向水面投射灯光。

② 喷泉照明

对于喷泉，首先确定需要照明的是水还是构筑物。灯具布置可将泛光灯放在喷射口处或水的回落处，或者两处都放。在喷射口下设灯，特别是用窄光束泛光灯时，由于水和空气的反射率不同，进入水面的一部分光会保持在里面；在落点设灯，水的形状像下雨时的雨点，而在落点下10cm的泛光灯会使水点看起来有

图3-233 重点强调树木结构的照明（SANITAS设计 / 美国 /2015）

图3-234 增强背景的对比以突出树木的造型

图3-235 利用静水照明形成倒影（Shma设计 / 泰国 /2016）

图3-236 起到安全提示作用的水边照明（SANITAS设计 / 美国 /2015）

图 3-237 跌水照明（普利斯设计 / 美国 /2016）

图 3-238 雕塑照明（山水比德设计 / 中国 /2017）

闪烁的装饰效果。

③ 瀑布及跌水照明

如果瀑布流经区域是粗糙的，水会被搅拌并留有气泡。照明设备应安置在水流冲击面的下面，让光束穿过瀑布，与气泡混在一起，水流会呈现出光的颜色。如果瀑布流经区域是平滑的，水将形成一层水幕，这类瀑布应从前面照亮。

跌水水流较慢，落差较小，每一级都最好设置照明，而且比较适合线状的灯具。灯具的位置有可能因为落水的重力作用而受影响，所以灯具必须被牢固的锁定位置（图 3-237）。

图 3-239 园桥照明（S.P.I 景观设计 / 中国 /2017）

（3）雕塑和假山照明

雕塑一般采用侧光照明，以体现雕塑的立体效果；处于阴影中的部分，可以在另一侧增加辅助照明灯具，辅助照明灯可以稍微远离雕塑或采用亮度较低的光源，这样既能起到消除阴影的作用，又不影响主要点射照明灯具对雕塑的表现。对于雕塑来说，一定要照亮其面部和前面的部分。背后只需要弱的照明，或根本就不照亮。虽然布置低光来照亮雕塑非常容易，但要注意的是这种时候容易使其面部不美观。对于抽象雕塑，其本身材质的颜色是非常重要的决定因素。对于有颜色的材料而言，其效果可以用金属卤化灯、水银蒸汽灯、钠灯等合适的光源来加以强调（图 3-238）。

假山则可采用上射灯嵌在假山基部，突出假山质感，其后部以暗景映衬，充分突出假山的色彩和形状。在设备的选择和安装上，雕塑和假山的照明宜用窄光束的泛光灯或反射型灯泡，它们的位置可在现场试验后决定，以创造最佳的效果，并应避免产生眩光或直接看见光源。

（4）园亭和园桥照明

在进行园亭照明设计时，不能单纯把它当作焦点景物来处理。柔和的上射照明或月光效果照明要比侧光照明效果好。布灯时要避免产生眩光，以免给停留休闲的人带来不舒适感。

桥的装饰性照明同时也具有安全照明的作用。可在园桥两岸分别安装一盏灯展示桥的结构，在灯具上安装防眩光漫射格网或调整安装角度避免行人过桥时遭受眩光；若需要对桥面进行照明，可以采用合适安装在栏杆之下或立柱内的灯具，但不可使之伸出桥面，也不能安装在白天看得见的地方；在桥下安装点射灯，以照亮桥下的水面及其周围区域（图 3-239）。

## 3.8.3 住区照明灯具类型及选用

选择灯具要求要从住区景观效果的整体上考虑，要将选用的灯具纳入到环境元素中，使灯具的选择配置与总体布局及环境质量密切关联，最终达到环境整体性的统一，给人以空间感染力。住区环境设计中可供选择的灯具

图 3-240　庭院灯照明

图 3-242　水下灯照明（SITE 设计 / 美国 /2017）

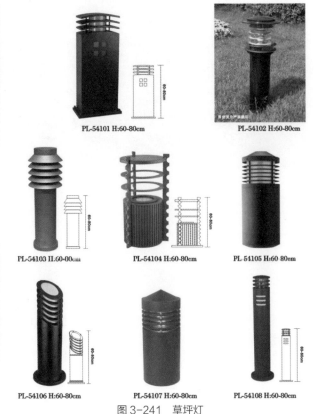

PL-54101 H:60-80cm　　　PL-54102 H:60-80cm

PL-54103 H:60-00cm　　PL-54104 H:60-80cm　　PL-54105 H:60-80cm

PL-54106 H:60-80cm　　PL-54107 H:60-80cm　　PL-54108 H:60-80cm

图 3-241　草坪灯

种类也较多。

（1）高杆灯

国际照明委员会认为高度为 18m 以上为高杆照明，而高杆灯主要是在住区内较大型的广场、运动场照明中使用。根据杆体的形式分为固定式、升降式和倾倒式，其光源采用的是 400W 及以上的高效型高压钠灯或金属卤化物灯。在布置灯具时首先考虑功能作用，在满足功能的前提下再满足美观要求。高杆灯的款式有蘑菇形、球形、荷花形、伸臂式、框架式及单排照明等，其结构紧凑，整体刚性好，组装维护和更换灯泡方便，配光合理，眩光控制好，照明范围可达 30000m²。

（2）庭院灯

庭院灯既能起到功能性照明作用的同时又要达到景观的效果，可用多种式样的，如古典式、简洁式等。庭院灯有的安装在草坪，有的依园区道路、树林曲折随弯设置，达到一定的艺术效果和美感。其可用的光源也有较多种类，如节能灯、金属卤化物灯、低压钠灯及 LED 灯等，其高度一般为 3~4m，间距在 8~12m 为宜（图 3-240）。

（3）草坪灯

草坪灯主要用于草坪、人工湖等周边的饰景照明，创造夜间景色的气氛，它是通过亮度对比表现光的协调，而不是照度值本身，最好利用明暗对比显示出深远来，间距在 6~10m 为宜。另外还有些采用 POLY 材料制作的仿石及各种类型的草坪灯特别适合用于住区游乐场所、休闲绿地等处。草坪灯一般采用的光源是节能灯（图 3-241）。

（4）埋地灯

埋地灯可用于住区广场、雕塑及树木等处照明，主要起引导视线和提醒注意的作用。其造型比较多，有向上发光的，有向四周发光的，也有只向两边发光的。它具有体积小，耗电量低，使用寿命长，坚固耐用，功耗低，造型别致优雅、防漏电、防水的特点。其光源一般采用的是金属卤化物灯及 LED 灯。

（5）水下灯

水下灯主要用于住区景观水池及各种喷泉等的景观照明，突出水景在晚上的景观效果。以压力水密封型设计，最大浸深可达水下 10m，除了有防水功能外，也要避免水分凝结于内部，并且要耐腐蚀等，确保产品可靠、耐用。其光源主要采用 LED 光源，要求有防漏电功能（图 3-242）。

（6）景观壁灯

壁灯是安装在各种景观墙壁及台阶上的灯具，其一般采用的是节能灯。

（7）光纤灯

光纤灯是一种新型的照明技术，可以使光柔性传输，安全可靠，在住区中正在被广泛地应用。在广场铺地中，用尾端发光光纤可以绘制各种图案，或模拟夜空的点点繁星；在水中可以用光纤勾勒水池或河岸的轮廓线。

# 3.9 配套设施

配套设施是住区中供装饰、休憩、引导以及方便居民使用的各种小型设施，在住区环境中具有功能及艺术的双重特性。这些配套设施往往体量较小、造型多样、能够表达丰富的视觉以及文化层面的美。

## 3.9.1 休憩类设施

住区环境中，休憩类设施以座椅最为常见，它可以让居民进行一些富有吸引力的室外活动，如休息、阅读、晒太阳、交谈等。只有创造良好的条件能够让人们静坐下来，营造舒适的"坐"空间，才可能逗留较长的时间来进行这些活动。而休憩活动的主要设施就是座椅，座椅的设计和布置是决定人们是否愿意停留的关键因素。座椅处于环境中，就应该与环境相协调甚至相依托（图 3-243）。

图 3-243 景观座椅

### 3.9.1.1 座椅的分类

按照座椅基本形态的不同可分为两种：即长凳和椅子。长凳主要强调造型的水平面，可减少视觉的压抑感，相对自由地变动坐的方向（图 3-244）。椅子则附设靠背和扶手，分为单座型和连座型。随着年龄的增大，人们对倚靠方面的要求会逐渐提高（图 3-245）。

按照材料的不同可分为：木材、石材、混凝土、陶瓷、金属、塑料等座椅。

图 3-244 景观长凳（林墨飞设计 / 中国 /2017）

图 3-245 景观躺椅

图 3-246 木质座椅

图 3-247 金属座椅

图 3-248 塑料座椅

图 3-249 座椅营造出场景趣味性（盒子设计 / 中国 /2017）

① 木材：触感较好，材料加工性强，但耐久性较差（经过加热注入防腐剂处理的木材，具有较强的耐久性）。随着木材黏结技术和弯曲技术的提高，座椅形态已开始多样化（图 3-246）。

② 石材：具有坚硬性、耐腐蚀性和抗冲击性强的特点，装饰效果较佳，如花岗岩等，但由于石材加工技术有限，其形态变化较少。

③ 混凝土：材料吸水性强，易风化，触感较差，可与其他材料配合使用。

④ 陶瓷：以陶瓷材料烧造而成，由于烧窑工艺的限定，其尺寸不宜过大，使用过程中易变形，难以制成复杂的形状，较少采用。

⑤ 金属材料：以铸铁为主，具有厚重感和耐久性，可自由塑造形态，也有使用不锈钢和铝合金材料的（图 3-247）。现在由于冲孔加工技术的进步，可使金属薄板制成网状结构，散热性较好，可使用于座面。铝合金、小口径钢管等可加工成轻巧、曲折的造型。

⑥ 塑料：由于塑料材料易加工，色彩丰富，一般适宜做座椅的面。但塑料易腐蚀变化，强度和耐久性也较差。为了改变材料的特性，可采用玻璃钢等复合材料，以增强材料的强度（图 3-248）。

### 3.9.1.2 座椅的设计要点

① 座椅的布局和位置应便于居民日常使用，与道路、绿地、小广场等的相互关系要适中，同时应考虑座椅本身的组合关系结合人体工程学的要求，充分体现舒适性。

② 座椅可以营造出具有某种庇护性、日照通风良好、视野开阔的特定场所，生动性和趣味性的场景能吸引人们观赏和逗留（图 3-249）。

图 3-250　开敞空间边缘的座椅

图 3-251　注重私密性的座椅布置

图 3-252　与树池结合设计的座椅

图 3-253　座椅造型要符合人体工程学原理

　　③ 开敞空间的边缘是最受青睐的休憩场所，位于凹处、长凳两端或其他空间划分明确之处，以及背后受到保护的座位都较受欢迎，设计时要注意空地及绿地边缘地带休息和停留空间的营造（图 3-250）。

　　④ 注意朝向与视野的影响，防护良好并具有不受干扰观察周围活动的视野的座位较受欢迎（图 3-251）。同时围合向心的布置方式不适合住区多数情况下两三人或单人就座的要求，容易造成座位资源的浪费，应尽可能避免这种布置方式。

　　⑤ 当座位面向道路或大空间时，座位与行人应保持适当的距离，距离过近会使双方都不自在，甚至会妨碍路过者通行。设计时应尽可能保证双方距离在 1.5m 以上。

　　⑥ 除了上述的基本座位外，还有许多辅助座椅，如台阶、树池、花台、矮墙等，都可供人观景、休息并形成良好的景观效果（图 3-252）。

　　⑦ 座椅（具）的设计应符合人体工程并满足舒适度要求，普通座面高 38~40cm，座面宽 40~45cm。标准长度为单人椅 60cm 左右，双人椅 120cm 左右，3 人椅 180cm 左右。靠背高为 35~40cm，靠背座椅的靠背倾角以 100°~110° 为宜（图 3-253）。

## 3.9.2　标识类设施

　　标识类设施通过图形或文字向观者传达信息，包括各种标识牌、导视牌、警示牌等各类标识系统，通常是给居民以指示、宣传、警示的作用。在住区中，合理设置标准、规范、统一的标识系统是十分必要的。它在导向的同时还具有减少和避免意外事故，消除混乱等功能。另外，越来越多的住区开始注意对花草、树种的介绍，标识设计能够提供相应的信息，具有宣传教育的功能。

### 3.9.2.1 标识的分类

标识为居民和来访人员提供了便捷，并增加了住区的可识别性，具体可分为四类：名称标识、环境标识、指示标识、警示标识（表3-15）。

**表3-15　住区主要标识项目表**

| 标识类别 | 标识内容 | 适用场所 |
|---|---|---|
| 名称标识 | 标识牌<br>楼号牌<br>树木名称牌 | |
| 环境标识 | 小区示意图 | 小区入口大门 |
| | 街区示意图 | 小区入口大门 |
| | 居住组团示意图 | 组团入口 |
| | 停车场导向牌<br>公共设施分布示意图<br>自行车停放示意图<br>垃圾站位置图 | |
| | 告示牌 | 会所、物业楼 |
| 指示标识 | 出入口标识<br>导向标识<br>机动车导向标识<br>自行车导向标识<br>步道标识<br>定点标识 | |
| 警告标识 | 禁止入内标识 | 变电所、变压器等 |
| | 禁止踏入标识 | 草坪 |

图 3-254　金属材质标识

### 3.9.2.2 标识的设计要点

信息标识的风格要统一，应与住区的设计主题、建筑风格相契合。在色彩、造型设计上应充分考虑其所在的周边环境、服务人群以及自身功能的需要，突出自身的个性、创造住区特色。

信息标识的大小和比例，应考虑到其安装位置、表达方式以及给人视觉感受。过大的标识会喧宾夺主，与周围的环境不相符合；过小的则起不到指示的作用。

住区标识宜选用经久耐用、不易损坏、维修方便、绿色环保的材质。如花岗石、大理石、经过人工防腐处理的木材等都是较好的材料（图3-254）。

标识内容要清晰明了，应尽可能同时使用中、英文，书写要规范、工整，数字应使用阿拉伯数字。还应注意图形符号的标准化，确保标识的可识别性，尽量使用简单易懂的典型象征性图像进行表现。

图 3-255　卡通造型的标识

标识造型应具有良好的视觉效果，其本身的造型也是一种景观，需要具有良好的视觉效果（图3-255）。

标识牌位置的摆放要醒目，同时不能对住区交通和周围的环境造成影响。一般可置于道路交叉口和主要建筑物的出入口，便于人驻足阅读。

### 3.9.3 服务类设施

#### 3.9.3.1 垃圾箱

住区环境中最常见的卫生设施类小品即是垃圾箱。拥有功能完善、使用方便、数量合理的卫生设施是影响住区环境质量的重要因素。普通垃圾箱的尺度规格要符合人体工程学，常用尺度为高60~80cm，宽50~60cm，投入口高度为60~90cm。住区中的垃圾箱应设计垃圾分类功能，可通过垃圾箱的不同色彩或一定标识对可回收垃圾、不可回收垃圾进行分类收集。

垃圾箱是为保持公共活动场所的清洁卫生而设置，一般设在住区公共建筑、公共绿地、道路两旁等人流较大的地方，垃圾箱的造型要简洁、美观大方，摆放位置与距离要适当，便于居民使用。垃圾箱的设置应遵照以下要点。

①具备垃圾收纳功能。在住区日常生活中产生的垃圾多，垃圾箱的容量设计需要根据居民入住量计算得出（图3-256）。

②造型具有良好的视觉效果。垃圾箱作为人行动线中伴随居民的必备环境元素，其造型需要做景观处理，形成良好的视觉感受，与环境融为一体（表3-16）。

③使用方便、舒适。垃圾箱的尺度设计要合理，投递垃圾的高度和角度设置需要满足人体工程学的要求（图3-257）。

④位置的选定和设置避开主要景观面。垃圾箱一般需避开景观的主要观赏面，通常放置于路边或者灌木丛中作适当隐藏（图3-258）。

表3-16 垃圾箱造型分类

| 垃圾箱类型 | 垃圾箱特征 |
| --- | --- |
| 直竖式 | 为普通使用的垃圾箱，有圆筒形、角筒形等。圆筒形可适应各种不同场合，由于没有方向性，故设置地点较自由；角筒形具有方向性，设置于壁面、柱及通道转角为宜 |
| 柱头式 | 即为柱状，上部为垃圾箱本体，下部支撑处接触土壤，形轻巧，有大、中、小容量之分 |
| 托架式 | 地面只有一个支点，有旋转式、启门式、悬挂式等多种造型 |

#### 3.9.3.2 饮水器

在住区园林中设置饮水器十分必要的，是体现人性化关怀的环境设施。饮水器多设在住区中心广场、健身活动区、儿童游乐区、人流集中的场所。国外住区中，饮水器比较普及，它们不但满足人们在园区内日常活动的用水需求，经过巧妙设计后还能成为住区中的一处亮点，可以充分反映以人为本的住区设计理念。然而，我国住区中饮水器数量却并未普及。饮水器的设置应遵照以下要点。

图3-256 垃圾箱容量要满足住区需求

图3-257 垃圾箱设计要满足人体工程学的要求

图3-258 垃圾箱通常放置于路边或者灌木丛中

① 满足饮水需求。饮水器的出水量、出水角度均需满足人的需求，不能出现水量过小、过大以及出水角度与人的站立姿势不协调等情况。

② 具有良好的视觉效果。饮水器一般设置于硬质铺装较引起人们注意的位置，因此其造型设计便显得尤为重要，需要与周边环境相协调，展示住区形象。

③ 设计尺度合理。饮水器本身的设计尺度需要满足人的使用需求。

### 3.9.4 装饰类设施

装饰类设施是指在住区环境中起装饰、点缀作用的固定的或可移动的设施，包括雨水井、树池、树池箅、装饰雕塑、种植容器等。

#### 3.9.4.1 雨水井

雨水井是雨水进入城市地下的入口，收集地面雨水的重要设施，把雨水直接送往城市河湖水系的通道（图3-259）。雨水井侧面有孔与排水管道相连，底部有向下延伸的渗水管，可将雨水向地下补充并使多余的雨水经排水管道排走，减缓地面沉降及防止暴雨时路面被淹泡，井中设有篮筐，可拦截污物防止堵塞排水管道，且便于清理。

近来，雨水井形式日愈景观化，其形式多种多样，如采用有组织的暗渠排水方式，可在排水沟上方设置雨水箅，与地面铺装形成质感对比，或采用明沟排水方式，在用材上可以与地面铺装相结合。此外，雨水井与铺装间的衔接效果，还可以与卵石、树皮等搭配，效果更

图3-259 雨水井是收集地面雨水的重要设施

图3-260 景观式雨水井

佳。景观式雨水井不仅外观漂亮，而且雨水井不易被察觉，可以对进入的雨水进行过滤，提高了雨水井的美观性，且实用性强（图3-260）。

#### 3.9.4.2 树池及树池箅

（1）树池

当在有铺装的地面上栽种树木时，应在树木的周围保留一块无铺装的自然地面，通常称为树池或树穴。在设计树池时应充分考虑所种树木的特性及周围环境，树池的尺寸一般由树高、树径和根系的大小所决定。树池深度应至少深于树根球以下250mm。树池可结合住区场地功能、人流量来确定其形式，可与园路、广场铺装、水体、座椅等其他景观元素结合设计，以丰富住区景观。

（2）树池箅

当树池不高出地面时，为防止扬尘、外力破坏树根，需要对树池作加盖处理，所加的"盖"叫做树池箅。树池箅是树木根部的保护装置，它既可保护树木根部免受践踏，又便于雨水的渗透，同时保证行人的通行安全（图3-261）。

树池箅应根据场地条件来选择能渗水的石材、卵石、砾石等天然材料，也可选择具有图案的人工预制材料，如铸铁、混凝土、塑料等（图3-262），这些护树面层宜做成格栅状，并能承受一般的车辆荷载。树池箅尺寸由树

图3-261 金属树池箅

图3-262 塑料树池箅

池大小确定（表3-17）。

表3-17 树池及树池箅常见尺寸

| 树高 | 树池尺寸（m） | | 树池箅尺寸（直径）（m） |
|---|---|---|---|
| | 直径 | 深度 | |
| 3m 左右 | 0.6 | 0.5 | 0.75 |
| 4~5m | 0.8 | 0.6 | 1.2 |
| 6m 左右 | 1.2 | 0.9 | 1.5 |
| 7m 左右 | 1.5 | 1.0 | 1.8 |
| 8~10m | 1.8 | 1.2 | 2.0 |

### 3.9.4.3 装饰雕塑

装饰雕塑除了具有审美功能之外，更重要的是对住区文化功能的展示。从雕塑作品对于现实物象的反映类型来看，大体可以将其归纳总结为具象雕塑、意向雕塑和抽象雕塑三大类。具象雕塑是将写实手法与夸张手法结合的雕塑类型，其中写实手法运用得最为广泛。具象雕塑能够将艺术形象直观地表现出来，所以许多住区雕塑采用具象的形式。抽象性雕塑是运用抽象的手段对所要设计的作品进行元素的提取和再表现，表现形式广泛，可以简练为线条、体块或某种形式，单个或成组的进行表现。而意象雕塑则是介于具象雕塑和抽象雕塑之间的一个种类（图3-263）。

图3-263 意象雕塑（迪东设计/中国/2016）

从空间观赏的角度来划分装饰雕塑，主要有圆雕、浮雕及透雕三种表现方式。圆雕可以从四周360°全方位环绕观赏，浮雕一般只能在前方180°范围内观赏，而透雕一般可从正、反两个面观赏。圆雕，又称立体雕塑。圆雕在空间属性上是相对独立的，观赏者可以从各个角度全面观赏。由于圆雕可以完全地占有空间，所以其空间感是极其强烈的。浮雕是一种以二维面状形态呈现的雕塑类型，一般依附于景墙、建筑的外壁或内壁等载体上，只适于在特定角度欣赏的雕塑。透雕是将浮雕的背景部分做镂空处理，形成一种"穿透"的视觉效果，在住区景观中的应用常见于镂空景墙中的窗花、石雕等。装饰雕塑的设置应遵照以下要点。

① 具有一定的主题性。雕塑一般都具有某种跟住区风格相呼应的主题，通过雕塑的外在形象表达丰富的内涵。

② 具有文化内涵或象征意义。通过设置雕塑，赋予场所某种精神和气质，通过雕塑融入文化，传达某种精神或理念。

③ 一般作为主景点存在。因雕塑往往具有明显的主题性，因此住区中的雕塑一般作为主景点独立存在，成为视觉焦点和场所中心点（图3-264）。

图3-264 成为视觉焦点的景观雕塑
（山水比德景观设计/中国/2017）

### 3.9.4.4 种植容器

种植容器是盛放容纳各种观赏植物的箱体，在住区景观中应用极为广泛，被称作"可移动的花园"。在开放性强的场所中，种植容器应考虑采用抗损性强的硬质材料为主；位于住区中心景观时，可设一些较永久性的以混凝土材料为主的种植容器；在一些多功能场所，则可设一些易迁易变的种植容器，以适应场所气氛的更换。这些种植容器灵活多样，随处可用，尤其对于一些难于绿化场所的美化，有着特殊的意义。种植容器的材质非常丰富，有木制、塑料、陶瓷、玻璃钢、水泥、石材、金属等材质（图3-265）。

图 3-265 水刷石材料的种植容器

## 本章小结

　　住区中的环境构成元素较之城市其他场所中的创作更加贴近自然、贴近大众，能够更好地与环境达到完美的融合。本章按住区环境构成元素功能性质的不同分类，分别总结了各类元素的基本类型和特征、主要功能、设计要点等内容。本章要求使学生掌握各种环境元素的功能、造型风格、空间尺度、色彩变化、材料的选择与应用，会根据住区项目的不同特点和要求进行合理的规划及设计。

## 思考题

　　（1）住区环境的构成元素主要包括哪些内容？

　　（2）简述住区铺装的主要分类？列举几种铺装面层材料与做法？

　　（3）住区内各种道路及绿地的最大坡度？简述台阶与坡道的设计要点？

　　（4）简述水景的主要类型及其特征？列举喷泉景观的具体分类和适用场所？

　　（5）简述住区石景材料种类及特点？主要的设计手法包括哪些？

　　（6）简述住区环境主要包括哪些景观建筑？

　　（7）简述住区挡土墙的分类及设计要点？

　　（8）住区环境设计中基本的植物配置原则和配置方式有哪些？

　　（9）在住区照明设计中应遵照哪几项美学原则，并列举主要的灯具类型？

　　（10）简述住区座椅的分类及设计要点？

## 推荐阅读

　　（1）《园冶注释》. 计成. 中国建筑工业出版社，2009.

　　（2）《街道的美学》尹培桐. 华中理工大学出版社,1992.

　　（3）《园林景观建筑设计》. 刘福智. 机械工业出版社，2009.

　　（4）《园林建筑设计与施工》. 周初梅. 中国农业出版社，2002 .

　　（5）《园林工程》. 孟兆祯，等. 中国林业出版社，2004.

　　（6）《城市照明设计》. 郝洛西. 辽宁科学技术出版社，2005.

　　（7）《植物景观设计元素》. 罗爱军. 中国建筑工业出版社，2005.

　　（8）《中国园林假山》. 毛培琳. 中国建筑工业出版社,2004.

　　（9）BBS·园林景观·景观设计 http://bbs.zhulong.com/101020_group_687/detail30098805

　　（10）筑龙博客 http://blog.zhulong.com/u11205071/blogdetail8070845.html

　　（11）谷德设计网 https://www.gooood.cn/category/type/landscape

　　（12）木藕设计网 http://mooool.com/

# 4 住区环境设计流程

**[本章提要]**

    住区环境设计的整个流程是感性思维和理性思维相结合的过程。方案构思需要感性的认知,方案设计必须有理性的思维,方案实施同时必须符合使用的需求,因此它必须强调实践性。本章详细介绍了住区环境设计过程中关于基地复核及测量、基地分析与设计任务书、初步设计、方案设计、扩初设计、施工图设计、施工配合等一系列内容,有助于了解和掌握整个设计流程各个环节的不同知识。

    住区环境设计的最终目的是将设计师的理念与创意加以实施,并传达给每位使用者,满足大众行为、心理及生理的需求,它包括了现场勘查、理念产生、方案构思、图纸表达、方案实施以及项目实施等复杂过程,不同的设计阶段会依据整体流程的各项要求,完成相应的设计成果。

## 4.1 基地踏勘及测量

    设计师在进行住区环境设计之前,都要对该项目的各种概况有所了解。而业主也一般会亲自或派熟悉该住区基地的工作人员陪同设计师到现场去踏勘。设计师通过甲方或有关部门提供的图纸和文字介绍,对基地进行复核,必要时还须测量。在此阶段收集的基地材料和现状记录,将会影响到之后的整个设计过程。收集的资料详尽程度,将是设计是否成功的一个重要影响因素。

### 4.1.1 收集现有基地资料

    接到初步的设计任务之后,就必须着手收集现有的基地相关资料,并补充不完整的信息。结合业主提供的基地现状图(又称"用地红线图")(图4-1),对基地进行总体了解,对较大的影响因素做到心中有底,接下来做总体构思时,针对不利因素加以克服和避让,对有利因素可以充分地利用。需要收集的资料一般有以下几个获取途径。

图4-1 业主提供的基地现状图

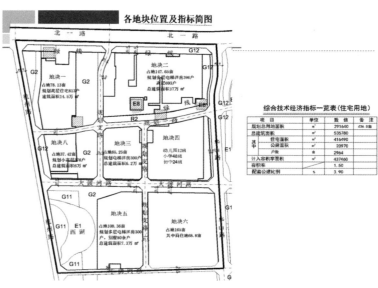

图4-2 甲方提供的场地规划总平面图及经技术指标

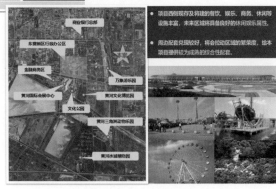

图 4-3　甲方的规划意向

图 4-4　甲方提供的建筑设计方案

（1）甲供资料

甲方可能会提供一些该场地规划总平面图、建筑底层平面图、建筑户型图、场地标高图、建筑的设计文本、甲方的设计意向以及营销策划方案等相关资料（图 4-2~ 图 4-5）。

（2）文献查找

有些材料除了甲方提供之外，像该地区的人文、历史、气候、特产等可以通过网络或书籍获得。前期这方面的材料收集得越完整，越有利于后期对设计风格的确定与材料的选择。

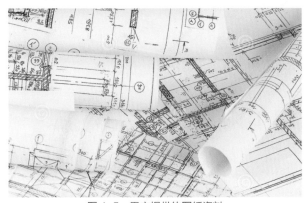

图 4-5　甲方提供的图纸资料

## 4.1.2　现场踏勘与复核

由于业主或城建部门提供的图纸与现场踏勘时的时间可能会相隔有一段时间，有些现状经过若干年已经产生变化。因而，设计师到现场进行踏勘时，会发现有些基地状况出入较大，而设计师则应掌握最新的基地现状。对于一些关系到方案设计的重要场地信息，设计师需要进行复核及测量，直到掌握了最新数据为止。

### 4.1.2.1　复核及测量

设计师到现场进行踏勘，一方面可以对现场进行核对，一方面也能加深对基地现状的了解，加深对项目的感受（图 4-6）。如果省略或者忽视这一步，随后将很有可能造成设计不合理，或者是施工图与现场无法对应，给方案设计、施工图设计制造一定程度的困难。测量的方法有很多种，一般有以下几种。

图 4-6　场地踏勘并对基地现状进行讨论

图 4-7　卷尺场地测量

① 卷尺测：在住区中，由于基地测量的尺度有大有小，可以采用卷尺和钢尺相结合，有时也可以用皮尺与巷尺相结合（图 4-7）。

② 步测：如果手边没有卷尺或其他仪器，需要量较小尺寸时，就可以采用步测的方式。用这种方法测量前，需要设计师练习步幅，使步幅保持在 50cm 左右。此外，如果物体很小，还可以量出脚长，练习叠步，以测量出小体量物体的尺寸。

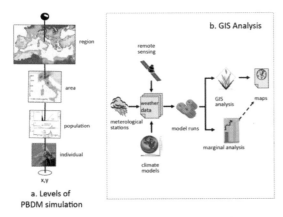

图 4-8　GIS 分析原理图　　　　　　　　　　　　　　　　　　图 4-9　施工现场拍照

③ 基线测：基线测量，就是通过一条已知长度的基线来定位各边或者各点。这种方法适用于面积不是很大，地势又相对平坦的场地。

④ 仪器测：就是利用经纬仪、水准仪、全站仪等器械对场地进行精密测量。如果场地地势起伏复杂，还可以利用 GIS 等方法对地形进行测量（图 4-8）。

此外，还要在总体和一些特殊的基地内进行拍照，将实地现状的情况带回去，以便加深对基地的感性认识（图 4-9）。

#### 4.1.2.2 记录基地的测量结果

对基地进行复核和测量之后，就必须对测量的结果进行记录。常在基地资料收集当中，需要测量的为基地的竖向高度，住区区域、道路、广场等面积，植被条件等。在记录测量结果时，可以用不同的笔在图面上勾选出位置，点位点。记录时，如果要记录的内容较多，可分几个部分进行记录。由于国内住区的面积往往都比较大，因而设计师只能在大体上进行对照。而对于住区中幼儿园、活动中心、会所等有特殊设计要求的场地，很多是之前没有量过的基地，因而可以全面地将该场地进行测量。

### 4.1.3 绘制基地详图和基地设计条件图的步骤

当基地测量和记录完毕之后，常常会发现图上的记录意见零乱不堪，且尺寸不明确。这时，设计师需要将图纸上的信息进行整理，并统一记录在标准的平面图上，绘制基地详细图和设计条件图。

① 绘图比例：首先采用 1∶1 的比例在 CAD 图上进行绘制，因 CAD 图上文字尺寸的可调节性，使得设计师无论记录的东西多复杂，图面上都可以很清晰地查阅。

② 图纸布局：图纸在 CAD 中常用的布局方式如（图 4-10）。

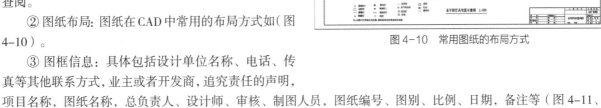

图 4-10　常用图纸的布局方式

③ 图框信息：具体包括设计单位名称、电话、传真等其他联系方式，业主或者开发商，追究责任的声明，项目名称，图纸名称，总负责人、设计师、审核、制图人员，图纸编号、图别、比例、日期，备注等（图 4-11、图 4-12）。

④ 图纸：图纸在 CAD 中的比例是根据 CAD 图框的比例而定，图框可采用 A3、A2、A1、A0 等，具体视图面大小而定（图 4-13）。基地详图和基地条件图是对基地材料进行收集的关键步骤，关系到以后各个阶段的设计质量。将利弊和可利用设计的地形用图示的方式表现出来，这样就能让人一目了然。一般步骤如下。

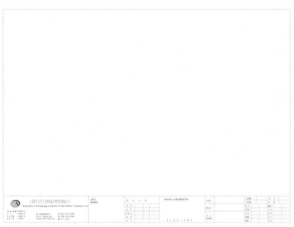

图 4-11 图框信息

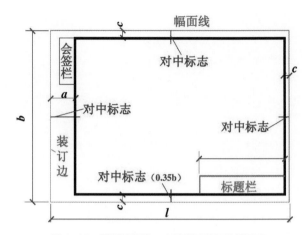

图 4-12 图纸标题栏、会签栏及装订位置示意

a. 绘制单一条件的资料图，如基地地形图、土壤条件图、水文条件图等。

b. 绘制两个或两个以上条件的现状图，如自然条件现状图、气候条件现状图等。

c. 将各个条件现状图综合表现在一张图上，并对绘制的详图、条件现状图进行罗列和比对。

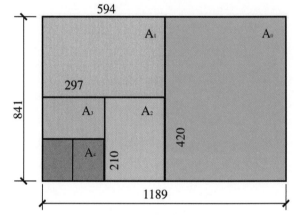

图 4-13 标准图纸幅面示意图（单位：mm）

# 4.2 基地分析与设计任务书

基地分析与任务书分析依然是在设计准备阶段进行的。在基地复核及测量阶段，已经将该项目的一些地形、竖向标高等资料收齐，基地分析实际上是在前面调查的基础上进行的。基地分析的详略程度主要依靠前期对基地现状资料的收集，而分析的结果又能直接影响到之后的概念设计乃至设计成果。因而在对基地分析时，应尽可能详实和具体。而任务书则是在方案设计的准备阶段，由甲方提供给设计师或委托设计单位的书面清单，必须认真阅读、分析并加以理解。

## 4.2.1 基地清单

基地分析前需要列出一系列认为可能影响到设计的内容和项目。基地清单资料如下。

### 4.2.1.1 相关的政策法规资料

收集的政策法规包括城市规划法规，住区设计规范，道路设计、公共建筑、绿化的相关规范，当地城市规划及对住区的详细要求等。

### 4.2.1.2 基地的自然条件

（1）位置和范围

① 该基地处于的具体区位信息，如省、市、县、街道及道路状况、级别等。

② 该基地所在的二维、三维地图，基地周边的交通情况、道路性质，基地周边的用地类型（如工厂、农田、居住区、商业区等）等情况。

图 4-14　植被条件

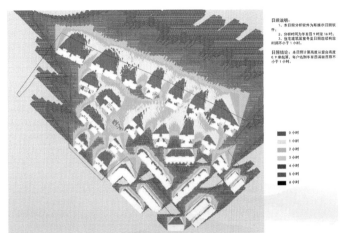

图 4-15　日照分析

（2）地质条件

① 该地区的地质历史，描绘地质基本情况图（如岩石、断层或火山、海水等地质现象），从而评价开发此基地是否适宜某些设计思路。

② 要对该地区的土壤类型、结构、含水量、透水性、承载力、冻土层厚度及受侵蚀情况进行了解。如果工程规模较大，需要专业人员提供土壤的综合情况；如果项目小，只需了解土壤酸碱性、土壤承载类型等一般情况。

③ 该基地的基地地形图，以及高点和低点的标高。只

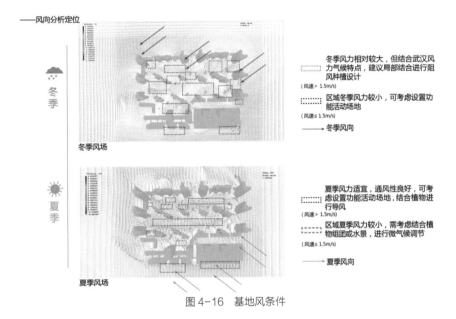

图 4-16　基地风条件

有了解该地的地形情况，才能在现有地形的前提下，结合地形确定后面建筑、道路等设施的分布。

（3）水文条件

经过该基地或该基地附近的水系，一般包括河流、池塘的水岸线、水深（平均水位、常水位、最低和最高水位）等。

（4）植被条件

① 该基地现有植物种类、位置、高度、长势等情况。

② 了解基地内有无古树名木，基地内是否有当地独特的乡土植物群落，基地附近有无可供植物造景的植物（图 4-14）。

（5）气候条件

① 日照条件：根据太阳的高度角和方位角分析日照状况，推测阴坡和无日照区，以确定在住区布置环境设施时的相关位置，分析并收集这方面的资料（图 4-15）。

② 风的条件：该基地全年的季风情况、风速、风频率等，一般利用风玫瑰图，各个区域的风玫瑰图都不一样（图4-16）。

③ 温度条件：该地区一年中最高和最低温度，冬季最大的土壤冻土层深度等。

### 4.2.1.3 基地的人文条件

① 基地的建筑特色，如建筑是哪种建筑风格，这种风格有哪些特色和文化底蕴。

② 基地的历史文化，如该基地历史上曾经的文化古迹、美丽动人的传说、极具特色的民族风情和文化。

③ 基地附近居民或目标客户群的经济承受能力，以便对工程造价进行控制。

### 4.2.1.4 基地的设施资料

由于有很多基地在建设之初就已经有一部分的人工设施，因此，需要对已建的人工设施进行资料收集和整理。

① 建筑物和构筑物分布：现有建筑物和构筑物的风格、数量、平面、立面、种类和使用情况。

② 道路和广场分布：现有道路的宽度、分级、材料、标高、排水形式；现有广场位置、大小、形式、铺装、标高等情况。

③ 管线排布：地上和地下部分的管线排布情况，如电线、电缆线、通讯线、给水管线、排水管道、煤气管、污水管道等，要了解它们的位置、走向、长度、管径及埋深等技术参数，以便日后将住区的用电等接入市政管道。

## 4.2.2 基地分析

基地分析是基地研究的重要一步，基地分析是在资料收集的前提下，对基地进行分析，进而归纳出基地的利弊。基地分析一般包括以下几个方面。

### 4.2.2.1 影响因素分析

指的是基地上收集的各个方面环境因素的资料，如地形、气候、土壤等，并对基地所处的各个因素的属性和形状进行深入了解。可以绘制的分析图如：地形分析图（图4-17）、地质分析图、气候分析图、水文分析图（图4-18）、人工设施分析图（现有建筑、道路、广场、管线）、视线组织分析图（图4-19）等。

在对单个因素分析的基础上，多个因素进行叠加，如可将地形、水文等进行叠加，就如同将一层层透明的层相互叠加，从而产生对场地的综合评价和分析，并得出综合要素分析结论（图4-20）。

### 4.2.2.2 适宜性分析

通过对各个因素进行叠加之后，形成综合条件图，

图4-17 ArcGIS地形分析

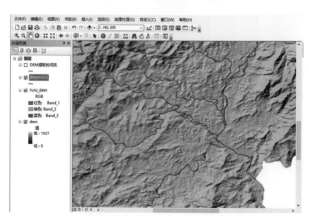

图4-18 ArcGIS水文分析

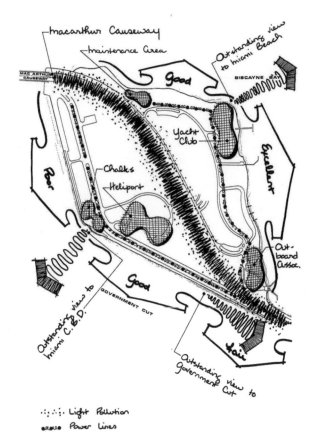

图4-19 视线组织分析
（资料来源：《园林景观设计——从概念到形式》）

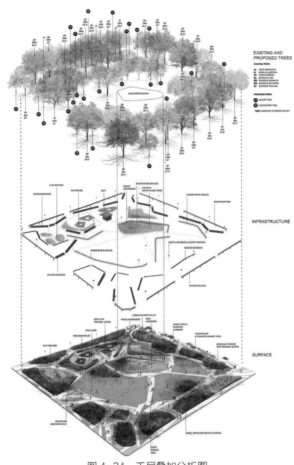

图4-24　千层叠加分析图

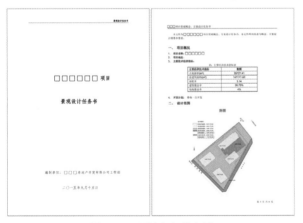

图4-21　设计任务书案例

有些分析结果不能由叠加因素直观地得到，需要将之前收集的自然、文化、社会、历史等方面的资料进行综合地考虑和分析。此外，随着GIS的深入发展，利用GIS对基地进行分析也成为一个比较好的方法。

在进行基地分析时，要善于将一些现状条件列出来，进行适宜性分析。基地分析，需要综合基地的所有相关材料寻找设计的内容和主题，寻找基地与文化、项目定位之间的联系，进而挖掘出文化内容主题。

### 4.2.3 设计任务书

设计任务书一般由甲方在进行项目调查之前就交予设计方，因此，在进行资料收集、基地分析时就要不断地结合任务条目，做相关设计任务的调查。

（1）设计任务书解读

设计任务书是进行设计的主要依据，它一般包括项目简介、项目定位、设计原则、规划技术经济控制指标、园林景观设计要求、设计成果及周期等方面，并介绍关于设计场地基地位置、范围、规模、项目名称、建设条件、建筑面积、定位风格或是面向的消费群体、投资单位、投资情况、设计与建设进度等事宜。设计任务书多以文字形式表达，在解读了设计任务之后，需要明确接下来要深入做哪些方面的调查、分析和设计制图工作。

（2）设计任务书的再编制

在了解了甲方的设计意图和基地大致情况之后，设计方还要根据自身的进度编制一个乙方的调查、分析、设计任务书。任务书上应标明每个步骤的进度（调查分析、概念设计、方案设计、施工图、设计交底及后期服务阶段）和跟进负责人，或是小组成员，将任务落实到位。

（3）设计任务书案例（图4-21）

详见以下任务书案例。

（扫描二维码，获取任务书案例）

## 4.3 初步设计

这一阶段是针对项目所产生的诸多感性理念进行归纳与精炼所产生的思维总结。在设计前期阶段必须对将要进行设计的方案作出周密的调查与策划，分析出客户的具体要求、方案意图、项目特色、文化内涵等，再加之设计师独有的思维素质产生一连串的设计想法，才能在诸多的想法与构思上提炼出最准确的设计概念。

## 4.3.1 功能图解

功能图解是在了解分析基地现状和设计任务书之后，设计师综合考虑基地条件情况、设计目标等之后，将设计思路用草图的形式进行表达的图解。它又叫"泡泡图"，是设计师在方案构思前随手勾绘的一种简单的方式（图4-22）。功能图解的目标在于产生概念性的布局，至于其他细节部分，则在后面的详细设计阶段，再进行考虑。在此阶段，设计师除了对总体空间进行分析之外，还要对各个功能分区进行定位，设计主题。有些面积比较大的住区，需要进一步对各个组团进行定位和分析，绘制功能图解。

### 4.3.1.1 功能图解的重要性

功能图解的作用主要体现在以下几个方面。

首先，能从总体出发，建立正确的分区。由于住区面积比较大，需要设计师在方案设计最初阶段从大局出发，对各个区域进行定位和分析，并确定该区域的主题和文化。例如，该区域是以运动为主题，则该区域的设计元素都围绕运动展开。

其次，能从多个角度进行方案推敲。方案设计的过程一般是从功能图解演变而来的。在功能图解阶段，各个分区只是一个很概念性的区域和方向，有利于设计师在方案最初阶段，进行各种方案的布局。住区环境设计可以从序列形式上进行探索，例如轴线式、向心式或者围绕式进行布局。设计师也可以通过赋予某块基地一种文化和主题，如该区域是以生态、休闲或是以运动为主题，由此进行布局。在功能图解阶段，设计师可以忽略图案、材料、尺寸等过于具体的内容。

此外，进行功能图解，有助于设计师进行方案构思，能够帮助其将设计思路迅速地记录下来，有利于从各个方向对方案进行探索，从而找到最适合的概念设计。

### 4.3.1.2 功能图解过程

（1）图解符号

经过仔细思考之后，设计师对方案最后的效果会产生大致的构思轮廓。然而，面对还不是很明确的道路边线、停车场面积等欲设定的功能区需要用一些斑块和图形进行一些限定。这时，需要用一些图解符号用来表达住区各个部分的区域。

一般情况下，设计师会用一些比较容易识别的符号来进行功能限定，功能图解常用的符号如下（图4-23）。

掌握功能图解所需要的元素之后，就可以在基地图上面绘制大概的功能图解图。功能图解图上常常会绘制以下的内容（图4-24）。

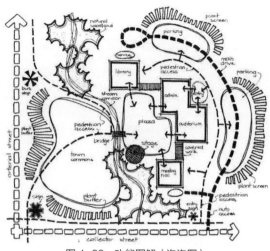

图4-22 功能图解（泡泡图）
（资料来源：《园林景观设计——从概念到形式》）

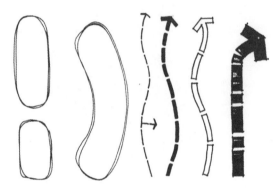

图4-23 功能图解常用的符号
（资料来源：《园林景观设计——从概念到形式》）

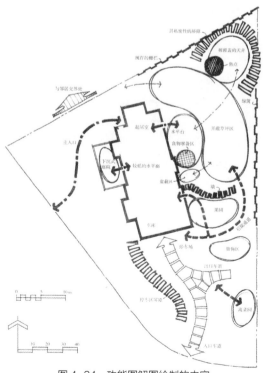

图4-24 功能图解图绘制的内容
（资料来源：《园林景观设计——从概念到形式》）

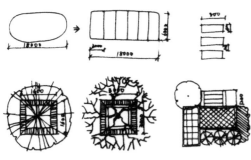

图 4-25　考虑因素的图解
（资料来源：《居住区景观设计全流程》）

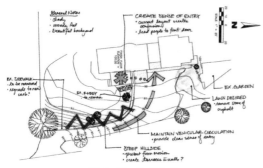

图 4-26　流线分析
（资料来源：《园林景观设计——从概念到形式》）

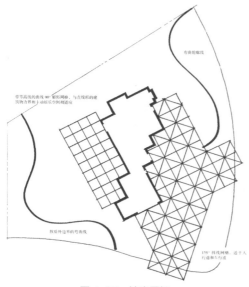

图 4-27　轮廓图解
（资料来源：《园林景观设计——从概念到形式》）

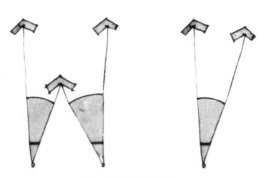

图 4-28　视线分析
（资料来源：《居住区景观设计全流程》）

① 各个功能区块（包括入口区、中心绿地区、公建绿地区等）用圆形、星形或交叉的形状表示。

② 道路走向（住区主干道、次干道）用各种点划线表示。

③ 围栏、绿化用"之"字行线或关节形状线表示。

④ 出入口用各种箭头表示。

功能图是在确定功能关系之后，才用图解的形式进行表达。当现状及设计构思、功能等主要表现的内容较多时，可以借助图解法进行分析。图解法可以分为框图、区块图、矩阵和网络四种方法。其中最常用框图法，又称为泡泡图解法。它能帮助设计者快速记录构思，解决平面内容的位置、大小、属性、关系和序列等问题，使设计师的思路不被拘泥和限制。

（2）考虑因素

进行功能图解过程中，设计师需要考虑每个符号所蕴含的一些因素。

① 比例：在进行功能图解时，设计师需要对各空间和元素的比例有较为深刻地了解。对于住区的广场、入口、停车场等区域，用相对比例的方式，将该符号画出来（图 4-25）。任何不符合实际的功能分区对后续的工作都是无意义的。空间的功能图解符号还要考虑图形的比例问题。泡泡图又称为框图法，既然称其为框，则要注意框的比例，包括等比例框图和不等比例框图。首先，等比例框图是指框的长和宽都相等，这样的空间通常具有一种向心力，适合人群的聚集；其次，不等比例框图是指框的长和宽不等长的情况，这种情况下，框图具有方向性和流动性。

② 位置：确定了各个空间和元素的大小之后，需要将符号布置到图面上去。设计师可以在基地分析图上放置一张白纸，根据基地空间和元素的关系将各个元素空间布置在图面上。此外，框图的位置还可以表达住区中各个分区之间的功能关系。

③ 流线：细小的框图通过虚线状进行排列，可以表示流线方向（图 4-26）。通常用粗细不等的框图结合箭号，来表示各个流线的方向和各级道路。

④ 轮廓：由于功能图解的分区是概念性的，因而，框图的轮廓也只是概念性的，与比例相似，但是功能图解的轮廓则比比例更为精致（图 4-27）。

⑤ 视线：利用框图和箭号，还常常表现住区的视线分析（图 4-28）。

⑥ 聚焦点：住区中常常会有一些重点要表现的景或物，这时可以用一些符号图解来表示该处是视线聚焦点。

### 4.3.2　形式构成

形式构成是把每个功能泡泡图，转化成具体的形式，即把一些限制区域的轮廓线具象成某种具体可辨识的形状之后，并实现精确的边界绘制，从而为之后的方案设计、深化

图4-29 形式构成的基本图形（资料来源：《园林景观设计——从概念到形式》）

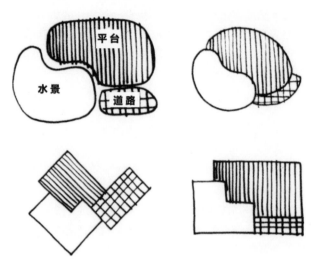

图4-30 主题图形分析（资料来源：《居住区景观设计全流程》）

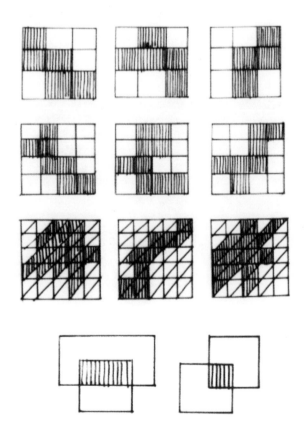

图4-31 矩形主题的叠加变化（资料来源：《居住区景观设计全流程》）

奠定基础。形式构成是在功能图解的基础上更进一步。

### 4.3.2.1 明确主题图形

虽然在美学法则中图案形式很多（图4-29），但多数图案都由一两种图形转化而成，只不过有主次之分，主要使用的图形就是形式构成阶段的设计主题。每个住区在设计阶段，都有具体的几何图形通过一些组合形成。依据平面构成的原则，形式可由重复构成、变异、渐变、发射、肌理、近似构成、密集构成、分割构成、特异构成、空间构成、矛盾空间、对比构成、平衡构成等形式组合而来（图4-30）。

（1）矩形主题

矩形这种主题主要是由正方形和矩形组成的，在使用矩形时，可以考虑通过矩形大小、形式比例、各种形式之间的叠加进行变化。它可以通过矩形重复、叠加、相加、相减而成为新的图形（图4-31）。在方案设计中，常会用到填格法，即在矩形方格的基础上，确定需要的方格（图4-32）。在进行矩形构成时，必须控制矩形重叠的面积，保证矩形可识别。由于矩形长宽变化灵活，矩形主题适合布置在任何基地上，即便基地比较狭长的区域，矩形主题也依然适用。具体操作过程中，也可以用不同材质的矩形通过组合形成一定的图形。这些材质在表面上形成的特征就是肌理。这些矩形的肌理可以是广场、木平台、铺装、汀步等（图4-33）。

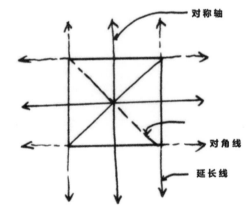

图4-32 矩形主题构成（资料来源：《居住区景观设计全流程》）

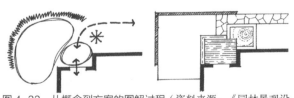

图4-33 从概念到方案的图解过程（资料来源：《园林景观设计——从概念到形式》）

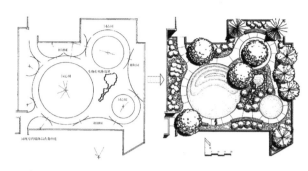

图 4-34　由圆形主题构成到方案形成的过程（资料来源：《园林景观设计——从概念到形式》）

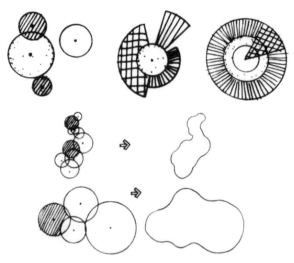

图 4-35　圆形主题的转化
（资料来源：《居住区景观设计全流程》）

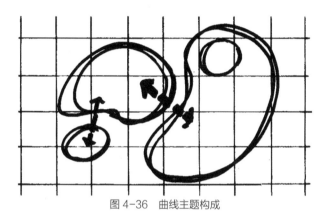

图 4-36　曲线主题构成

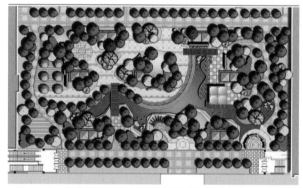

图 4-37　曲线主题方案（深圳奥斯本环境设计 / 中国 /2005）

（2）圆形主题

圆是"正无限多边形"，而"无限"只是一个概念。无论是传统或是现代，东方抑或西方，圆形在各类设计中都大量出现，且被赋予了更多丰富的内涵。圆形活泼、圆润、亲切、饱满，同时在视觉上更具运动感。因此，圆形主题在住区中也常常被大量使用（图 4-34）。

①同心圆：可从同一个圆心出发，绘制出若干个半径不同的圆，加强该圆心的集中作用。

②叠加：可以绘制多个大小不一的圆形，通过与圆叠加形成图形。但叠加过程中要注意，不能弱化该圆的关系（图 4-35）。

③相加：几个大小不一的圆，可以并列放在一起，形成大小不一的圆形图案，如水中汀步。

（3）曲线主题

曲线，是沿一个方向连续变化所形成的线，具有轻盈、流畅、优美、弹性等情感性质。在方案设计当中，由于曲线的形式优美，线条流畅，常常会被用来设计成水系、蜿蜒小道等住区景观。此外，为了打破直线、矩形的僵硬、呆板，也常常用曲线来改变形式的局促感，调整景观空间的节奏感和韵律感（图 4-36）。曲线主题的住区主要会运用不同大小的圆和椭圆的轮廓线构成曲线形式。这种形式常常会被设计成流动、伸展的线条，以捕捉人们的眼球（图 4-37）。

（4）斜线主题

斜线主题通常用于设计目标为规则式的区域当中，斜线一般在 30°、45°、60°。斜线主题有利于减小基地窄小带来的局促感，使景观视线更长（图 4-38）。

（5）组合主题

除了以上一些图形主题，有些主题之间通过重新组合而形成新的图形。各种主题之间，不是完全独立，而是

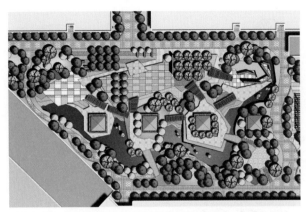
图4-38 斜线主题方案（深圳奥斯本环境设计/中国/2005）

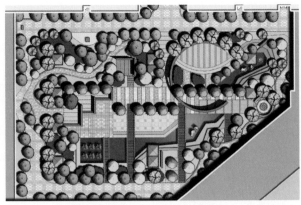
图4-39 组合图形主题方案（深圳奥斯本环境设计/中国/2005）

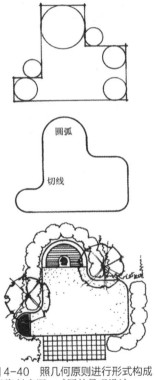
图4-40 照几何原则进行形式构成
（资料来源：《园林景观设计——
从概念到形式》）

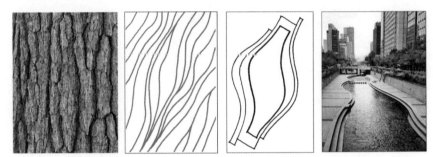
图4-41 自然树皮图案—本质的形式—提炼的图形—在景观中的运用

可以互相结合进行使用。但要注意，相似主题结合时，对比突出的效果比较不强烈；而形式变化较大的图形进行组合时，效果比较突出（图4-39）。

#### 4.3.2.2 形式构成过程

在对住区进行功能分区的同时，设计师要在基地上设计并选择出一种最适合、最吸引人的图案，并且考虑形式要符合功能图解、要能营造出预想的氛围、要符合住区建筑风格及适合基地等因素。

（1）按照图形的几何原则

在进行形式构成之前，需要对适用的几何图形进行选择，如采用正方形、圆形、三角形、弧形或是几种图形进行结合。有经验的设计师通过一段时间工作经验的积累，能较为迅速和娴熟地提笔进行设计。

其构成过程为先对基地进行功能分区，然后可以用正方形、三角形、圆形等形状构成网格，通过图形的重复、叠加、相加、相减的变化组成新的图案（图4-40）。

（2）对具体事物的抽象

在进行外环境设计时，通常住区的整体主题已经确定。设计师可以将外环境作为住区视觉传达系统的一个重要组成部分，然后结合设计主题将某些具体的事物、事件、场景和抽象的精神、理念通过特殊的图形抽象、提炼并表达出来（图4-41）。这个过程是形式语言组织、运用的过程，交织着感性与理性、传承与创新两方面的因素，使广大居民在看到环境的图形构成，同时自然而然产生联想，从而产生对该住区的归属感和认同感。

### 4.3.3 空间构成

在形式构成之后，便可以在此基础上进行空间构成。空间构成是在二维基础上对各个平面元素进行三维建构的过程。在进行形式构成时，空间构成也同时进行，两者在进行方案初步设计时，需要互相辅助进行。实际上，

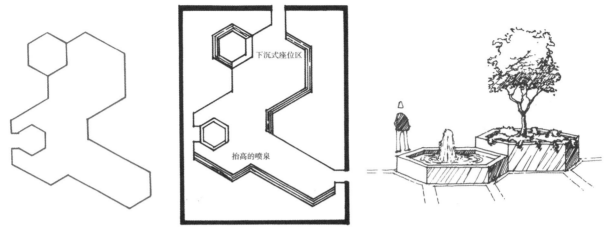

图 4-42　在形式构成时需要明确它的空间属性（资料来源：《园林景观设计——从概念到形式》）

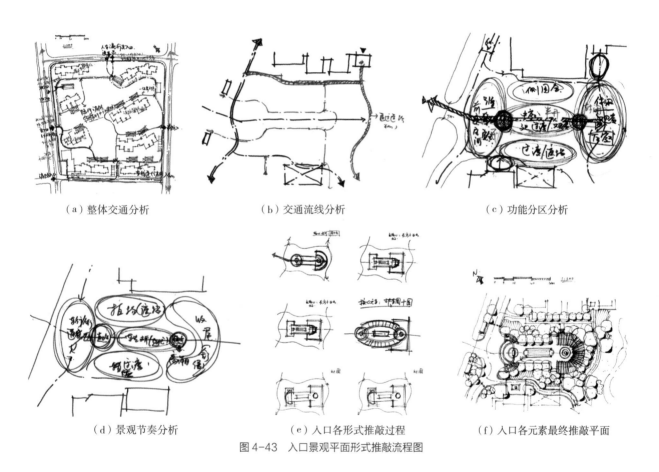

（a）整体交通分析　　　　　（b）交通流线分析　　　　　（c）功能分区分析

（d）景观节奏分析　　　（e）入口各形式推敲过程　　　（f）入口各元素最终推敲平面

图 4-43　入口景观平面形式推敲流程图

方案设计过程中的各个阶段都不可能是完全孤立的。

### 4.3.3.1 推敲平面形式

　　平面的形式在一定程度上影响了空间的建构，同样，空间的构成和营造也在一定程度上影响了平面的具体形式。形式构成和空间构成两者是相互作用，相互影响并紧密联系。

　　在形式构成之时，需要明确每个形式的空间属性（图 4-42）。以便在初步平面设计时，设计者能对平面上图形的具体形式有更直观的认识，便于接下来围绕关键点有选择地对一些细节展开思考。在前面功能图解之后，可以设计几个方案供甲方选择，原则上在设计师几个功能图解内找挑选两个继续进行方案设计。由于住区用地通常较大，通常一般将住区内的空间构成划分成：入口空间、中心景观区域和宅旁绿地空间等，并对住区的重点绿

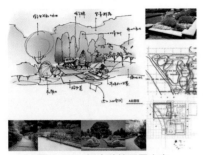

图 4-44　初步种植配置方案

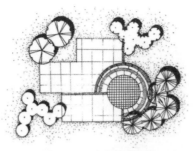

图 4-45　半开敞型配置

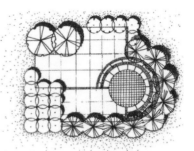

图 4-46　半私密型配置

地进行分块布置。

以住区入口环境为例，入口一般会有正门、侧门之分，也可能会有几个消防入口。在进行初步平面设计时，必须明确入口一般有哪些设计内容，设计者要对大致的内容进行确定。住区入口空间还会分为与商业街结合的入口和单纯的入口。在具体设计当中，有时入口也会与中心花园空间结合，形成轴线。在入口空间的规划设计当中，做平面设计时要对要素的形象有大致的想法。这个形象不一定很清晰，设计师可以通过寻找意向图或是用手绘大致地记录下来。平面上简单的平面布局，在空间上可能会有丰富的竖向变化。在进行平面布局时，需要对平面上的每个元素都赋予它的空间属性，让平面在脑海中立起来。平面上再简单不过的元素符号，通过后期的精心加工，都能营造出不同的空间变化和各种风格迥异的景观。此外，设计师还需要会根据住区的定位，运用不同景观要素，设计出效果迥异的入口景观，如门卫房、水景、景墙、花池等（图 4-43）。

### 4.3.3.2 初步种植配置

初步种植配置是空间构成的另一个重要方面（图 4-44）。运用植物的不同配置方式可以将住区划分成以下 4 种形式：

① 开敞型配置：一般高大树木的枝下空间较高，较为稀疏，开放程度较大。

② 半开敞型配置（图 4-45）：这类空间通常在住区入口、住区中心绿地以及住区组团之间的绿地等处，该空间部分开放，部分进行适当遮蔽。

③ 半私密型配置（图 4-46）：尺度较小，人在这个空间内有支配空间的能力，如亭、廊、花架等。

④ 私密型配置：开放性较小，一般为住区中的私家独立庭院，植物围合程度较高。

在住区中，常常可以布置乔木、灌木或者植物组景，起到视觉聚焦的作用。进行点景的乔木，本身都是观赏特性较好的园景树；可以利用不同高度、观赏特性的灌木修剪形成一处植物组景，或是将灌木、乔木、地被等通过配置形成参差错落的植物景观，或是将植物与石景小品等进行组合。此外，在初步设计阶段，设计师要先确定该住区环境的基调树种，并根据当地的气候、土壤条件等选择适合当地环境的，具有一定观赏特性和生长特性的植物。

① 观赏特性：体量、姿态、色彩、质感和芳香。

② 生活习性：对阳光（如喜光）、水分（如耐水湿）、盐碱（如耐盐碱）的需求和忍耐程度。

# 4.4 方案设计

方案设计是在初步设计的基础上，进行方案深化的重要阶段，是用更具体的方法，更为详实地表达设计思想。由于住区环境的各类要素比较复杂，这个阶段完成之后，需要向业主以图文并茂的形式展现，包括相应区域的图纸。在设计过程中，必须遵照近年来国家关于住区、环保、节能、制图等方面的一些规范。在进行方案设计之前，可以将初步设计的方案与业主进行沟通，得到业主的基本认可之后，才可以继续深入。

## 4.4.1 总平面生成过程

总平面是从初步设计开始，再后来变化形成更为详细的图纸。进行初步设计时，与业主讨论的方案可能有两个或两个以上，在业主认可的基础上，才可以进行平面方案总平面的设计。一般来说，在初步设计阶段，业主会提出一些意见和建议。由于这个阶段很多细部还没有成形，很多还只是一个概念性的设计，因而设计师需要结合一些意向图和初步设计图向业主展示和介绍初步方案。同时，设计师也要对方案的可行性进行深入思考，研究其可操作性。以下是从功能图解到方案生成的过程。

（1）功能图解

功能图解（图4-47）阶段的平面图是用于对场地调研信息的整合梳理，图面要以宏观角度展现整体形式、设计概念、方案思路、区域划分、空间关系等设计环节。图面可以通过比例尺、指北针、等高线等方式，表示出场地环境中的尺度关系和空间组织方式等基础信息。

（2）形式组织

通过描绘平面维度构成中的连接点、线路以及空间边界，完成形式组织的成果，要能够突出设计概念和策略。平面图的形式组织（图4-48）是设计方案逻辑、细节把控的推演成果，对于设计后期是方案概念、效果以及整体思路的最佳传递媒介。

（3）初步绘制

初步绘制（图4-49），首先是在充分场地调研基础之上，围绕已经明确的设计主题，将住区场地所包含的空间关系（地形地势、现有建筑物、道路布局以及它与周围环境之间的关系等），元素（物体、地面覆盖物、植被、出入口、节点和边界）等想表达的空间内容置于图面之上进行综合表达。在初期绘制时，需要尽量控制图面颜色种类，将场地信息充分归类，并通过简洁概括的形式予以表达。与完成的平面图相比，初期平面图所含细节较少。在绘制过程中，还可以继续对平面形式进行方案推演，在制图过程中从宏观图面出发，依据场地条件，充分拓展设计思路，把握场地中的空间关系，而不必拘泥于图面效果。

（4）总平面设计完成

在后期绘制过程中，应该充分结合场地环境、设计概念与方案，对平面图进行最终绘制，特别是保证信息的准确性和完整性（图4-50）。平面图最主要的作用是对设计信息的传达，所以在制作平面图时一定要保证信息的准确性和完整性。对于相关重要的设计元素，比如地形变化（等高线）、场地入口、路、广场等都需要在平面图中有准确的绘制。另外，指北针、比例尺、设计图例是平面图的必要构成部分，尤其是比例尺，是容易被大家遗忘的，但却是读图者判断图面比例的重要工具。此外，由于住区环境所涉及的尺度较广，在大尺度平面图中不能表达清楚的细节和信息需要放大尺度，进行细节平面的深入设计。那么节点所在平面图中的位置，以及比例和尺度就尤为重要。准确的标注细节在总平面图中的位置以及所涉及的尺度在相似的设计平面表达中是十分必要的。

还需要强调的是，住区环境设计离不开场地周边的环境，一张完整的平面图需要交代场地周边的环境特点和

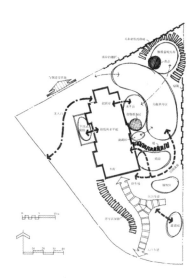

图4-47 功能图解（资料来源：《园林景观设计——从概念到形式》）

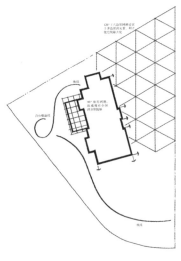

图4-48 形式组织（资料来源：《园林景观设计——从概念到形式》）

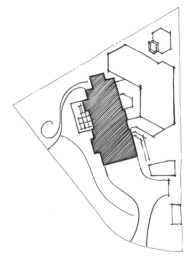

图4-49 初步绘制（资料来源：《园林景观设计——从概念到形式》）

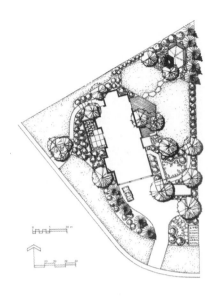

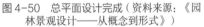

图 4-50　总平面设计完成（资料来源:《园林景观设计——从概念到形式》）

图 4-51　完整的平面图需要交代场地周边的环境特点和信息（EDSA 景观设计 / 美国）

信息。场地的位置、周边交通的形、用地的性质等虽然不在设计范围内，但与设计场地本身有着密不可分的关系。这些信息不仅要出现在前期分析中，在平面表达时也需要展现，不能只画设计红线内的部分。环境要素的表达能够更直观的展现设计场地与周边的联系和影响（图 4-51）。

## 4.4.2　总平面的表现风格与内容

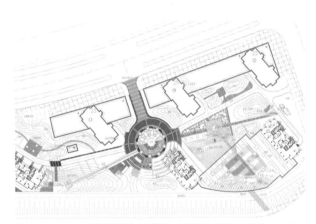

图 4-52　CAD 总平面图（局部）（林墨飞设计 / 中国 /2013）

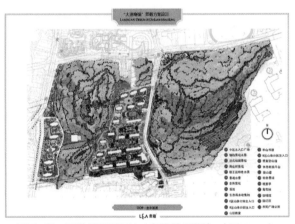

图 4-53　手绘总平面设计（奥雅景观设计 / 中国 /2011）

### 4.4.2.1　总平面的表现风格

不论什么风格的总平面图，首先需要把握其绘制思路，然后再用色、构图、空间、图面内容上遵循该思路进行绘制。但是平面图不像是绘画，不是艺术表现力的传达，重要的是设计内容的记述，具体注意事项如下。

① 由于是用于向业主进行汇报的图纸，总平面图可以在初步设计的基础上表现得更加精细、美观。

② 住区总平面图可以用尺规作图或是用 CAD 制图。由于 CAD 尺寸比较好控制，绘制比较精确，现在较常使用。但是由于植物布置较为灵活，可以用圆模板在打印的 CAD 图上绘制圆形轮廓，再在此基础上描图例或上色（图4-52）。

③ 由于现在电脑表现方式多样，住区总平面的风格可以借助马克笔、彩铅、淡彩等工具进行手绘表现（图4-53），也可以用 Photoshop 绘制彩色平面表现（图 4-54），更可以用 Sketchup 草图大师绘制。

图4-54 Photoshop绘制彩色平面表现
（大连理工大学设计院设计／中国／2013）

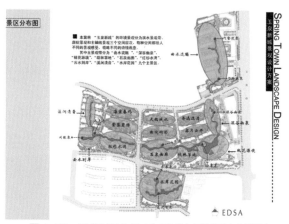

图4-55 景点标识命名／（EDSA景观设计／美国）

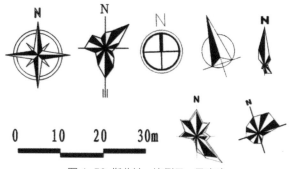

图4-50 指北针、比例尺、风玫瑰
（资料来源：《居住区景观设计全流程》）

### 4.4.2.2 总平面的内容

总平面的内容一般包括总平面图、景点标识、比例尺、指北针或风玫瑰图，有的还会有文字说明。其中，总平面图上可能还需要标注一定的竖向标高。

（1）景点标识

总平面上的景点标识（图4-55）可以是简单的表示实物，如亲水木平台；也可以是通过引申的景点名字，如"曲水流觞""曲院风荷"，经过景点名称修饰之后，将会延伸出不同的意境。景点名称取好之后，要将文字在平面上进行排版。排版的方式或者是拉线在外面标注，或者是在平面上标上数字序号或英文序号，统一排在图纸的某个位置。

（2）比例尺

比例尺是表示图上距离比实地距离缩小的程度，因此也叫缩尺。在平面设计当中比例尺有多种不同的表现形式。

（3）指北针或风玫瑰图

指北针是在平面图上用来表示基地位置方向的工具。"风玫瑰图"也叫风向频率玫瑰图，它是根据某一地区多年平均统计的各个方风向和风速的百分数值，并按一定比例绘制，一般多用八个或十六个罗盘方位表示（图4-56）。由于该图的形状似玫瑰花朵，故名"风玫瑰图"。风玫瑰图上所表示风的吹向（即风的来向），是指从外面吹向地区中心的方向。

（4）文字说明

图面上的空位置上可能会补上一些对该平面的设计说明。设计说明可能会包括设计理念、设计原则、设计手法等。生动的设计说明往往能使人感同身受，引导人们对平面后期的效果进行遐想。

（5）竖向设计

竖向设计的内容很多，包括地形设计（图4-57）；

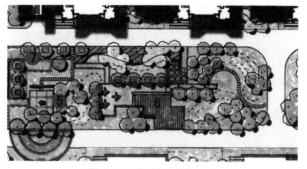

图4-57 微地形的设计表现
（资料来源：《居住区景观设计全流程》）

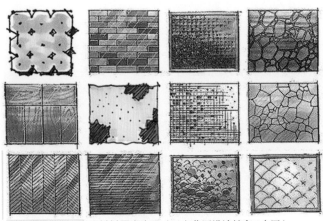

图 4-58　常用材料图案表现（匠人营国设计教育 / 中国）

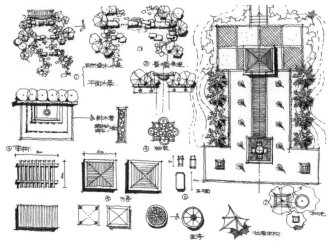

图 4-59　常用景观元素的表现（资料来源：《居住区景观设计全流程》）

图 4-60　材料运用的综合表现（资料来源：《居住区景观设计全流程》）

园路、广场、绿地和其他铺装场地的设计；建筑和其他园林小品、植物种植在高程上的要求；排水设计；管道综合设计等。在平面设计当中，排水和管道综合暂时可以不考虑；在进行竖向设计时，将设计标高采用室外标注的形式标记在图面上即可。

### 4.4.3　选择材料

在方案阶段，对住区的各环境要素需要进行较为详实的设计。由于方案要向业主进行汇报，具体需要汇报选材类型和大致的造价，并完成方案中的平面和立面选材形成图案的过程。

#### 4.4.3.1　材料归类

根据总平面图的方案构思对主要区域的用材进行初步的系统归类，常见的分类如下。

① 木材：普通木材、防腐木材、塑木等。

② 石材：天然石材包括花岗岩、大理石、砂岩、片岩、卵石、料石等；合成石材包括砖、水刷石等。

③ 混凝土：水泥混凝土、沥青混凝土、石膏混凝土、聚合物混凝土等。

在此阶段，只需要进行一下对材料的直观认识即可，特别注意那些经常使用的材料。

#### 4.4.3.2　材料图案

在住区环境设计当中，特别是广场、道路等以及建筑构筑物的立面，常常会用一些材料进行组合形成不同图案，并加以综合应用（图 4-58~图 4-60）。

### 4.4.4　方案设计的文件内容和编排

除上述重要的设计内容及注意事项外，方案设计阶段要绘制出完整的图纸一边同业主进行讨论及修改，具体文件内容包括：

① 封面：方案名称、编制单位、编制时间。

② 图纸目录。

③ 区位分析。

④ 设计说明：包括设计原则、设计构思、总体设计说明、植物造景设计说明及施工要求等。

⑤ 投资估算：包括编制说明、投资估算一览表等。

⑥ 扉页：可以有数页，夹在每个部分之间，用以区分各个图纸部分。

⑦ 总图：总平面图、轴线分析图、功能结构分析图、交通流线分析图、夜景分析图、绿化结构分析图、植物配置图等。

⑧ 各分区图纸：平面图、立面图、透视效果图、鸟瞰图。

⑨ 意向图：基础设施、铺装材料、灯具、植物等意向图。

⑩ 封底。

通过方案阶段的成果汇报，业主可能会提出一些要求：①重新设计。有些设计由于种种原因可能被推翻，这就必须要对设计进行较大地修改和调整。②完善设计。业主对有些细节不满意，需要部分调整和进行完善。③增加细节。有些细节不是很详细，业主要求在此基础上增加一些新的细节，如增加铺装样式等。在方案修改过后，将该成果报规划部门审批通过，进入下一阶段。

# 4.5 扩初设计

扩初设计是在方案设计基础上进行的深化，是从方案到施工图的重要阶段，也是介于方案与施工图之间的过程图。扩初设计可以做得比方案设计更详细一些，也可以深入到接近施工图的深度。扩初设计过程，有利于设计师对方案细部进行深入推敲和思考。

扩初设计通常做到各环境要素的平面、立面、剖面，并简单表达出大概的尺寸、材料、色彩，但不包括节点做法和详细的大样以及施工工艺等内容。当做到扩初阶段，最终效果也就基本表现出来了。

## 4.5.1 扩初设计的过程

扩初设计需要完成汇报方案设计，并获得业主认可之后才可以继续。在此阶段，业主对很多具体的布置、材料的选择样式等已经有较多了解。这个时候，业主会对一些具体的内容，提出更详细的意见和要求。

（1）收集数据资料

在前期方案设计阶段，总平面内容得到了扩充，意向材料以图片形式予以展示，从方案反馈的信息中，设计师会了解到业主倾向的图案、材料和造型。接下来，设计师就可以有目的地根据材料的样式，收集、采集相关的资料数据，例如罗列出这些材料的尺寸、性质、色彩、产地、价格等数据（图4-61~图4-63）。例如，下面表格（表4-1）上显示的都是黑色石材，在扩初设计过程中设计师可以将常用的黑色石材进行罗列，并对其性价比进行比较，并同甲方一同商讨最终选择。

表4-1 同类石材的性价比

| 名称 | 产地 | 性质价位 |
| --- | --- | --- |
| 蒙古黑 | 内蒙古 | 其颗粒较细密，磨光后板面颜色是黑色但有一点偏黄，板面也有带一些白点 |
| 福鼎 G684 | 福建 | 低辐射，是环保型产品，且质量上乘，价位适中 |
| 山西黑 | 山西 | 是市场上最纯、最黑的花岗石之一，其结构均匀，光泽度高，纯黑发亮、质感温润雍容 |
| 芝麻黑 G654 | 福建 | 作为板材、地铺、台面、雕刻、工程外墙板、广场工程板、环境装饰路沿石等各种建筑和庭园石材的材料 |

（2）材料的属性

材料的一般分类如下。

① 铺装分类：石材、铺装、鹅卵石、木头。

② 景观构筑物：玻璃、钢、木头、钢筋混凝土。

③ 土方工程材料：砂土、素土、碎石等。

④ 植物材料：乔木、灌木、地被、草坪、水生植物。

每种环境要素都有自己的一些材料属性，例如木材质地较轻，一般用作木平台或是花架等构筑物；钢筋湿凝

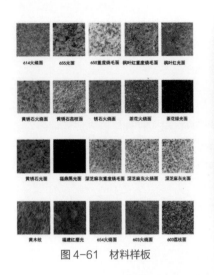

图 4-61　材料样板

真石丽压花地坪工艺性：
　真石丽压花地坪工艺其实很简单；采用特殊耐磨矿物骨料、高标号水泥、无机颜料及聚合物添加剂合成的压花地坪硬化剂，通过压模、整理、密封处理等施工工艺使混凝土表面产生不同凡响的石质纹理和丰富的色彩效果。

景琪真石丽压模地坪产品优势
1.图案丰富，配合各种人文生态环境使用均有想匹配的图案；
2.纹理丰富，仿木、仿石等上百种纹理，质感细腻，艺术感强；
3.色彩斑斓，各式图案可相互变换颜色，最大程度的完成对建设的诠释；
4.施工简单，施工进度快，工艺简单，可操作性强；
5.耐磨耐久，易维护，一次成型，终身免修；
6.造价低廉，相比传统铺装动辄百元/平方米的造价，产品的质优价廉更适合于大面积铺装使用；

图 4-62　材料特性说明

芝麻白小花石材企业指导价格

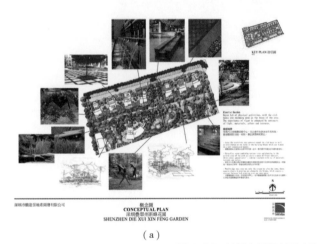

图 4-63　材料价格说明示例

（a）　　　　　　　　　　　　　　（b）

图 4-64　材料布局意向图（贝尔高林设计 / 香港 /2003）

土较为稳固，常用来做亭、廊的基础等。

（3）形成材料列表

　　由于方案设计阶段，还可以列出一系列的意向图进行图示，而在扩初阶段，需要对每个场地的材料进行确定。因而，在选定了材料之后，设计师需要在现有材料的基础上，选定将要使用的材料的位置。这时，可以在平面图上，大致将该材料的一些位置进行布局，或者另外形成一个列表，再确定布置的位置（图 4-64）。

（4）准备扩初图设计

　　进行扩初图设计之前，需要先进行思考，将想要放大的区域和景观进行标识，对要绘制的图纸进行罗列。一般情况下，扩初设计是在住区方案设计的基础上，增加一些铺装平面扩初图，水体景观扩初图，景观构筑物扩初出图，植物、水电扩初图等。

## 4.5.2　扩初设计的内容

　　在扩初设计阶段，最需要完成以下 3 个方面的内容。

（1）铺装的扩初设计

　　在住区环境设计当中，铺装材料具有实用功能和美学功能，进行铺装材料设计时，在选择材料多样化的前提下，需要保证整个设计的统一。在扩初设计当中，铺装占据重要的部分，当住区面积不大时，可以直接标注在铺装总

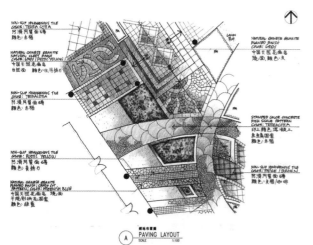

图 4-65 铺装扩初设计（奥雅景观设计 / 加拿大）

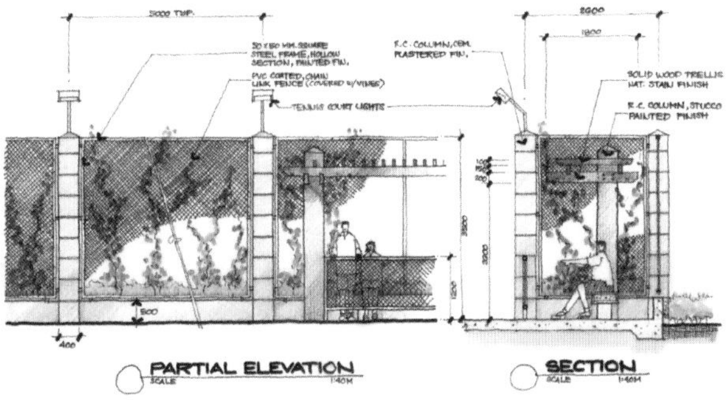

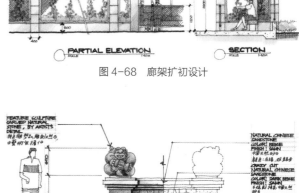

图 4-68 廊架扩初设计

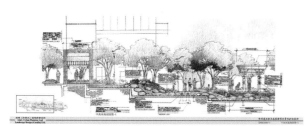

图 4-66 水景扩初设计（奥雅景观设计 / 加拿大）

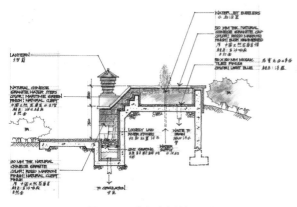

图 4-67 喷泉跌水扩初设计

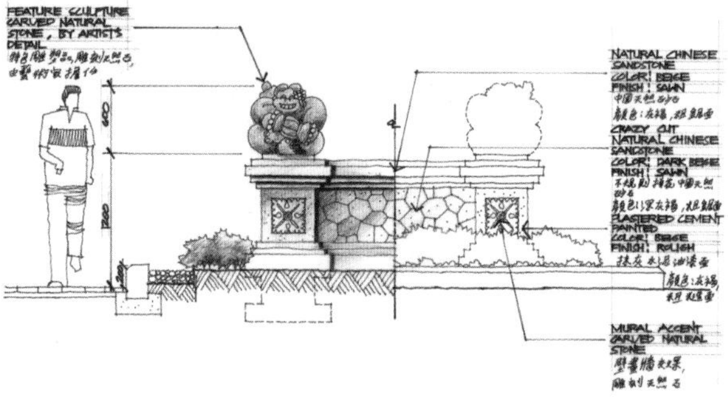

图 4-69 景墙扩初设计

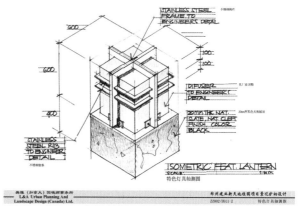

图 4-70 景观灯具扩初设计（奥雅景观设计 / 加拿大）

平面上；当住区面积较大时，需要有专门的铺装索引图。在进行铺装平面扩初时，还需要对铺装的结构进行扩初，表明各层的厚度、材料。当铺装与其他景观元素相结合时，需要将其用剖面的形式交代竖向关系和各部分材料的情况（图 4-65）。

（2）水景的扩初设计

水体景观往往是住区中主题景观，水景在住区的形式多种多样，大致有以下几种形式：溪流、瀑布、喷泉、跌水、旱喷、泳池、水池等。每种水景形式在方案设计阶段只是一个初步的形象设计。扩初设计时需要对水景中各个部位的一些景观元素进行定位，将水景中各个部分的材料确定下来（图 4-66、图 4-67）。

（3）景观建筑及构筑物的扩初设计

住区中的景观建筑及构筑物包括了门卫室、大门、亭、廊、花架、花池、花钵、雕塑（浮雕、圆雕）、景墙、围墙、灯柱等众多重要的组成内容。由于住区的风格多变，景观建筑及构筑物的样式也较多，融合了各种元素并相互结

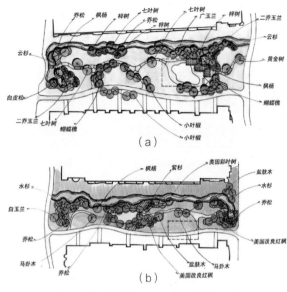

图4-71 种植扩初设计（EDSA景观设计／美国）

合，细部变化较大。扩初设计需要将各个元素的样式、细节、图案、材料等表达清楚，通常要表现的有平面图、立面图、剖面（半剖面）图等（图4-68、图4-69）。

此外，根据实际情况，有的还要进行一下绿化扩初和水电等方面的扩初设计（图4-70、图4-71）。

### 4.5.3 扩初设计文件的内容和编排

扩初设计阶段的图纸内容包括。

①封面：方案案名，编制单位，编制时间。

②扉页：注明编制单位技术负责人，单位负责人，方案设计人员（加注技术职称）。

③目录及项目概况说明：项目叙述包括项目地理位置阐述（人文情况、气候情况、民俗习性），项目概况，项目优势分析与阐述（现场照片、图文并述），项目局限性分析（现场照片、图文并述），如何发展优势弥补劣势。

④ 设计说明：提出设计主题（简要概括，图片贴切），对主题进行描写阐述；草图概念表达（演变，如何表达这个主题），如何挖掘主题文化，点睛概要；意境表达及引申个组团内容形成列表

⑤ 总平画图：总平面景点标识图，鸟瞰图，各组团内容分区索引图，道路流线分析图（包括人行道路、小区内车行道路、城市规划主干道、隐形消防车道、消防道路等），视线通廊分析图，功能分析图（包括架空层空间、户外休闲运动空间、水体、商业空间、户外停车场、绿化及其他等），水循环设计及说明（包括水循环流线、水系统增氧点，水生植物分布区，鱼类分布区，深水、浅水分布情况），标高分析图（包括绝对标高、相对标高、建筑标高、水体标高、坡度标注，采用相近色区分标识）。

⑥ 分区介绍：组团内容描述，意境表达，组团平面图及景点（在组团平面上注释景点名称、指北针、标高、意向图），效果图（包括效果图在总图中的视角位置，意向图），剖面图（包括景点名称、标高、材料、尺寸，并附有分区图及剖面位置标注、标高，意向图等）。

⑦ 其他：铺装总平面图，材料设计说明，夜景灯光分布图，基础设施分布图，基础设施及节点设计和大样图，基础设施意向图，分区绿化设计说明，综述（总结，将设计主题、构架，设计最终效果阐述），经济分析表，投资估算（包括编制说明、投资估算及材料用量）。

⑧ 封底：公司名称、密码条、公司地址、电话、网站等。

# 4.6 施工图设计

施工图是在扩初设计的基础上，对平面图、立面图、剖面图等进行优化，增加局部大样和工艺做法，指导进行施工的一系列图纸。它一般包括施工图和设计说明（材料使用、施工方法）。施工图要求图纸齐全、表达准确，它是进行施工、编制施工图概预算和进行施工组织的依据，也是进行技术管理的重要文件。

一套完整的住区环境设计施工图一般包括土建施工图、绿化施工图和水电施工图。土建施工图一般包括施工设计说明、施工图纸目录、住区环境索引图、铺装总平面图、竖向标高图、住区环境定位平面图、网格定位图、各区索引平面图、竖向标高图、铺装平面图、局部环境、环境小品平面图、立面图、剖面图、断面图、节点详图及通用的一些施工详图等。

### 4.6.1 施工图的内容

#### 4.6.1.1 封面

按设计公单位统一制作的模板进行编制（图4-72）。

### 4.6.1.2 施工图纸目录

图纸目录是了解住区环境设计整体情况的目录，从其中可以明确图纸数量、出图大小、工程号和建设单位等，里面还会显示图纸的图号、大小等内容。图纸目录一般分为 YJ（园建）、LS（绿施）、SS（水施）、DS（电施）4 个部分，里面必须标有图纸图号、图名及备注。图名是按图纸编排顺序，从第 1 页施工图开始编号（图 4-73）。

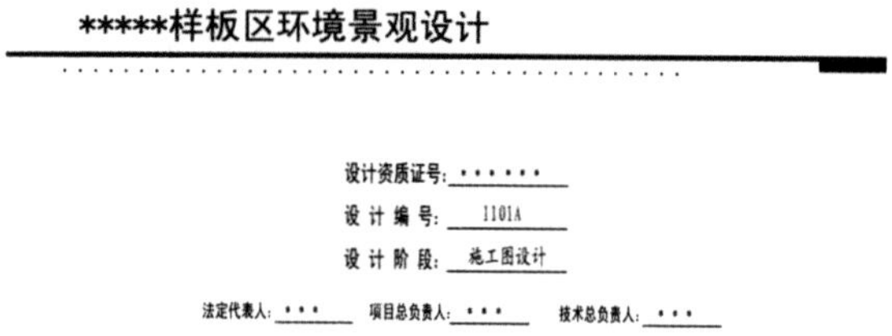

### 4.6.1.3 设计说明

设计说明一般包括工程概况，工程设计依据，设计的内容、范围，设计技术说明，竖向设计，安全措施，工程材料及建造设施，施工要求等方面。在设计说明里会描述很多通用的数据、做法及各种情况下需注意的情况（图 4-74）。

### 4.6.1.4 总平面索引图

由于住面积过大，绘制总平面时，为了方便出图，可以进行分区、分段索引。索引时需要用特定的框在该区域框选，引出索引详图，索引"圈"中表明索引的图纸。如果图纸区域较小，也可以采用铺装和索引相结合形成铺装索引平面图（图 4-75）。

### 4.6.1.5 铺装平面图

铺装平面图是在总平面基础上进行绘制的，需要对每个区域的铺装进行填充，填充完毕之后，方便绘制各个小区域。在绘制铺装平面图时，需要注意：

① 填充图案是必须要与现场的做法一样，注意铺装的规格、表面和角度、厚度、边角的处理等，方便构筑材料时准确。

② 不同材料之间必须有包边分隔，包边的色彩比道路铺装颜色深。

### 4.6.1.6 竖向标高图

竖向标高是在各个区域标注出该点的标高（图 4-76），具体包括：

① 道路标高：标交叉点、转弯点、变坡点标高、坡度、坡长及坡向；若无道路剖面可表示横断面坡向时，也需标明；需有道路中心线。

② 场地（硬地）标高：仅标控制点标高和坡向，不需要标坡度和坡长。如一个广场内有坡度，则把最高标高和最低标高标一下，再加坡向即可。

③ 绿地标高：当绿地、场地标高关系与标准详图不一致时才需表示，仅标控制点标高即可；如绿地、场地标高关系与标准详图一致，当坡地放坡有变化，

**\*\*\*\*\*样板区环境景观设计**

设计资质证号：\*\*\*\*\*\*
设 计 编 号： 1101A
设 计 阶 段： 施工图设计

法定代表人：\*\*\*    项目总负责人：\*\*\*    技术总负责人：\*\*\*

图 4-72　施工图封面（资料来源：《居住区景观设计全流程》）

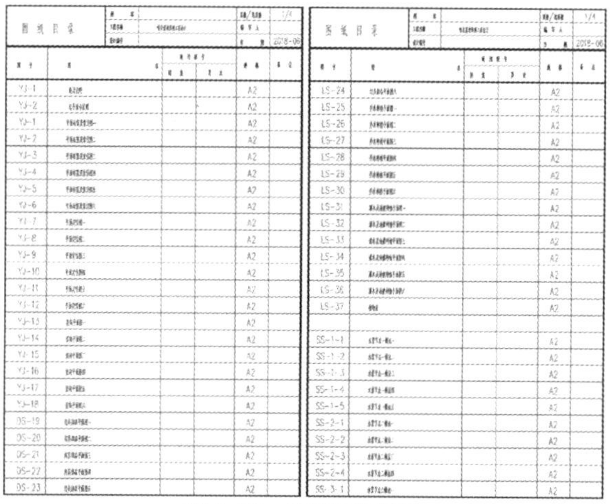

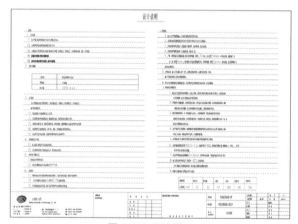

图 4-73　施工图纸目录

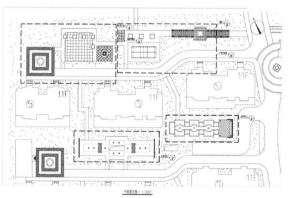

图 4-74　设计说明

图 4-75　总平面索引图

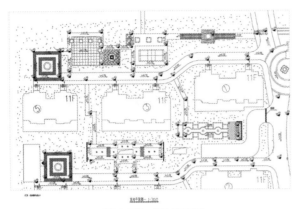

图 4-76 竖向标高图

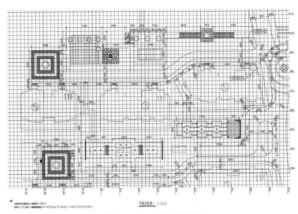

图 4-77 网格定位图

则需表示坡向、最缓坡度和最陡坡度；大面积造型坡地加等高线，文字角度可与等高线相平。

④ 挡土墙标高：仅标角点和控制点标高

⑤ 水体标高：分"水面/水底"标高，在同一标高点上标注。

⑥ 需表示雨水口和景观地漏位置；排水沟用双虚线图例表示。

### 4.6.1.7 网格定位图

当绘制各个局部平面施工图时，需要标注得更细致一些。网格定位图是在图上定一个坐标原点，以这个原点向四周量尺寸和划网格，以使该图的各个平面点较明确地展示在网格尺寸当中。网格的单位大小依

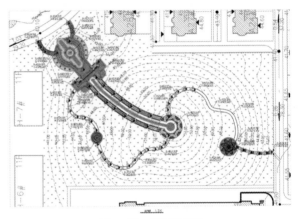

图 4-78 分区平面图

总平面图的面积而定，可以是每格 2m 或 5m，也可以每格 10m（图 4-77）。在绘制网格定位图时，应注意：

① 平面控制点必须明确标识，必须标在整个施工过程中较为固定的点上，如构筑物上。

② 大尺寸处的线条必须加粗，并在旁边标注数据。

③ 在放样图下或边上，要注上：网格每格 m×m。

④ 对小广场等场所或物体放样时，也必须设置一个基准点，即为相对基准点。

⑤ 绿化或者水电所用到的网格必须与土建图完全相同。

### 4.6.1.8 分区平面图、立面图和剖面图

分区平面图上，常常是铺装平面图、竖向标高图相结合的（图 4-78）。由于分区铺装在总平面图上已经画好，这时只需要对铺装进行更详细的标注即可。立面图，是对住区环境的立面描述，是整体效果的体现，主要是环境各个要素在竖向上的材料和凹凸、高低变化。剖面图能使施工者得到更加准确的高度信息、局部高低变化等细节信息。

### 4.6.1.9 分区小品布置图

小品主要包括灯具（图 4-79）、雕塑、指示牌、花钵、花箱、垃圾箱、成品桌椅等。

### 4.6.1.10 详　图

详图实际上是若干大样图结合形成的图。例如，在一个广场中有若干个不同样式的花钵，将花钵的大样图布置在同一张图纸上，则该图为花钵详图。具体注意事项如下。

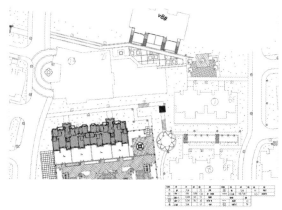

图 4-79 分区灯具布置图（作者自制）

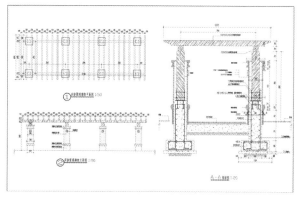

图 4-80 景观廊架详图

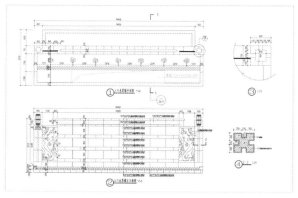

图 4-81 景墙详图（作者自制）

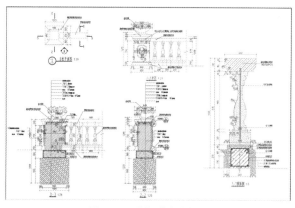

图 4-82 栏杆节点大样图

① 图纸图名建议按照具体构筑物名称另取，如弧形廊架平面图、凉亭详图（图 4-80）。

② 详图需与索引总图对应，详图总尺寸（坐标）与总图节点定位尺寸（坐标）要一致。

③ 需要有对应的剖面、立面和做法，立面需反映各看面的贴面样式，材料及尺寸。

④ 剖面、立面节点及异形材料断面在单体图纸无法表示清楚的，需要增加大样图，曲线异形及住区 LOGO 等铭牌还需要增加网格放样（图 4-81）。

⑤ 景观构筑物定位以柱中心为轴线来定位，并且在总图上显示其轴线并标注轴线相交点的绝对坐标。

⑥ 一些特殊材料或做法图纸上不能表达清楚的须在图右下角进行文字注明。

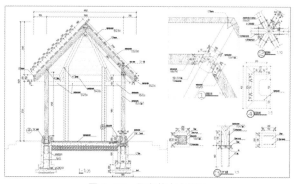

图 4-83 景亭节点大样图

### 4.6.1.11 节点大样图

节点大样图是在进行剖、立面标注时，遇到无法标注和表达清楚的物体而绘制的，以便于现场施工人员能迅速了解设计师的设计意图。绘制节点大样图能够使剖面上的结构更加清晰，便于施工人员对细部的理解（图 4-82、图 4-83）。大样详图可采用相对标高，但要标明 ±0.00 的绝对标高值。

### 4.6.1.12 通用大样图

在住区环境设计当中，有些施工详图是通用的，不管它的尺寸如何，如标准车道道牙详图、人行道详图、停

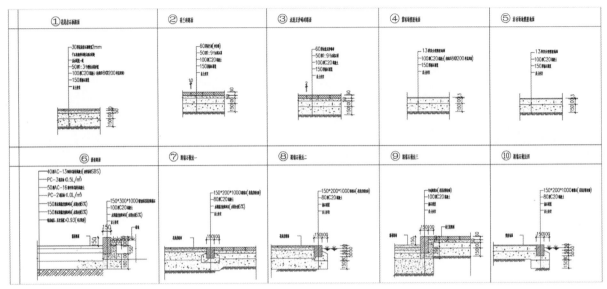

图 4-84　道路通用大样图

车场详图、消防车道平断面图等图纸，都可以重复使用，提高工作效率（图 4-84）。

①硬质广场（分车行和人行）、道路（分主干道、次干道、园路、汀步）、路缘石做法（平地面、高出地面、道牙降坡），各种硬质相接细部做法，伸缩缝处理等做法类。

②绿地收边做法，绿地与道路广场硬质相接做法类，绿地与木质平台相接做法、木质平台与硬质相接做法。

③通用树池、种植池、坐凳等做法类，局部侧面增加细部处理的还需要增加立面节点详图。

④停车位做法，井盖做法（分为硬质中井盖及绿化中井盖两种）。

⑤栏杆、台阶通用做法类（含各种防护栏杆的节点做法）。

⑥水景防水、坡道、挡土墙等做法类。

⑦灯具、标识或小品等非成品设计基座通用做法类。

## 4.6.2 工艺选择

工艺其实就是工法，即做同一种工程，方法可以有很多种，所以在施工时需要注意选择。住区环境施工中，可分为道路工程施工工艺、水景工程施工工艺、山石工程施工工艺、景观建筑及构筑物施工工艺等。此外，工艺也可以分为普通施工工艺（如标准道牙做法、花池做法、消防车道做法、铺装的人字、工字铺法等）和特殊施工工艺（如加入新材料、新技术等与常规做法不同的特色做法）（表 4-2）。

表 4-2　住区环境施工工艺种类

| 环境工程类型 | 工艺种类 |
| --- | --- |
| 道路及广场工程 | 铺装工艺 |
| | 结构工艺 |
| | 附属工程工艺 |
| 水景工程 | 驳岸工程工艺 |
| | 水池工程工艺 |
| | 流水工程工艺 |
| | 喷水工程工艺 |
| | 落水工程工艺 |

续表

| 环境工程类型 | 工艺种类 |
| --- | --- |
| 山石工程 | 真石假山工艺 |
| | 塑山塑石工艺 |
| 景观建筑及构筑物 | 景观建筑工艺 |
| | 构筑物工艺 |

对工艺的选择依赖于设计师对各种材料的使用娴熟程度及对传统工艺及新技术新工艺的积累。随着住区产业的发展，新的工程技术和新的材料及工艺更新周期越来越短。为了更好地使用它们，设计师们需要不断地学习新技术、了解新材料和新工艺。

近年来，新科技、新材料、新工艺研究比较突出的是防水材料、生态铺装材料、生态净水技术等。比如高承载整体现浇砼植草地坪，这种材料既可满足各类车辆的荷载要求，又能符合草坪生长的根系发展要求，而不会像普通植草砖经车辆辗压后易秃斑死亡。巧妙地使用新工艺能使人工造景更加生态和环保，造价更加低廉。尽管新材料不断地推广和使用，但有些常规的传统工艺做法，依然在某些情况下发挥不可替代的作用。

## 4.6.3 基础材质

基础材质即在住区环境中使用较多、较频繁的材料，这些常用的材料包括石材、地砖、混凝土、木材等材质。

### 4.6.3.1 石材

石材一般分为花岗岩、板岩、砂岩、卵石等。花岗岩种类繁多，在国内，石材生产主要分布在南部的福建省、广东省和东部的山东省。当人行时，石材厚20~30mm即可；车行时，需要厚40~60mm。

① 花岗岩：品种较多，一般有红色、黄色、白色、黑色、青色等色系。

② 板岩：板材纹理清晰、质地细腻致密，层状结构明显。

③ 砂岩：色彩较多，有紫色、红色、黄色，其中黄色更为常用。

④ 卵石：常用的有鹅卵石 $\phi$60~150mm；雨花石、卵石 $\phi$15~60mm；豆石 $\phi$3~15mm。

### 4.6.3.2 地砖

地砖是以黏土、页岩以及工业废渣为主要原料制成的小型建筑砌块。外形多为直角六面体，也有各种异形的。按材质分，包括黏土砖、页岩砖、煤矸石砖、粉煤灰砖、灰砂砖、混凝土砖等；按生产工艺分，包括烧结砖（经焙烧而成的砖）、蒸压砖、蒸养砖。

### 4.6.3.3 混凝土

混凝土是当代主要的土木工程材料之一。按胶凝材料分：无机胶凝材料混凝土，如水泥混凝土、石膏混凝土、硅酸盐混凝土、水玻璃混凝土等；有机胶结料混凝土，如沥青混凝土、聚合物混凝土等。按施工工艺分主要有：离心混凝土、真空混凝土、灌浆混凝土、喷射混凝土、碾压混凝土、挤压混凝土、泵送混凝土等。按配筋方式分：素（即无筋）混凝土、钢筋混凝土、钢丝网水泥、纤维混凝土、预应力混凝土等。

（1）水泥混凝土

一般为现浇方式，形成整体路面。为了防止路面破损，每铺设一定距离的路面，需要设置伸缩缝。一般人行道，需要铺设水泥混凝土的厚度为80~140mm，车行道为160~220mm。

面层处理：一般为抹平、拉毛、斩假石、水磨石、磨具压印等。

运用：形成彩色混凝土板、水磨石板、水刷石混凝土板等。

（2）沥青混凝土

沥青混凝土是由沥青、粗细骨料和矿粉等按一定比例拌和而成，排水性能较好，但易老化、感温性大。

运用：用于形成彩色混凝土板、水磨石板、水刷石混凝土板等。

（3）景观混凝土

透水性脱色沥青混凝土、改性沥青混凝土、彩色热轧混凝土、彩色骨料沥青混凝土、铁丹沥青混凝土、脱色沥青混凝土、软木沥青混凝土等。

（4）植草砖

植草砖分为点式植草砖、八字形植草砖、井字植草砖。

### 4.6.3.4 木材

木板材厚 20~60mm，木料大于 60mm，面层通常要做防腐、防潮、防虫等处理，有的要刷两道清漆。木材主要用于花架、栏杆、平台、坐凳等。

木材防腐工艺有：表面刷漆，喷涂、喷淋或浸泡化学防腐剂。

防腐剂有以下几类：① 水溶性类，易被雨水冲失，宜室内使用；② 油溶性类，药性持久但不利于防火；③ 焦油类，防腐力最强，但不能油漆。

| 号 | 图例 | 中名 | 拉丁学名 | 设计规格 株高(m) | 胸径(cm) | 冠幅(m) | 数量(株) | 备注 |
|---|---|---|---|---|---|---|---|---|
| | | | | 落叶乔木 | | | | |
| | | 法桐 | Platanus orientalis L. | 6.5-7.5m | 20cm | 7.0-8.0m | 1 | 分枝点高度2.5m,分枝数量≥ |
| | | 元宝枫 | Acer truncatum Bunge | 4.5-5.5m | 16cm | 4.0-4.5m | 2 | 分枝点高度1.8m,分枝数量≥ |
| | | 紫叶李 | Prunus cerasifera Ehrh.cv.Atropurpurea Jacq | 3-3.5m | 6cm | 2.5-3.0m | 2 | 分枝点高度1.5m,分枝数量≥ |
| | | | | 落叶灌木 | | | | |
| | | 紫丁香 | Syringa oblata Lindl. | 1.2-1.5m | | 1.2-1.5m | 3 | 分枝数量≥12 |
| | | 木槿 | Hibiscus syriacus L. | 1.5-1.8m | | 1.2-1.5m | 6 | 分枝点高度0.3m,主分枝数量 |
| | | 连翘 | Forsythia suspensa(Thunb.)Vahl | 1.2-1.5m | | 1.2-1.5m | 9 | 分枝数量≥12 |
| | | | | 集栽植物 | | | | |
| | | 大叶黄杨 | Euonymus japonicus Thunb. | 修剪后高度0.5m | | 0.2m | 49.5m² | 25株/m² |
| | | 小叶黄杨 | Buxus sinica | 修剪后高度0.5m | | 0.2m | 47.3m² | 25株/m² |
| | | 紫叶小檗 | Berberis thunbergii cv. | 修剪后高度0.5m | | 0.2m | 45.3m² | 25株/m² |

图 4-85　植物名录表示例

## 4.6.4 主要树种

在做完硬质景观之后，需要植物设计师设计植物绿化施工图。植物绿化施工图一般包括：植物名录表（图 4-85）、总平面图、乔木平面图（图 4-86）、灌木平面图（图 4-87）、地被平面图等。

在进行绿化施工图设计之前，首先需要确定树种。对树种的选择可以根据住区风格、业主的喜好、当地的气候、土壤条件和设计的意图来进行。选择树种时，需要设计师对植物的生长习性、观赏特性等有较好的了解。例如植物是耐寒还是不耐寒，喜阳还是喜阴，开花时间等。确定完植物之后，需要对植物的生长形势和预期效果进行调整和控制。

图 4-86　乔木种植平面图示例

## 4.6.5 配套设施选择

在住区景观设计当中，有很多配套设施是可以预先制定好而不用绘制施工图的。在实际施工中，这部分则可以通过选择不同的成品来加快工期。常选的设备有休憩类设施、标识类设施、服务类设施以及装饰类设施等。

① 户外家具：购置一些成品长凳、椅子、桌子等休憩类设施，如设有游泳池则还需要躺椅、太阳伞等家具。

② 标识类设施：各种标识牌、导视牌、警示牌等各类标识系统，在住区中起到指示、宣传、警示的作用。

③ 服务类设施：包括垃圾箱、饮水器等。有些住区还会设置一些非常规化的环境设施，如烧烤架、取暖器等。

④ 装饰类设施：包括雨水井、树池、树池篦、装饰雕塑、种植容器、雕塑、灯饰等起装饰、点缀作用的固定的或

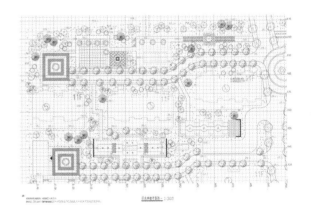

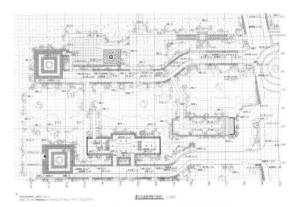

图 4-87　灌木及地被种植平面图示例

可移动的设施。

⑤ 游乐设施：在住区中，常常需要放置一些儿童游乐设施。除了沙坑外，住区中的滑梯、秋千、跷跷板等都可以按需要购置成品。

⑥ 运动设施：在住区中，为了方便居民的活动，常常需要布置一些运动器械，供居民运动平时休闲之用。如半场篮球架、网球网、羽毛球网、乒乓球桌、秋千、单杠、双杠、扭腰器等。

## 4.6.6 照明设计

### 4.6.6.1 设计程序

住区照明设计流程主要分为了解设计意图、规划方案、照明计算、技术设计、实施、验收等阶段。

① 了解设计意图：了解具体空间环境的规模、环境特征、风格特点及功能要求等。

② 规划方案：规划灯具类型，布置位置．照明的部位、层次、照度和亮度等，一般要进行多方案比较。

③ 照明计算：根据选择的灯具类型、光源等计算照度。

④ 技术设计：根据规划方案设计电路，选择材料、控制方法和计算电气安全要求、施工要求等。

⑤ 实施：根据相关的规范，按要求进行施工、灯具检验、安装和现场调整定位等。

⑥ 验收：按国家规范及设计要求对工程进行验收。

### 4.6.6.2 电气说明

电气施工图设计说明如下。

① 供电点需与甲方协商后确定。

② 本工程设计范围包括：室外庭园灯、草坪灯、投光灯、插地射灯、埋地灯、水底灯照明、潜水泵。

③ 住区内地埋电源预留在电源盒内，由专业公司负责安装。

④ 室外低压线路均采用电缆穿管直埋敷设方式，埋深距室外地坪 0.8~lm。

⑤ 室外电缆或导线的接头均应在防水接线盒内或灯柱电源盒内进行，室外管线如管线较长应每 30m 设置一个拉线手孔井 ( 长 × 宽 × 高：700mm × 700mm × 900mm)。

⑥ 环境照明、庭园照明、室外电源井的所有电气管线均需做好防水处理，并由供货商提供安装基础图和负责指导安装。

⑦ 灯具安装要求

a. 道路及园林绿化位置确定后再进行室外灯具安装。

b. 灯具安装前，甲方和供货商需共同确认灯具结构。

c. 所有灯具内配线均采用塑料护套线隐蔽敷设。

d. 灯具内均安装熔断器进行保护。

e. 所有灯具内线路接头均进行防潮处理后加热塑套管密封封装。

⑧ 接地要求

a. 按地形式采用 TN-S 系统；要求在景观配电箱附近室外打人工接地极，其做法详见国家标准图集《接地装置安装》03D501-4 / P11：电源进线处（PD1 箱）做总等电位连接，要求接地电阻不大于 1Ω，做法按图集 02D501-2，总等电位箱就近安装。所有进出建筑物的穿线钢管、电缆金属护套、金属管道、金属构件均与总等电位联结线连接。

b. 环境照明和庭园照明的 PE 线均与每组灯具外皮相连接，照明线路的 PE 线每隔 50m 应在路灯处重复接地。

c. 喷水池应设置局部等电位联结措施，做法详见国标图集《等电位联结安装》02D501-2。

⑨ 水下照明采用 AC24V 或 12V 超低压线路供电，水下电缆采用防水型电缆穿 SC 管埋地敷设，水池内电气管线及水下灯具安装做法详图集 03D702-3，并由专业公司负责安装。

⑩ 电气管线与其他市政管线需保证间距。施工中按照《建筑电气通用用图集》92DQ4 外线工程标准进行施工。

⑪ 常用低压配电设备安装详图集 04D702-1。

⑫ 图中未注明做法均照国家现行规范及施工验收规范严格执行。

图 4-88　灯具选型（奥雅景观设计 / 中国 /2011）

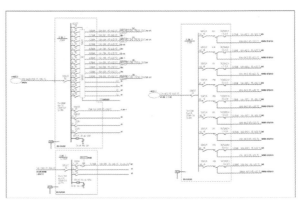

图 4-89　配电系统图

### 4.6.6.3 灯具选型

对采用的每类灯具进行选型（图 4-88），提供灯具图片及型号、规格、照度、灯光颜色、灯具颜色等相关指标。

### 4.6.6.4 配电系统图

首先，要介绍给电气设计原则，及其实施质量要求。其次，设计灯具布置、灯具种类、规格、数量，进行灯具、控制箱等电气的布置位置，及回路连接方式，并加上文字说明（图 4-89）。

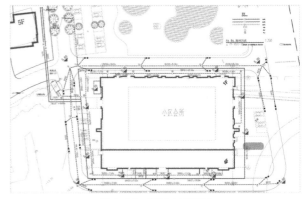

图 4-90　给排水设计图

## 4.6.7　给排水设计

首先，要讲述给排水设计原则，及其实施质量要求。其次，设计给水布置平面图，一般分为两种：景观用水和灌溉用水，标出用水点、水管线路、取水点、管径用水、管底标高、坡度等。最后，设计排水布置平面图，一般分为两种：雨水和污水，在雨水聚集点布置好雨水篦、收集池等设施，标出管径大小、管底标高、坡度等（图 4-90）。

## 4.6.8　编制施工概算

施工概算涵盖了施工图中所有设计项目的工程费用。其中包括：土方地形工程总造价，建筑小品工程纵总价，道路、广场工程总造价，绿化工程总造价，水、电安装工程总造价等。

### 4.6.8.1 材料价格分析

想要知道总的造价，就必须了解环境材料的单价。由于材料的单价（包括植物）随着市场不断浮动，需要经常对材料进行询问，以掌握其最新情况。询价可以通过电话向厂家咨询、通过网络咨询或者是到现场进行咨询。

### 4.6.8.2 工程量统计

工程量是以自然计量单位或物理计量单位表示的各分项工程或结构构件的工程数量。它是进行工程造价分析的重要数据，为企业编制施工作业、进度、组织计划及最后工程决算提供重要依据。

工程量统计根据施工图上的建筑物、构筑物的构造，各个部位尺寸，能够算出需要的材料的数量和施工过程需要花费的人力、工具及机械。计算工程量，必须要按照设计图纸所列的项目的工程内容和计量单位进行，必须与相应的工程量计算规则的工程内容和计量单位一致，不能随便更改。

### 4.6.8.3 分析造价

通过对工程施工过程中的材料价格进行调查，可以按照施工图的分类，对整个工程的造价进行大致的分析，适当地对工程价格进行控制。设计师需要对各部分施工涉及的材料单价进行分析，在尽可能保证工程质量的前提下，控制造价。

### 4.6.8.4 概算编制

这一阶段的概算与最终工程决算往往有较大出入。其中的原因各种各样，影响较大的是：施工过程中工程项目的增减，工程建设周期的调整，工程范围内地质情况的变化，材料选用的变化等。但是，在施工图设计阶段，设计师脑中应该时刻有一个工程概算控制度，尽量使其能较准确反映整个工程项目的投资状况。

以下是某实际工程种植项的概算表（表4-3）。常绿乔木灌木：预备工作、种植穴开挖、运输、回填种植土（包括屋顶部分排水板、过滤层、粗砂、砂性土等）、夯实、浸穴（或必要的排水措施）、提供定位树架（具体支架方法应满足设计要求及国家规范要求，支架方案需在业主/设计师批准后方可实施）、替植物浇水、透气管安置及一切工程施工期间的养护工作，一切如图纸及种植施工规范所示。

#### 表4-3 某工程种植项概算表

| 序号 | 项目名称 | 计量单位 | 工程数量 | 金额（元） | |
| --- | --- | --- | --- | --- | --- |
| | | | | 综合单价 | 合价 |
| 1 | 绿化地形整理 | m² | 21223.41 | 1.78 | 37777.67 |
| 1 | 常绿乔木 | | | | |
| 2 | 油松 | 株 | 49 | 989.13 | 48467.37 |
| 3 | 栽植云杉A<br>（项目特征：①种类：云杉A；②高度：≥3m；③冠幅：≥1.5m） | 株 | 16 | 691.24 | 11059.84 |
| 4 | 栽植云杉B<br>（项目特征：①种类：云杉B；②高度：≥4m；③冠幅：≥2m） | 株 | 2 | 918.89 | 1837.78 |
| 5 | 栽植蜀桧 | 株 | 28 | 504.98 | 14139.44 |
| 6 | 栽植龙柏 | 株 | 44 | 536.02 | 23584.88 |
| 7 | 栽植新疆杨 | 株 | 1 | 556.72 | 556.72 |
| | 落叶乔木 | | | | |
| 8 | 栽植臭椿 | 株 | 1 | 949.93 | 949.93 |
| 9 | 栽植刺槐 | 株 | 27 | 680.89 | 18384.03 |
| 10 | 栽植香花槐 | 株 | 64 | 349.76 | 22384.64 |
| 11 | 栽植国槐 | 株 | 7 | 1074.1 | 7518.70 |
| 12 | 栽植梓树 | 株 | 24 | 2212.35 | 53096.40 |
| 13 | 栽植白蜡 | 株 | 76 | 2269.51 | 172482.76 |
| 14 | 栽植法桐 | 株 | 3 | 1125.84 | 3377.52 |
| 15 | 栽植白玉兰 | 株 | 41 | 708.32 | 29041.12 |

| 序号 | 项目名称 | 计量单位 | 工程数量 | 金额（元） | |
|---|---|---|---|---|---|
| | | | | 综合单价 | 合价 |
| 16 | 栽植五角枫 | 株 | 76 | 1281.06 | 97360.56 |
| 17 | 栽植合欢 | 株 | 55 | 522.06 | 28713.30 |
| 18 | 栽植栾树 | 株 | 30 | 811.8 | 24354.00 |
| 19 | 栽植西府海棠 | 株 | 68 | 501.37 | 34093.16 |
| 20 | 栽植垂丝海棠 | 株 | 30 | 1743.09 | 52292.70 |
| 21 | 栽植山杏 | 株 | 125 | 356.5 | 44562.50 |
| 22 | 栽植黄金槐 | 株 | 89 | 449.63 | 40017.07 |
| 23 | 栽植紫叶李 | 株 | 112 | 397.89 | 44563.68 |
| 24 | 栽植火炬树 | 株 | 338 | 273.72 | 92517.36 |
| 25 | 栽植碧桃 | 株 | 69 | 325.46 | 22456.74 |
| 26 | 栽植樱花 | 株 | 63 | 335.8 | 21155.40 |
| 27 | 栽植暴马丁香 | 株 | 49 | 760.06 | 37242.94 |
| 28 | 栽植金叶复叶槭 | 株 | 99 | 967.01 | 95733.99 |
| 29 | 栽植山楂 | 株 | 30 | 335.8 | 10074.00 |
| 30 | 栽植柿子树 | 株 | 48 | 449.63 | 21582.24 |
| | 灌木 | | | | |
| 31 | 栽植重瓣榆叶梅 | 株 | 229 | 77.57 | 17763.53 |
| 32 | 栽植连翘 | 株 | 165 | 62.04 | 10236.60 |
| 33 | 栽植大花水桠木 | 株 | 66 | 77.57 | 5119.62 |
| 34 | 栽植珍珠绣线菊 | 株 | 274 | 67.22 | 18418.28 |
| 35 | 栽植紫丁香 | 株 | 167 | 56.87 | 9497.29 |
| 36 | 栽植黄刺玫 | 株 | 268 | 51.7 | 13855.60 |
| 37 | 栽植珍珠梅 | 株 | 202 | 98.26 | 19848.52 |
| 38 | 栽植红王子锦带 | 株 | 429 | 51.7 | 22179.30 |
| 39 | 栽植紫荆 | 株 | 158 | 62.04 | 9802.32 |
| 40 | 栽植木槿 | 株 | 271 | 41.35 | 11205.85 |
| 41 | 栽植紫薇 | 株 | 195 | 77.57 | 15126.15 |
| 42 | 栽植大叶黄杨球 A<br>（项目特征：①种类：大叶黄杨球 A；②高度：≥1.0m；<br>③冠幅：≥1.0m） | 株 | 44 | 212.09 | 9331.96 |

| 序号 | 项目名称 | 计量单位 | 工程数量 | 金额（元） | |
|------|----------|----------|----------|----------|------|
| | | | | 综合单价 | 合价 |
| 43 | 栽植大叶黄杨球 B<br>（项目特征：①种类：大叶黄杨球 B；②高度：≥ 0.8m；<br>③冠幅：≥ 0.8m） | 株 | 109 | 129.3 | 14093.70 |
| 44 | 栽植蜀桧球 | 株 | 70 | 129.3 | 9051.00 |
| 45 | 栽植金叶女贞球 A<br>（项目特征：①种类：金叶女贞球 A；②高度：≥ 0.8m；<br>③冠幅：≥ 0.8m） | 株 | 96 | 93.09 | 8936.64 |
| 46 | 栽植水蜡球 | 株 | 25 | 87.91 | 2197.75 |
| 47 | 栽植小叶黄杨球 | 株 | 109 | 118.96 | 12966.64 |
| 48 | 栽植紫叶小檗球 | 株 | 256 | 150 | 38400.00 |
| 49 | 栽植卫矛 | 株 | 11 | 139.65 | 1536.15 |
| | 地被 | | | | |
| 50 | 栽植小叶黄杨篱 | 株 | 59937 | 3.5 | 209779.50 |
| 51 | 栽植金叶女贞篱 | 株 | 14249 | 3.81 | 54288.69 |
| 52 | 栽植大叶黄杨篱 | 株 | 7419 | 3.81 | 28266.39 |
| 53 | 栽植蜀桧篱 | 株 | 15102 | 9.71 | 146640.42 |
| 54 | 栽植沙地柏 | 株 | 1692 | 6.08 | 10287.36 |
| 55 | 栽植德国景天 | 株 | 1094 | 2.67 | 2920.98 |
| 56 | 栽植玉簪 | 株 | 3155 | 2.26 | 7130.30 |
| 57 | 冷季型草坪 | m² | 6140 | 28.96 | 177814.40 |
| 58 | 白三叶 | m² | 8285 | 26.24 | 217398.40 |
| | 合　计 | | | | 2215471.78 |

# 4.7 施工配合

## 4.7.1 施工图的交底

业主拿到施工设计图纸后，会联系监理方、施工方对施工图进行看图和读图。看图属于总体上的把握，读图属于具体设计节点、详图的理解。

之后，由业主牵头，组织设计方、监理方、施工方进行施工图设计交底会。在交底会上，各方会提出看图后所发现的各专业方面的问题，各专业设计人员将对口进行答疑，一般情况下，业主方的问题多涉及总体上的协调、衔接；监理方、施工方的问题常提及设计节点、大样的具体实施。设计方在交底会前要充分准备，会上要尽量结合设计图纸当场答复，现场不能回答的，回去考虑后尽快做出答复。

### 4.7.2 施工监理

施工监理阶段对设计师、对工程项目本身是相当重要的。它要求设计师在工程项目施工过程中，经常踏勘建设中的工地，解决施工现场暴露出来的设计问题、设计与施工相配合的问题。如有些建设周期比较紧的项目，业主普遍采用"边设计边施工"的方法。针对这种工程，设计师更要勤下施工现场，结合客观地形、地质、地表情况，做出最合理、最迅捷的设计。对不符合要求的工程需与施工方进行技术交流，要求处进行返工或采取其他一些补救措施。

如果建设中的工地位于设计师所在的同一城市中，该设计项目负责人必须结合工程建设指挥的工作规律，对自己及各专业设计人员制定规定：每周必须下工地1~2次（可根据客观情况适当增减），每次至工地，参加指挥部召开的每周工程例会，会后至现场解决会上各施工单位提出的问题。能解决的，现场解决；无法解决的，回去协调各专业设计后出设计变更图解决，时间控制在2~3天。如遇上非设计师下工地日，而工地上恰好发生影响工程进度的较重大设计施工问题，设计师应在工作条件允许下，尽快赶到工地，协调业主、监理、施工方解决问题。上面所指的设计师往往是项目负责人，但其他各专业设计人员应该配合总体设计师，做好本职专业的施工配合。

如果是外地设计项目，设计单位所就必须根据该工程的性质、特点，派遣一位总体设计协调人员赴外地施工现场进行施工配合。

### 4.7.3 后期维护

在施工完成经过验收之后，工程项目必项有一个后期维护和保养的阶段。维护期间，设计单位也要进行后期监督。例如，在养护阶段设计师可以指导施工单位对有些难成活的树木进行支架固定对灌木经常性浇水施肥，以使景现效果较快出现；冬季天气寒冷为了防止某些不耐寒植物受到霜的冻害、寒害，可以指导对植物进行适当包裹（图4-91）；如设计师发现廊架、座椅、木平台等设施经过日晒、雨淋呈现出陈旧状态，可以要求施工单位在其表面及时刷上清漆等防腐设施，以保证持久耐用。

图4-91 住区植物的防风、防冻维护

## 本章小结

本章秉持实用性和可操作性原则，以案例结合理论的方式，有序梳理并呈现出整个设计流程；详细介绍了设计过程中关于接受任务书、基地调查、方案设计（功能图解、形式构成、空间构成）、扩初设计、施工图设计、施工配合等一系列具体内容。本章将住区环境设计这个复杂的全过程细致地展开，各部分会涉及环境设计学科的不同专业知识，信息含量大。因此，要求学生了解住区环境设计的全流程，并熟练掌握施工图阶段之前的设计要求及设计方法等内容。由于学生缺乏项目实践经验，难免在施工图设计及随后的施工配合过程中存在的一些困惑，需要学生在之后的学习、工作、实践中不断地积累并逐步解决。

## 思考题

（1）收集现有住区基地资料的途径有哪些？在现场踏勘与复核中，需要注意哪些事项？

（2）基地分析前需要列出哪些可能影响到后期设计的内容和项目？设计任务书具体包括哪些内容？

（3）初步设计中的功能图解过程具体包括哪些环节？

（4）方案设计中的总平面生成过程包括哪些环节？总平面的内容一般包括哪些具体内容？

（5）在扩初设计阶段，主要需要完成哪些方面的设计内容？

## 推荐阅读

（1）《居住区景观设计全流程》.叶徐夫，刘金燕，施淑彬.中国林业出版社，2012.

（2）《园林工程概预算及工程量清单计价》.鲁敏，刘佳，高凯.化学工业出版社，2008.

（3）《景观工程设计技术丛书——景观工程制图》.杜娟，李端杰，张炜.化学工业出版社，2009.

（4）《园林景观设计——从概念到形式》.郑淮兵.中国建筑工业出版社，2010.

（5）《环境景观——室外工程细部构造》.中国建筑标准设计研究院.中国计划出版社.2007.

（6）360问答·园林景观设计的全过程 https://wenda.so.com/q/1371686699061364?src=140

（7）微信平台·园林景观设计流程 https://mp.weixin.qq.com

（8）筑龙论坛·园林景观·居住区景观设计全流程实操详解 http://edu.zhulong.com/lesson/3893-1.html

# 5 案例解析与课题实训

**[本章提要]**

　　本书通过具体住区环境设计案例的解析，详尽介绍了当前地产市场各种流行风格的设计程序和方法，包括欧式风格、新中式风格和现代风格。通过对3种风格、6个实例的解析，让学生在前面几章理论内容学习的基础上切入到实际案例中，围绕具体项目展开从整体规划到景观元素的全程化详细设计，对设计过程和要点做出清晰的展现，将设计思维方法与项目的实际情况相结合，为学生的实践学习提供清晰易懂的参考。最后，通过实训作业检验学生掌握设计流程、把握设计重点、处理不同空间细节的综合能力，强化其实践能力。

## 5.1 欧式风格住区环境设计

### 5.1.1 案例1：葫芦岛市逸夫花园二期环境工程

### 5.1.2 案例2：瓦房店九江生态城二期景观设计

（欧式风格案例）

## 5.2 新中式风格住区环境设计

### 5.2.1 案例1：大连远洋西府海棠住区环境设计

### 5.2.2 案例2：中国铁建·山语城景观工程

（新中式风格案例）

## 5.3 现代风格住区环境设计

### 5.3.1 案例1：大连理工大学南山人才公寓环境设计

### 5.3.2 案例2：东营市胜宏荣域环境八期工程

（现代风格案例）

## 5.4 课题实训

### 5.4.1 教学大纲

### 5.4.2 设计任务书

### 5.4.3 评分细则

### 5.4.4 考核小结

（课题实训）

## 本章小结

本章以案例解析的形式展现了住区环境设计的整个过程。通过对3种市场主流风格、6个典型方案的详细分析，力图从设计层次、设计风格以及整体与局部的关系上进行对比和讲解，使学生从而领会方案的设计过程、构思方法和表现手法，并以此启发学生的设计思路和解决设计细节问题的实际操作能力。

## 思考题

（1）对上述项目案例进行认真研读学习，分析这些实际案例设计中，有哪些可以借鉴的内容以及需要注意的问题。

（2）根据实训单元布置的真实案例进行景观方案的全面设计，要求有明确的分析过程，具体要求详见上文。

# 参考文献

[1] 方佩和 . 园林经典：人类理想的家园 [M]. 杭州：浙江人民美术出版社，1999.

[2] 格兰特 W 里德 . 园林景观设计：从概念到形式 [M]. 北京：中国建筑工业出版社，2010.

[3] 白德懋 . 居住区规划与环境设计 [M]. 北京：中国建筑工业出版社，1993.

[4] 吴良镛 . 人居环境科学导论 [M]. 北京：中国建筑工业出版社，2001.

[5] 朱家瑾 . 居住区规划设计 [M]. 第 2 版 . 北京：中国建筑工业出版社，2007.

[6] 中华人民共和国建设部 . 城市居住区规划设计规范：GB 50180—1993 [S]. 北京：中国建筑工业出版社，2016.

[7] 陈有川 . 城市居住区规划设计规范图解 [M]. 北京：机械工业出版社，2010.

[8] 张群成 . 居住区景观设计 [M]. 北京：北京大学出版社，2012.

[9] 徐进 . 居住区景观设计 [M]. 武汉：武汉理工大学出版社，2013.

[10] 苏晓毅 . 居住区景观设计 [M]. 北京：中国建筑工业出版社，2010.

[11] 汪辉，吕康芝 . 居住区景观规划设计 [M]. 南京：江苏科学技术出版社，2014.

[12] 中国城市规划学会 . 住区规划 [M]. 北京：中国建筑工业出版社，2003.

[13] 叶徐夫，刘金燕，施淑彬 . 居住区景观设计全流程 [M]. 北京：中国林业出版社，2012.

[14] 鲁敏，刘佳，高凯 . 园林工程概预算及工程量清单计价 [M]. 北京：化学工业出版社，2008.

[15] 杜娟，李端杰，张炜 . 景观工程设计技术丛书：景观工程制图 [M]. 北京：化学工业出版社，2009.

[16] 中国建筑标准设计研究院 . 环境景观：室外工程细部构造 [M]. 北京：中国计划出版社，2007.

[17] 王健 . 城市居住区环境整体设计研究：规划·景观·建筑 [D]. 北京：北京林业大学，2008.

[18] 毛晓伟 . 居住小区入口景观设计研究：以北京为例 [D]. 北京：北京工业大学，2017.

[19] 武嬿 . 居住小区中景观元素的应用研究：以西安地区居住小区景观设计为例 [D]. 西安：西安建筑科技大学，2013.

[20] 谢超 . 景观设计构思的生成、推演与落实 [D]. 重庆：重庆大学，2017.

[21] 里德，园林景观设计：从概念到形式 [M]. 郑淮兵，译 . 北京：中国建设工业出版社 . 2010.